Meßtechnische Übungen der Elektrotechnik

Von

Konrad Gruhn

Oberingenieur a. D., Gewerbestudienrat

Mit 305 Textabbildungen

Berlin

Verlag von Julius Springer

1927

ISBN-13: 978-3-642-98621-5   e-ISBN-13: 978-3-642-99436-4
DOI: 10.1007/978-3-642-99436-4

Vorwort.

Als die Verlagsbuchhandlung von Julius Springer im Jahre 1919 den Leitfaden über die Elektrotechnischen Meßinstrumente des Verfassers in Druck nahm, äußerte sie die Ansicht, daß das Gebiet der Meßmethoden, der Meßeinrichtungen einen größeren Raum einnehmen möchte.

Heute, nachdem ich im elektrotechnischen Laboratorium der „Technischen Lehranstalten der Stadt Dresden" größere Erfahrungen über manches habe sammeln können, was dem jungen Elektrotechniker nottut, gebe ich die vorliegende Zusammenstellung der „Meßtechnischen Übungen" heraus in der Hoffnung, sowohl Studierenden, als auch in der Praxis Stehenden damit einen Dienst zu erweisen.

Im Gegensatz aber zu den bekannten und guten Büchern über das Gebiet praktischer Arbeiten im elektrotechnischen Laboratorium, die meistens eine mehr oder weniger gedrängte Übersicht (ein Kompendium) darstellen über eine große Anzahl von Meßmethoden (die vielfach einander ähnlich sind, oder auch dem gleichen Zwecke dienen sollen), habe ich eine geringere Anzahl typischer Versuchsmethoden ausgewählt, die mir als Grundlage für die praktischen Übungen im elektrotechnischen Laboratorium notwendig erscheinen und habe diese im Interesse einer leichteren Verständlichkeit ausführlicher dargestellt, soweit es der vorgeschriebene Raum zuließ.

Die erste Hälfte der Übungen scheint mir sowohl für den zukünftigen Starkstromtechniker, als auch für den Schwachstromtechniker von gleicher Bedeutung zu sein.

Die zweite Hälfte, vom neutralen Relais an, wird im allgemeinen mehr den Schwachstromtechniker interessieren, soweit nicht heute jeder sich die Grundlagen der Hochfrequenztechnik und das Wichtigste über die Arbeitsweise der Elektronenröhren aneignen möchte.

Die Reihenfolge der Übungen habe ich absichtlich nicht ausschließlich nach Stoffgebieten gewählt, sondern so, wie sie sich vom unterrichtstechnischen Standpunkte einfach ordnet. Allerdings ließe sich hierfür wohl auch manche andere Wahl treffen. Ein Inhaltsverzeichnis und das Sachregister dienen als Wegweiser.

Die „Meßtechnischen Übungen" haben die Art des Aufbaus in der Behandlung des Stoffes gemeinsam: Nach ein paar kurzen einleitenden Worten, wobei jedesmal der Zweck des Versuches bzw. einiges Allgemeine über die Meßeinrichtung und anderes mehr betont ist, wird die Schaltung und das Meßprinzip und so kurz wie möglich das Notwendigste über die theoretischen Grundlagen erörtert.

Daran schließt sich in jedem Falle die besondere Versuchsausführung und die Zusammenstellung der Versuchsresultate in Form einer Tabelle oder einer graphischen Darstellung.

Am Schluß sind als Anregung für den Studierenden meist ein paar Übungsfragen gestellt. Die Beantwortung derselben soll nicht in jedem Falle als gefordert angesehen werden, aber sie sollen in manchen Fällen ein Prüfstein sein für das Verständnis der betreffenden Übung, in anderen Fällen für das Vorhandensein meßtechnischer Phantasie.

Das Gebiet der Übungen an elektrischen Maschinen ist hier nicht behandelt, da es nicht zu meinem Ressort gehört. Ich verweise hierfür auf das soeben im gleichen Verlage erschienene Werk von Krause: „Messungen an elektrischen Maschinen".

Reiche Anregungen erhielt ich durch meine Teilnahme an den praktischen Übungen von Herrn Professor Barkhausen im Institut für Schwachstromtechnik der Technischen Hochschule Dresden. Die dortige Einteilung des Stoffes sowie die Behandlung der einzelnen Aufgaben haben mir vielfach als Vorbild gedient. Für die freundliche Erlaubnis, die dortigen, noch unveröffentlichten Praktikums-Anleitungen frei zu benutzen, möchte ich Herrn Professor Barkhausen auch an dieser Stelle besonderen Dank aussprechen.

Dank auch Herrn Dipl.-Ing. Grafe und Herrn Dipl.-Ing. Schultz für das Lesen der Korrekturen, sowie unserm früheren Schüler Herrn Elektrotechniker Lichtenstein für die Anfertigung der Zeichnungen für die Schaltbilder.

Den Firmen, die liebenswürdigerweise Propagandamaterial oder Druckstöcke geliefert haben, sei hier besonderer Dank ausgesprochen.

Der Anhang beschreibt eine kleinere Auswahl von im Handel befindlichen neueren Meßeinrichtungen und soll dem Leser zeigen, wie die grundlegenden Übungen in der Praxis Anwendung finden.

Dresden-A., im Januar 1927.

K. Gruhn.

Inhaltsverzeichnis.

Anhang.

Eichung von Strommessern.

Strommesser werden meist durch Vergleich mit Normalinstrumenten geeicht. Diese Normalinstrumente können ihrerseits mit einem Stromkompensator sehr genau geprüft werden (s. d.).

Schaltung für Vergleichsmessung. An der Akkumulatorenbatterie E liegen alle Apparate in Reihe: Die Sicherung S, der Schalter s, das zu eichende Instrument A, welches einen Strom J_x anzeigt, das Normalinstrument N, welches den Sollwert des Stromes J_n anzeigt und zwei oder mehrere, mehr oder weniger feine Regulierwiderstände R, die den Höchststrom J_m vertragen müssen (Abb. 3).

Abb. 1. Schalttafel-Strommesser[1].

Abb. 2. Vergleichs-Normalinstrument.

Die Wahl der Widerstände hängt, von dem zu messenden Strom (Maximal- und Minimalwert) und der Spannung E der Batterie ab nach dem Ohmschen Gesetz. (In welcher Weise?)

Versuchsausführung. Um Stromüberlastungen (hauptsächlich der Meßgeräte) zu vermeiden, sind alle Widerstände vor dem Einschalten zu Beginn des Versuches auf die Höchstwerte einzustellen. Dann stellt man am zu eichenden Amperemeter A glatte Werte von J_x genau ein, z. B. 1, 2, 3, 4, 5 A bzw. 0,1, 0,2, 0,3, 0,4 A (im ganzen etwa 10 Punkte) und liest den dazugehörenden wahren Wert J_n am Normalinstrument ab, in der Voraussetzung, daß das Normalinstrument richtig zeigt; andernfalls sind dessen Korrekturen zu berücksichtigen.

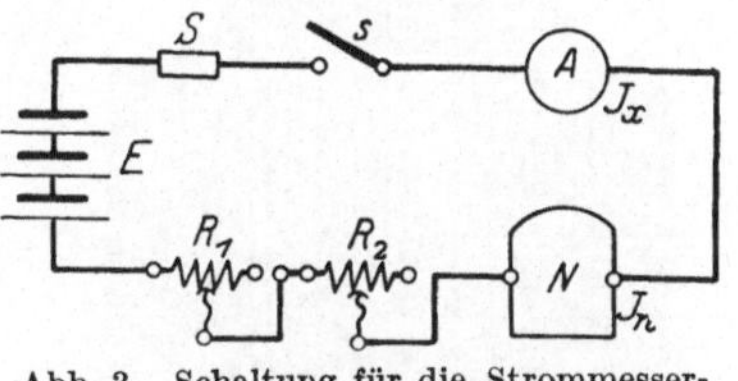

Abb. 3. Schaltung für die Strommessereichung.

Bei Strommessern mit mehreren Meßbereichen, die durch Anschluß an Nebenwiderstände erzielt werden, genügt es meist, den kleinsten

---

[1] Die kleinen Geräteabbildungen stammen, wenn nicht ausdrücklich anders vermerkt, von Siemens & Halske.

Meßbereich zu prüfen und außerdem den Widerstandswert des Nebenwiderstandes zu kontrollieren bzw. den Spannungsabfall an den Klemmen desselben bei Maximalstrom des betreffenden Meßbereiches zu messen. Denn es sind alle Nebenwiderstände, welche zu einem und demselben Instrument gehören, auf den gleichen Spannungsabfall des kleinsten Meßbereiches am Instrument abgeglichen[1]).

Abb. 4 u. 5. Nebenwiderstände für Strommesser.

Bei Wechselstrommessern im Anschluß an Stromwandler prüft man auch nur das Instrument selbst und außerdem das Übersetzungsverhältnis des Wandlers.

Der Fehler des zu eichenden Instrumentes an einer beliebigen Skalenstelle sei $f_x = J_x - J_n$. Er ist positiv, wenn der gemessene Wert J_x größer ist als der wahre Wert J_n. (Siehe die Regeln des V.D.E. über Meßgeräte.) Die Genauigkeit wird meist auf den Höchstwert J_m der Anzeige bezogen. Sie berechnet sich dann nach der Beziehung:

$$\text{Genauigkeit: } g_m = \frac{f_x}{J_m} \cdot 100\% = \frac{J_x - J_n}{J_m} \cdot 100\%,$$

Wobei f_x = Fehler an der Skalenstelle x, J_n = Sollwert daselbst, J_m = Endwert des Anzeigebereichs ist.

Abb. 6. Stromwandler.

Die Versuchsresultate sind in einer Tabelle (s. u.) zusammenzustellen und der Fehler f_x, die Genauigkeit g_m, bezogen auf den Höchstwert J_m und daneben die Genauigkeit g_s bezogen auf den Sollwert J_s zu berechnen, wie das bei wissenschaftlichen Messungen vielfach üblich ist und wie das auch bei technischen Zeigerinstrumenten früher vielfach üblich war.

Seltener werden die Resultate in einer Kurve im Koordinatensystem dargestellt (Abb. 7). Die Versuchspunkte sind dann durch gerade Strecken (und nicht durch eine homogene Anpassungslinie, wie sonst bei anderen Versuchen) miteinander zu verbinden, um zwischen zwei Eichpunkten gradlinig interpolieren zu können.

---

[1]) Vgl. z. B. Uppenborn: Deutscher Kalender für Elektrotechniker. Abschnitt „Meßgeräte". Verlag Oldenburg.

Übungsfragen: 1. Welche Beziehung der Genauigkeit ist günstiger, die auf den Sollwert, oder die auf den Maximalwert, und warum wählt man neuerdings nur die Beziehung auf den Höchstwert?

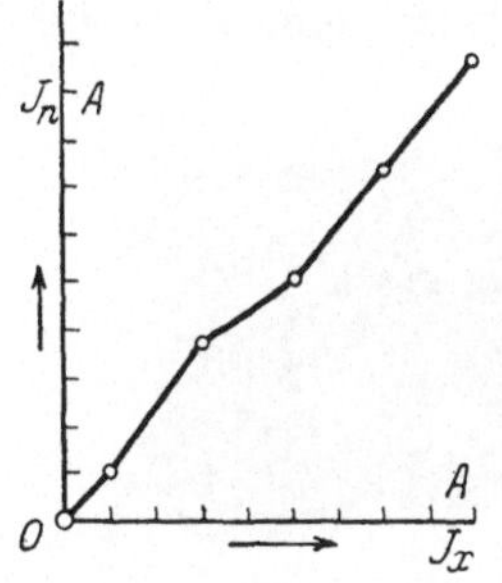

Abb. 7. Eichkurve.

2. Warum werden die Apparate alle in Reihe an die Spannung E und nicht etwa an einen Spannungsteiler angelegt, wie bei der Eichung von Spannungsmessern? (s. d.).

3. Welcher Nebenwiderstand ist dem Strommesser A parallel zu legen, wenn sein Meßbereich verdoppelt werden soll und wenn sein Eigenwiderstand r ist.

4. Bestimme die spezifische Ausdehnung seiner Spiralzugfeder in mm/g durch Versuch (Abb. 8) und zeichne die Kurve des Federauszugs α (mm) über der Zugkraft G (in g).

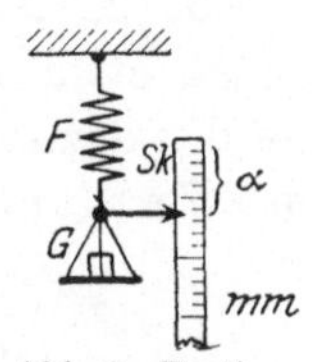

Abb. 8. Bestimmung der spezifischen Ausdehnung einer Zugfeder.

Nr.	J_x	J_n	f_x	g_m	g_s
—	A	A	A	%	%

Eichung von Spannungsmessern.

Spannungsmesser werden meist durch Vergleich mit Normalinstrumenten geeicht. Diese Normalinstrumente können ihrerseits mit einem Spannungskompensator (s. d.) sehr genau geprüft werden.

Schaltung für Vergleichsmessung. An der Akkumulatorenbatterie E liegt ein Widerstand R in der Anordnung als sog. „Spannungsteiler" (s. Versuch S. 8) zwischen den Punkten A und B.

An den Klemmen A und C (dem Schleifkontakt) liegen parallel das zu eichende Voltmeter V und das Normalinstrument N, welches den Sollwert P_n anzeigt, während das Voltmeter V eine Spannung P_x anzeigt (Abb. 9).

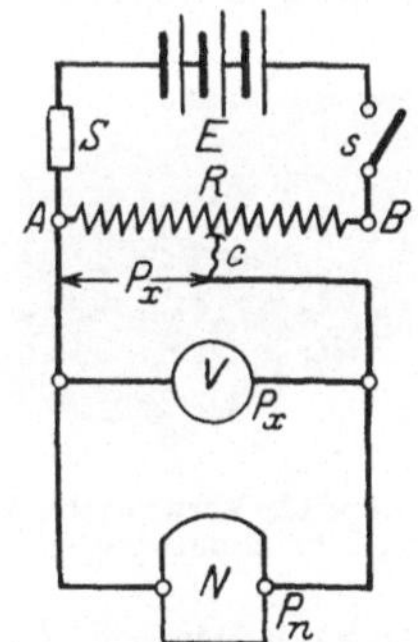

Abb. 9. Schaltung für die Spannungsmessereichung.

Schiebt man C nach A so zeigen die Instrumente die Spannung 0, schiebt man C nach B so zeigen sie den Höchstwert.

Die Wahl des Widerstandes R richtet sich nach den Meßbereichen der Voltmeter bzw. nach den Eigenwiderständen derselben. Bei hohen Eigenwiderständen kann R zweckmäßig hoch gewählt werden. Bei kleinen Eigenwiderständen (größerer Stromaufnahme der Instrumente) wird er mit Rücksicht auf die Stromabführung kleiner und von dickerem Drahtdurchmesser gewählt. (Warum?)

Versuchsausführung. Um Überlastungen (hauptsächlich der Meßgeräte) zu vermeiden, ist vor dem Einschalten zu Beginn des Versuches der Spannungsteiler auf Null (in Abb. 9 nach A!) zu stellen. Dann stellt man durch Verschieben des Gleitkontaktes glatte Werte am zu eichenden Voltmeter V genau ein, z. B. 0,5, 1, 1,5, 2, 2,5, 3 Volt, im ganzen etwa 10 Punkte, und liest den dazugehörenden wahren Wert am Normalinstru-

Abb. 10. Ortsfester Spannungsmesser.

Abb. 11. Spannungsteiler.

ment N ab, in der Voraussetzung, daß das Normalinstrument richtig zeigt; andernfalls sind dessen Korrekturen zu berücksichtigen.

Bei Spannungsmessern mit mehreren Meßbereichen, die durch Anschluß an Vorwiderstände erzielt werden, genügt es meist, den kleinsten Meßbereich zu prüfen und außerdem den Widerstandswert der Vorwiderstände zu kontrollieren, da die zum gleichen Instrument gehörenden Widerstände für die gleiche Stromaufnahme dimensioniert sind. Näheres in Spezialfällen, siehe den Leitfaden des Verfassers: „Elektrotechnische Meßinstrumente".

Bei Wechselspannungsmessern im Anschluß an Spannungswandler prüft man nur das Instrument selbst und außerdem das Übersetzungsverhältnis des Wandlers.

Der Fehler des zu eichenden Instrumentes an einer beliebigen Skalenstelle sei $f_x = P_x - P_n$. Er ist positiv, wenn der zu messende Wert P_x größer ist als der

Abb. 12. Vorwiderstand für Spannungsmesser.

Abb. 13. Spannungswandler.

wahre Wert P_n (s. d. Regeln des V.D.E. über Meßgeräte).

Die Genauigkeit wird meist auf den Höchstwert P_m der Anzeige bezogen. Sie berechnet sich aus der Beziehung:

$$g_m = \frac{f_x}{P_m} \cdot 100^0/_0 = \frac{P_x - P_n}{P_m} \cdot 100^0/_0,$$

wobei f_x = Fehler an der Skalenstelle x; P_n = Sollwert daselbst, P_m = Maximalwert des Anzeigebereiches ist.

Die Versuchsresultate sind in einer Tabelle (s. u.) zusammenzustellen, der Fehler f_x und die Genauigkeit g_m bezogen auf den Höchstwert und daneben die Genauigkeit g_s bezogen auf den Sollwert zu berechnen, wie das bei wissenschaftlichen Messungen vielfach üblich ist, und wie das bei technischen Zeigerinstrumenten früher auch üblich war.

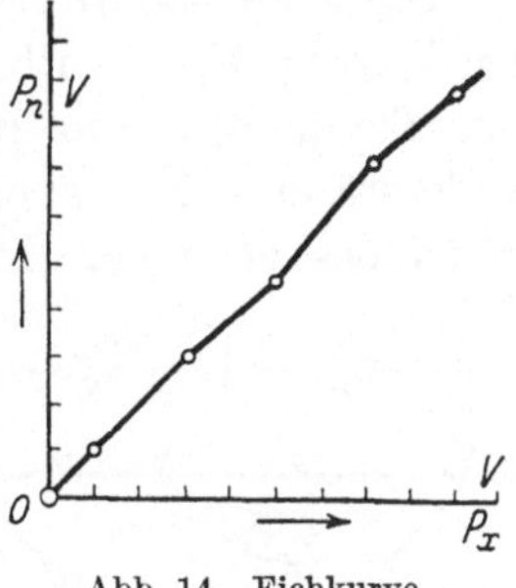
Abb. 14. Eichkurve.

Seltener werden die Resultate in einer Kurve im Koordinatensystem dargestellt (Abb. 14).

Die Versuchspunkte sind dann durch gerade Strecken (und nicht durch eine homogene Anpassungslinie wie sonst bei anderen Versuchen) miteinander zu verbinden, um zwischen den Eichpunkten gradlinig interpolieren zu können.

Übungsfragen: 1. Warum wird die Anordnung des Spannungsteilers gewählt und nicht eine Serienschaltung der Apparate wie bei der Strommessereichnung (s. d.).

2. Gibt es auch Spannungsmesser, die gar keinen Strom aufnehmen? Welche?

3. Welcher Widerstand ist dem Voltmeter V_x vorzuschalten, wenn das Meßbereich verdoppelt werden soll und wenn sein Eigenwiderstand R ist?

Nr.	P_x	P_n	f_x	g_m	g_s
—	V	V	V	%	%

Die Wheatstonesche Brücke.

Die Wheatstonesche Brücke ist eine Meßeinrichtung im Gegensatz zu den unmittelbar anzeigenden elektrotechnischen Meßgeräten, wie Strom- und Spannungsmessern. Während die Zeigerinstrumente den Meßwert unmittelbar an einem Zeiger auf einer Skala abzulesen ge

Abb. 15. Stöpselbrücke.

Abb. 16. Kurbelbrücke.

statten, ähnlich wie bei einer Gewichtsmessung mit einer Federwage, ist bei den Meßeinrichtungen meist eine Abgleichung nötig, ähnlich wie die Gewichtsbestimmung bei der Balkenwage, und daran schließend eine Berechnung des Meßwertes aus der Gleichgewichtsbedingung der

Meßeinrichtung, d. h. der Auflösung einer Gleichung. Man zieht die Meßeinrichtung vor, wenn man damit genauere Resultate erhält.

Die Wheatstonesche Brücke dient zur Messung von Widerständen im kalten Zustande, meist solcher Widerstände, die ihren Wert mit der Temperatur nur wenig oder praktisch gar nicht ändern. Kupferwiderstände, Übergangswiderstände usw., welche sich während des Betriebes oder bei Erwärmung beträchtlich ändern, wie Anker- und Feldwicklung an Maschinen und Apparaten werden nach dem Prinzip des Ohmschen Gesetzes $R = \dfrac{P}{J}$ mit Volt und Amperemeter bestimmt (s. d.).

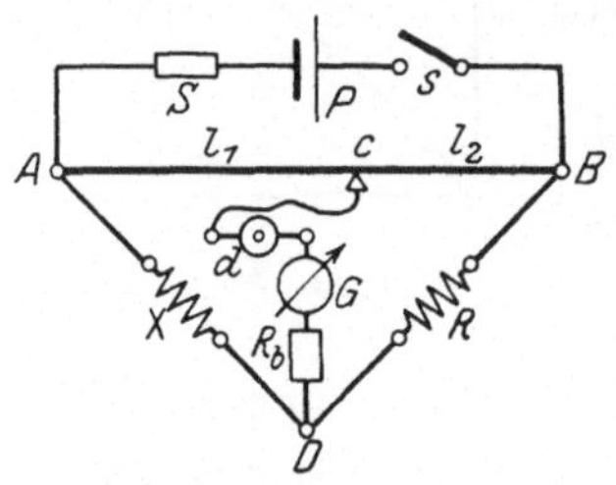

Abb. 17. Schaltung der Wheatstonebrücke.

Schaltung und Messung. Der gleichmäßig dicke, homogene Brückendraht $A—B$ Abb. 17 liegt an einer niedrigen Spannung (z. B. 2 V), parallel dazu liegen die Widerstände X und R. Für Stromlosigkeit des Galvanometers G gilt die Gleichung:

$$\frac{R_{ad}}{R_{db}} = \frac{l_1}{l_2} = \frac{X}{R} \text{ oder } X = R \cdot \frac{l_1}{l_2}. \tag{1}$$

Vor jeder Messung ist die Ruhestellung des Zeigers am Galvanometer festzustellen, der Schutzwiderstand R_b des Galvanometers zu öffnen und bei gleichzeitigen Drücken des Knopfes d der Schleifkontakt C so lange zu verschieben, bis das Galvanometer G stromlos, d. h. bis es keinen Ausschlag mehr gibt. Dann wird der Schutzwiderstand R_b geschlossen und die Messung wiederholt, d. h. C schärfer eingestellt. Für den Galvanometerausschlag $\alpha = 0$ gilt Gl. (1), woraus sich der unbekannte Widerstand X berechnet.

Anmerkungen. Die Wheatstonebrücke eignet sich zur Messung von Widerständen über ein bis zu etlichen Millionen Ohm, bis nämlich die Methode dann wegen der Höhe der Widerstände unempfindlicher wird. Sehr kleine Widerstände werden mit der Thomsonbrücke, sehr hohe Widerstände,

Abb. 18. Zeigergalvanometer.

Abb. 19. Vergleichswiderstand (Rheostat).

z. B. Isolationswiderstände, nach besonderen Methoden gemessen (s. d.). Die Genauigkeit der Messung hängt bei gut auskalibriertem Brückendraht nur von der Empfindlichkeit des Galvanometers und der Genauigkeit des Widerstandes R ab, wenn $l_1 = l_2$ ist, denn dann kann man X mit R vertauschen und das Mittel aus 2 Messungen ziehen[1]). Man mißt am besten, wenn der Schleifkontakt bei $\alpha = 0$ etwa in der Mitte der Brücke steht.

---

[1]) Weiteres siehe auch Uppenborn-Kalender für Elektrotechniker, und Gruhn: Elektrotechnische Meßinstrumente, 2. Aufl. S. 208. Berlin: Julius Springer 1923.

Eine Kontrollmessung erhält man auch durch Vertauschen von Batterie und Galvanometerzweig. Auch dann gilt wieder Gl.(1).

Die Spannung der Batterie wird zur Erzielung einer genügenden Empfindlichkeit der Meßmethode so hoch gewählt, wie die Widerstände in der Brücke es gerade noch vertragen können.

Um zu erkennen, ob der Strom im Galvanometer wirklich Null ist, schließt man den Galvanometerzweig und öffnet ihn wieder am Druckknopf d und wiederholt das mehreremal.

Damit gegebenenfalls auftretende kurzandauernde Induktionsströme oder Ladeströme in Teilen der Brückenwiderstände, die etwa nicht induktions- oder kapazitätsfrei sind, keinen ballistischen Ausschlag (s. S. 66) am Galvanometer ergeben, verwendet man vielfach einen Doppeltaster zum Stromschluß. Hierbei wird erst die Batterie eingeschaltet und kurz darauf das Galvanometer. Der ballistische Stromstoß ist dann beim Einschalten des Galvanometers schon vorüber.

Versuchsausführung. 1. Es sind die Widerstandswerte für 10 Stellungen eines Kurbelwiderstandes zu bestimmen und die erhaltenen Werte in eine Tabelle einzutragen.

Es ist: 2. Der Widerstand der Primärspule eines Stromwandlers, 3. der Widerstand zwischen den beiden Wicklungen des Stromwandlers zu messen.

Übungsfragen: 1. Warum sind kleine Widerstände nur ungenau zu bestimmen?

2. Wie ändern sich die Verhältnisse, wenn der zu messende Widerstand für Wechselstrom bestimmt ist und eine Induktivität oder Kapazität enthält?

3. Was ist zu tun, wenn der zu messende Widerstand eine zersetzbare Flüssigkeit enthält (ein Wasserwiderstand usw.)?

Widerstandsschaltungen.

Zur Regulierung der Stromstärke (bzw. zur veränderlichen Einstellung einer Spannung) kann ein Regulierwiderstand R, z. B. ein Schiebewiderstand verwendet werden.

Man unterscheidet drei grundsätzlich verschiedene Schaltungsarten von R:

Abb. 20. Regulierwiderstand mit Doppelschieber.

Abb. 21. Einfacher Regulierwiderstand.

1. als Vorwiderstand (Abb. 22a),
2. als Nebenwiderstand (Shunt) (Abb. 22b),
3. als Spannungsteiler (Potentiometer) (Abb. 22c).

Anmerkungen: Bei Schaltung 1 erhält man erfahrungsgemäß gute Regulierung, wenn R etwa 5mal so groß ist als $(R_i + R_a)$, wobei R_a der äußere Widerstand ist, in dem der Strom J verändert werden soll und R_i der (markierte) innere

Widerstand der Stromquelle. Schaltung 1 hat den Nachteil, daß der Strom nicht auf Null herunter reguliert werden kann.

Bei Schaltung 2 erhält man gute Regulierung, wenn R nicht viel größer ist als der kleinere der Widerstände R_i oder R_a. Schaltung 2 hat den

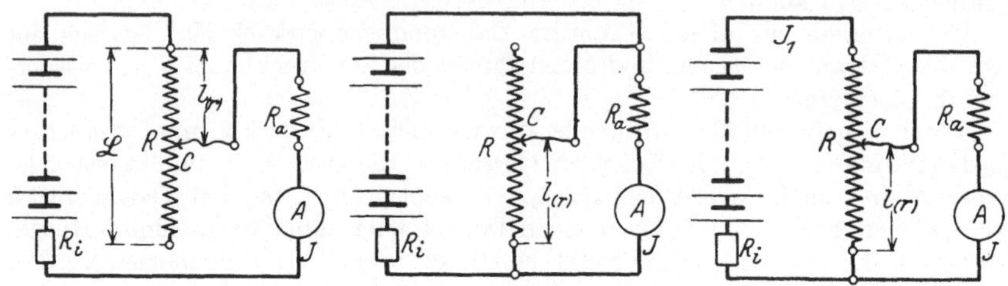

Abb. 22 a—c. Schaltung des Regulierwiderstandes R a) als Vorwiderstand, b) als Nebenwiderstand, c) als Spannungsteiler.

Nachteil, daß R auf Null einstellbar und dadurch die Stromquelle einem Kurzschluß ausgesetzt ist.

Schaltung 3 ist nur für schwächere Ströme bestimmt, die Nachteile der ersten Schaltungen bestehen hier nicht. Je nach der Größe von J und der Spannung der Stromquelle wählt man R größer oder kleiner in dem Bereich, der durch die Grenzen von 1. und 2. festgelegt ist. Ist J klein gegen J_1 (R_a groß gegen R), so läßt sich längs R an l eine gleichmäßig wachsende Spannung abgreifen. Der Schieber C teilt die Spannungen an R dann genau im Verhältnis der Längen (Spannungsteiler!). (Vorsicht bei Kurzschluß von R_a!)

Schaltung 1 wird in der Starkstromtechnik, Schaltung 3 fast nur in der Schwachstromtechnik verwendet.

Schaltung 2 kommt praktisch als Regulierschaltung kaum in Frage und soll hier nur die Nebeneinanderschaltung demonstrieren (s. aber Abb. 216). Bei Schaltung 3 würde man den Regulierwiderstand R in der Praxis aus 2 Teilen,

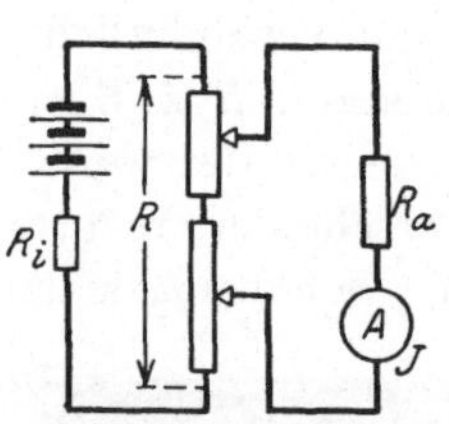

Abb. 23. Praktische Spannungteilerschaltung.

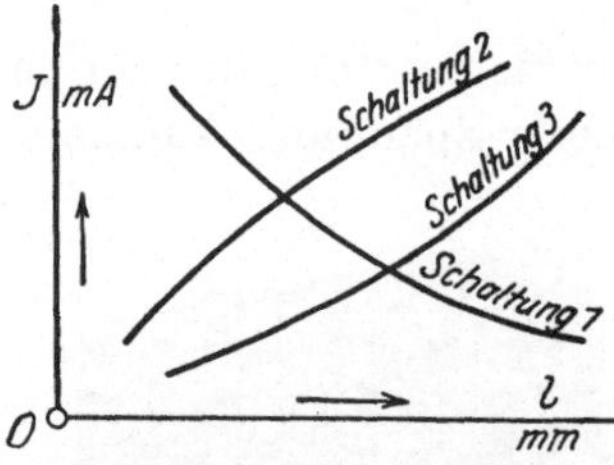

Abb. 24. Der Strom J abhängig von der Schieberstellung l.

einem Grob- und einem Feinwiderstand zusammensetzen und 2 Anzapfungen vorsehen (Abb. 23).

Versuchsausführungen. Die durch den Verbraucher R_a fließende Stromstärke J ist über der Länge l am Schieber R graphisch aufzutragen (Abb. 24):

1. Wenn R etwas größer als R_a,
2. wenn R etwa 5 mal größer als R_a,
3. wenn R viel größer als R_a ist,

für R_i kleiner als R_a (z. B. $R_i =$ ca. 10 Ω, $R_a =$ ca. 60 Ω).

Der Längenmaßstab l in Abb. 22 ist bei den Versuchen so anzulegen und die Kurven (Abb. 24) sind nachher so zu zeichnen, daß der Strom J mit zunehmender Länge l

bei Schaltung 1 kleiner,
„   „   2 und 3 größer wird.

Für jede Schaltung ist am besten ein besonderes Kurvenbild mit drei Schaulinien zu zeichnen, die zu den drei verschieden großen Widerständen R_a gehören.

Übungsfragen: 1. Nenne Fälle praktischer Messungen, in denen die 3 Schaltungen verwendet werden.

2. Warum muß R bei Schaltung 3 klein gegen R_a sein?

Das Ohmsche Gesetz.

Widerstände, deren Werte sich während des Betriebes ändern, wie z. B. Ankerwiderstände, Widerstände von Feldwicklungen, Glühlampen und andere mehr, werden im Betriebszustande durch gleichzeitige Strom- und Spannungsmessung ermittelt. Nach dem Ohmschen Gesetz bestimmt sich der Widerstand dann durch die Gleichung:

$$R = \frac{P}{J}.$$

Dabei ist bei kleineren Leistungen auf den Eigenverbrauch der Meßgeräte zu achten. Es gibt zwei grundsätzlich verschiedene Schaltungen (s. Abb. 25a u. b).

Im Falle a) wird die Klemmenspannung P am Widerstande R_g richtig gemessen, der gemessene Strom J aber ist um die Stromauf-

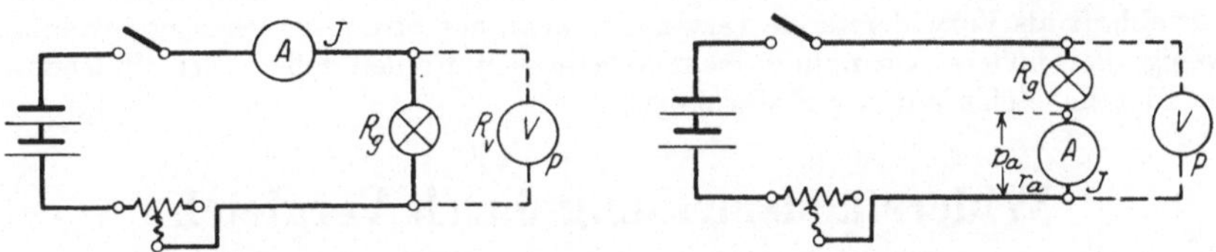

Abb. 25 a.   Abb. 25 b.

Abb. 25 a u. Abb. 25 b. Schaltungen zur Widerstandsbestimmung nach dem Ohmschen Gesetz.

nahme ($i_v = P/R_v$) im Voltmeter zu groß. Der Fehler kann vernachlässigt werden, wenn R_v viel größer ist als R.

Im Falle b) wird der Strom im Widerstand R_g richtig gemessen, die gemessene Spannung aber ist um den Spannungsabfall ($p_a = J \cdot r_a$) im Strommesser zu groß. Der Fehler kann vernachlässigt werden, wenn r_a viel kleiner ist als R_g.

Bei Leistungsmessungen (s. S. 22) ist der Eigenverbrauch der Instrumente auch nur bei Messungen kleiner Leistungen zu berücksichtigen, ein Fall, der in der Starkstromtechnik verhältnismäßig selten, in der Schwachstromtechnik sehr oft vorkommt. Man vermeidet dort Messungen der vorgenannten Art und mißt Widerstände mit der Wheatstonebrücke, Spannungen und Phasenverschiebungen durch Kompensation (s. d.).

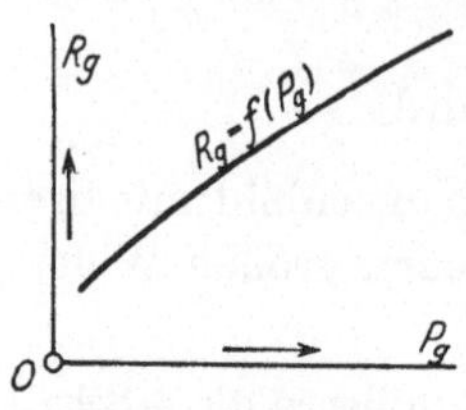

Abb. 26. Lampenwiderstand abhängig von der Lampenspannung.

Versuchsausführung. 1. Mit einer Meßbrücke sind die Widerstände der kleinen Metallfaden-Glühlampe, des Strom- und Spannungsmessers kalt zu bestimmen (Spannungteiler anlegen [an P, Abb. 17] und dadurch mit kleiner Brückenspannung arbeiten!).

2. Nach Schaltung a und b ist die Stromaufnahme J_g einer kleinen Glühlampe (für ca. 2 Volt) bei verschiedenen Spannungen P_g zu messen.

Nach Abzug der Fehlbeträge ist der Widerstand R_g der Lampe als Funktion der Lampenspannung P_g graphisch aufzutragen (Abb. 26).

Übungsfragen: 1. Wie groß sind die Leistungen der Lampe und der Instrumente bei 2 Volt Lampenspannung?

2. Nach welchem Prinzip sind die verwendeten Meßgeräte gebaut?

3. Wie groß wären der Vorwiderstand und der Leistungsverbrauch des Voltmeters für ein Meßbereich von 500 Volt?

4. Wie groß wären der Nebenwiderstand und die Leistung des Strommessers für ein Meßbereich von 200 Amp.?

<table>
<tr><th colspan="7" align="center">Tabelle a.</th><th></th><th colspan="7" align="center">Tabelle b.</th></tr>
<tr><th>Nr.</th><th>J</th><th>P</th><th>i_v</th><th>J_g</th><th>P_g</th><th>R_g</th><th></th><th>Nr.</th><th>J</th><th>P</th><th>p_a</th><th>J_g</th><th>P_g</th><th>R_g</th></tr>
<tr><td></td><td>A</td><td>V</td><td>A</td><td>A</td><td>V</td><td>Ω</td><td></td><td></td><td>A</td><td>V</td><td>V</td><td>A</td><td>V</td><td>Ω</td></tr>
<tr><td></td><td></td><td></td><td></td><td></td><td></td><td></td><td></td><td></td><td></td><td></td><td></td><td></td><td></td><td></td></tr>
</table>

Anmerkung: Metalldrahtlampen, besonders solche mit Gasfüllung werden vorteilhaft als Vorwiderstände verwendet, wenn der Strom bei geringer Spannung wenig, bei höherer Spannung mehr abgedrosselt werden soll. (Der Widerstand der Metalle steigt mit der Erwärmung.)

Widerstandsmessung durch Vergleich der Spannungsabfälle.

Die Methode eignet sich zur Bestimmung kleiner Widerstände wie die Thomsonbrücke (s. d.) und kann im gewissen Sinne als Vorversuch für diese angesehen werden.

Gemessen werden damit Nebenwiderstände von Strommessern, (Hitzdrahtinstrumenten und Drehspulinstrumenten) bzw. Nebenwiderstände zu den Stromspulen von registrierenden elektrodynamischen Leistungsmessern für Gleichstrom, für Gleichstromzählern und anderes mehr.

Der Strom J aus einer Akkumulatorenbatterie E kleiner Spannung und hinreichender Kapazität wird mit Hilfe des Regulierwiderstandes r konstant gehalten. Er durchfließt den Normalwiderstand R_n (z.B. $0{,}01\,\Omega$ bzw. $0{,}001\,\Omega$) und den unbekannten, zu messenden Widerstand R_x in Reihe.

Der Umschalter U gestattet das empfindliche Zeigergalvanometer G abwechselnd an die Widerstände R_n bzw. R_x zu legen, in denen der Strom J die Spannungsabfälle $p_n = J R_n$ und $p_x = J R_x$ erzeugt. Je nach der Größe von R_n

Abb. 27. Vergleichs-Normalwiderstand.

Abb. 28. Nebenwiderstand für Strommesser (2000 A).

bzw. R_x erzeugt der Spannungsabfall im Galvanometer einen mehr oder weniger großen Strom i, der durch den hohen Widerstand R sehr klein gehalten wird, damit er gegen J vernachlässigt werden kann.

Die Zeigerausschläge α am Galvanometer G in den Umschaltstellungen a und b verhalten sich dann wie die Ströme i_n und i_x im Galvanometer und diese wie die Spannungsabfälle p_n und p_x, d. h. es gilt:

$$\frac{p_x}{p_n} = \frac{J R_x}{J R_n} = \frac{\alpha_x}{\alpha_n}.$$

Hat der Strom J während der Umschaltung seine Größe nicht geändert, so hebt er sich aus der Gleichung heraus und es wird

$$\frac{R_x}{R_n} = \frac{\alpha_x}{\alpha_n} \quad \text{oder} \quad R_x = R_n \cdot \frac{\alpha_x}{\alpha_n}.$$

Man braucht also das Verhältnis der Ausschläge nur mit dem bekannten Wert R_n des Normalwiderstandes zu multiplizieren, um den gesuchten Widerstand R_x zu erhalten.

Anmerkungen: Der Normalwiderstand R_n ist dem zu messenden annähernd gleich zu wählen, damit die Ausschläge möglichst gleich groß werden. Andernfalls können Fehler in der Messung auftreten, wenn die Empfindlichkeit des Galvanometers (s. d.) nicht an allen Skalenstellen gleich groß ist. Aus

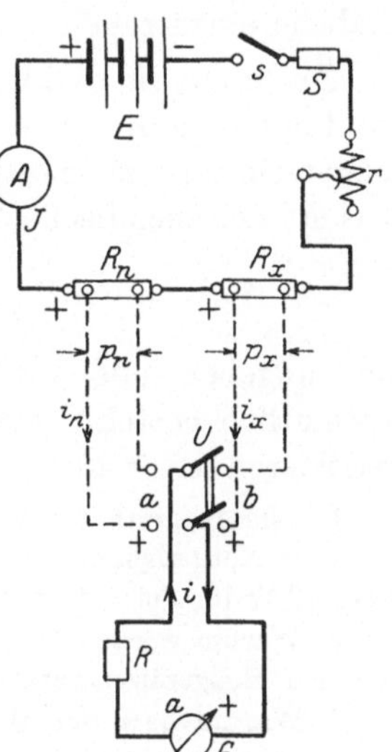

Abb. 29. Schaltung der Vergleichs-Widerstandsmessung.

demselben Grunde ist die Schaltung so getroffen, daß die Ausschläge stets nach derselben Seite erfolgen. Auch dürfen die Ausschläge nicht zu klein gewählt werden, was durch die Wahl von J bzw. r und E erreicht werden kann. Um Fehler durch Übergangswiderstände auszuschließen, sind bei Normalwiderständen und Nebenwiderständen nicht nur 2 Anschlüsse, sondern 4 angeordnet, von denen die äußeren gewöhnlich für den Stromanschluß, die inneren für die Spannungsabnahme, d. h. für den Anschluß des Meßinstrumentes bestimmt sind.

Versuchsausführung. Der Strom J ist bei sehr kleinen Widerständen höher, bei weniger kleinen niedriger zu wählen um genügend hohe Galvanometer-Ausschläge zu erhalten. Dabei ist die zulässige Belastung des Normalwiderstandes (gewöhnlich 1 W im Luft- bzw. 10 W im Petroleumbad) auf keinen Fall zu überschreiten. Bei Widerständen, deren Wert sich mit der Temperatur ändert, ist die Betriebsstromstärke zu wählen. In der Praxis werden solche Widerstände (Stromspulen von Meßgeräten, Wickelungen von Maschinen und Apparaten) vielfach auch nach dem Prinzip des Ohmschen Gesetzes gemessen (s. d.). Jede Messung ist dreimal auszuführen, indem außer der zulässigen Höchststromstärke noch zwei mittlere nacheinander eingestellt werden und jedesmal der Widerstand R_x gemessen wird. Die Resultate sind in einer Tabelle einzutragen.

Abb. 30. Empfindliches Zeigergalvanometer.

Zu messen sind: Die Widerstände von vier runden Drähten von ca. 1 m Länge und dem $\varnothing$ d mm; l ist mit dem Maßstab, d mit der Mikrometerschraube zu messen. Ist q der Querschnitt in mm², so läßt sich aus R_x der spezifische Widerstand ϱ_x errechnen zu

$$\varrho_x = \frac{R_x \cdot q_x}{l_x}$$

und angeben, aus was für einem Material der gemessene Widerstand vermutlich besteht. (Dabei ist der Widerstand eigentlich auf 15° C zu reduzieren, s. S. 28.)

Übungsfragen: 1. Wie berechnet sich die zulässige Höchststromstärke J_m aus dem Normalwiderstand R_n und der zulässigen Belastung $N_m = 1$ W im Luft- bzw. 10 W im Petroleumbade?

2. Warum werden Nebenwiderstände ungern bei Weicheisen und elektrodynamischen Meßgeräten verwendet?

3. Warum darf der Widerstand im Petroleumbade 10 mal so stark belastet werden als in Luft?

Tabelle.

Nr.	J	α_n	α_x	R_n	R_x	d	l	ϱ	Material
—	A	mm	mm	Ω	Ω	mm	m	$\Omega\,\frac{\text{mm}^2}{\text{m}}$	—

Spannungskompensation.

Die Spannungskompensation hat ähnliche Verbreitung gefunden wie die genaue Widerstandsmessung mit der Wheatstoneschen Brücke. Sie beruht darauf, daß sich 2 Spannungen (bzw. EMK_e) das Gleichgewicht halten, wenn sie gegeneinander geschaltet sind. Ganz ähnlich wie 2 Kartenblätter stehen bleiben, die man gegeneinander aufstellt, oder wie 2 gleichstarke Pferde, die man an demselben Gegenstand in entgegengesetzter Richtung ziehen läßt, nach keiner Richtung vorwärts kommen.

Die Spannungskompensation hat weiterhin Bedeutung erlangt für Präzisionsstrommessungen (Stromkompensation). Durch gleichzeitige Strom- und Spannungsmessung wird auch sehr genaue Leistungsmessung möglich gemacht. Die Spannungskompensation hat in der Schwachstromtechnik erneute Bedeutung gefunden, bei der Messung gerichteter Größen, wo es sich darum handelt, Wechselspannungen nach Größe und Phase zu bestimmen. (Der komplexe Kompensator s. d.) Ferner bei der Bestimmung des Übersetzungsverhältnisses und der Winkelabweichung bei Strom- und Spannungswandlern s. d.

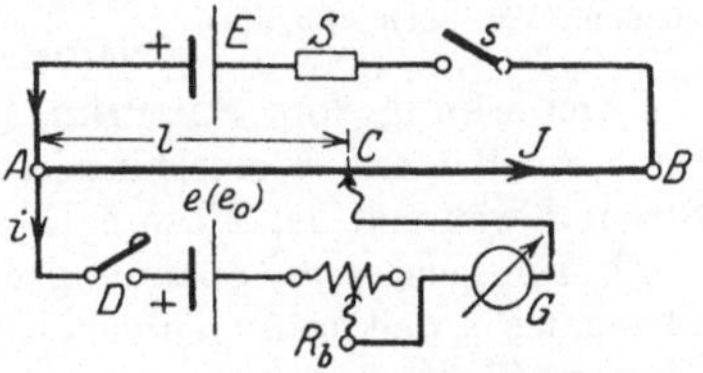

Abb. 31. Kompensationsschaltung.

Schaltung und Messung: Die Klemmenspannung E speist den Brückendraht A—B mit dem Strom J, die zu messende Spannung e ist bestrebt, einen Strom i durch den Galvanometerkreis zu senden. Da aber die Pluspole aneinanderliegen, so gelingt das nur, wenn der Schleifkontakt C an einer bestimmten Stelle steht, nämlich wenn der Spannungsabfall $J \cdot l$[1]) kleiner ist, als die Spannung e des zu messenden Elements. Ist $J \cdot l$ größer als e, so fließt umgekehrt ein Strom aus der Zelle E durch das Element e und das Galvanometer nach c und über B und E zurück. Ist $J \cdot l$ gleich e, so fließt überhaupt kein Strom im Galvanometerkreis; man erkennt das daran, daß der Galvanometerausschlag α gleich 0 ist.

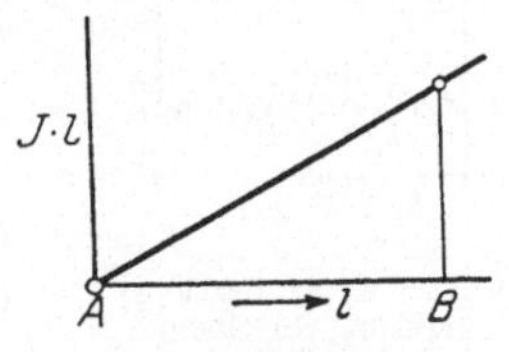

Abb. 32. Der Spannungsabfall $J \cdot l$ abhängig von der Schieberstellung l.

Diesen Umstand benutzt man zur genauen Messung von e. Man schiebt den Schleifkontakt C so lange auf dem Brückendraht hin und her, bis $\alpha = 0$ ist. Dann ist $i = 0$ und $e = J \cdot l$, da nun ferner $E = J \cdot L$ ist, wobei L der Widerstand A—B des Brückendrahtes

---

[1]) Die Widerstände der Längen l des Brückendrahtes sind hier kurz ebenfalls mit l bezeichnet.

sein soll, so hat man:

$$e = J \cdot l, \qquad\qquad E = J \cdot L,$$

also: $\quad \dfrac{e}{E} = \dfrac{J \cdot l}{J \cdot L} = \dfrac{l}{L}$ und $e = E \cdot \dfrac{l}{L}$. $\qquad (1)$

Ist E bekannt, so kann man e messen.

Man kann auch anders verfahren: man setzt an Stelle von e eine bekannte EMK, z. B. e_0 eines Normalelements (Westonelement $= 1,019$ V) und wiederholt die vorgeschriebene Messung.

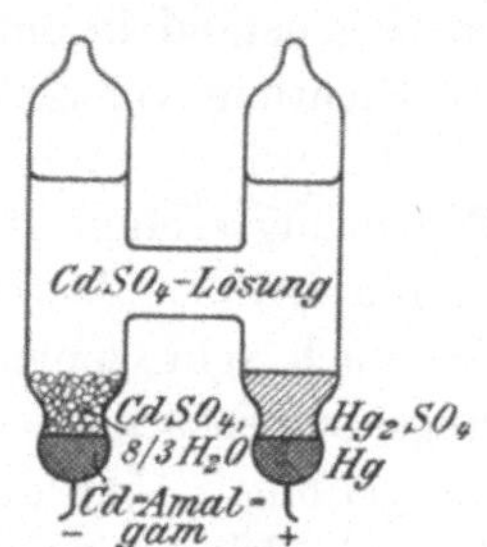

Man erhält dann z. B. in einer Lage C_0 des Schleifkontaktes in der Entfernung l_0 vom Punkt A den Ausschlag 0 am Galvanometer, dann ist hierfür $e_0 = J \cdot l_0$ und es war oben $e = J \cdot l$, also ist:

$$\frac{e}{e_0} = \frac{J \cdot l}{J \cdot l_0} \text{ und daraus } e = e_0 \frac{l}{l_0} \qquad (2)$$

durch Vergleich mit einem Normalelement e_0 läßt sich somit jede unbekannte EMK e bestimmen.

Abb. 33. Weston-Normalelement. Vgl. auch Abb. 59[1]).

Anmerkung zum Spannungskompensator: 1. Die Methode ist nur genau, wenn die Batterie E eine hinreichend große Kapazität in Ah besitzt, so daß der Strom J während der Messung konstant bleibt.

2. Die gemessene Spannung e ist hier gleich der EMK des zu prüfenden Elementes e, weil im Augenblick der erfolgten Kompensation kein Strom i aus dem Element fließt.

3. Zum Schutze des Normalelementes dient der Ballastwiderstand R_b. Solange man die richtige Schieberstellung nicht ermittelt hat, fließt ein mehr oder weniger großer Strom i im Galvanometerkreis, der durch Verschieben von C erst auf 0 gebracht werden muß, wobei man den Ballastwiderstand nach und nach abschaltet. Dem Normalelement darf (praktisch) kein Strom entnommen werden. Man wählt daher R_b wenigstens $= 20000$ Ohm. Außerdem läßt sich die Stellung C für $a = 0$ viel besser finden, wenn man zunächst R_b vor und dann nach und nach abschaltet. Gute Normalelemente mit konstanter EMK e_0 sind im Handel zu haben und können bei der PTR in Charlottenburg geprüft werden.

Versuchsausführung. 1. Das zu prüfende Element wird mit der bekannten EMK e_0 des Westonelements verglichen ($e_0 = 1,019$ V).

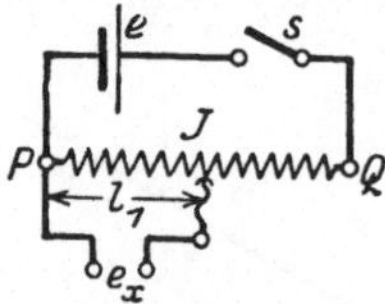

Abb. 34. Kompensationsmessung an einem Spannungsleiter.

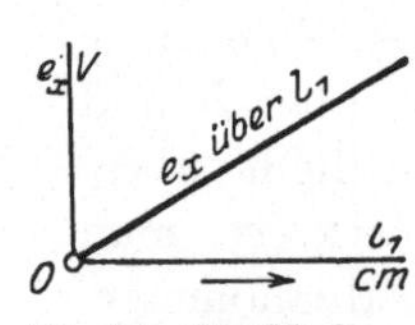

Abb. 35. Graphische Darstellung.

2. Der Spannungsteiler PQ (Abb. 34) wird an e angelegt und verschiedene Spannungen $e_x = J \cdot l_1$ an PQ abgegriffen und durch Kompensation gemessen, indem man l_1 von Zentimeter zu Zentimeter verändert.

Es ist e_x über l_1 graphisch aufzutragen (Abb. 35).

---

[1]) Aus Strecker: Hilfsbuch f. d. Elektrotechnik, 10. Aufl. Berlin: Julius Springer 1925.

Übungsfragen: 1. Wie können wir uns die Strommessung durch Spannungskompensation denken?

2. In welcher Weise hängt die Genauigkeit der Messung von der mechanischen Ausführung des Brückendrahtes und von der des Galvanometers ab?

3. Kann nach Abb. 34 die EMK des Elements e gemessen werden?

Galvanometer.

Bei Meßeinrichtungen, die sehr schwache Ströme führen, Nullmethoden wie die Wheatstonesche Brücke usw., werden sehr empfindliche Meßgeräte gebraucht: Die Galvanometer. Es gibt Zeiger- und Spiegelgalvanometer. Beide gehören der Drehspultype an. Die Spiegelgalvanometer sind meist empfindlicher. Die hohe Empfindlichkeit der Galvanometer wird durch Anwendung sehr schwacher mechanischer Gegenkräfte (Fadenaufhängung anstatt der Drehfedern) erreicht. Sie können zur Messung schwacher Dauerströme (wie die Strommesser) verwendet werden; dann wird ihre Stromempfindlichkeit in mA pro Skalenteil bestimmt. (Von der Empfindlichkeit unterscheide die Genauigkeit geeichter Zeiger-Meßgeräte!) Durch Nebenwiderstände kann das Strom-Meßbereich erweitert werden. Durch Vorschalten von Widerständen kann es für Spannungsmessungen eingerichtet werden; dann wird seine Spannungsempfindlichkeit in mV pro Skalenteil bestimmt.

Abb. 36. Spiegelgalvanometer.

Sollen die Galvanometer zur Messung von kurz andauernden Strömen, z. B. zur Messung von Elektrizitätsmengen geladener Kondensatoren oder Induktionsströmen Verwendung finden, dann wird ihr Gewicht vergrößert (weil sonst keine annähernde Proportionalität zwischen den Galvanometerausschlag α und der Meßgröße besteht.) Sie heißen dann: ballistische Galvanometer und es wird ihre ballistische Empfindlichkeit in C pro Skalenteil bestimmt. Sollen sie zur Messung von Wechselströmen dienen, so wird ihr Gewicht und Trägheitsmoment sehr klein gehalten. Ihr bewegliches Organ vibriert dann; deshalb heißen sie in dieser Form Vibrationsgalvanometer s. d.

Bestimmung der Stromempfindlichkeit (für Dauerstrom).

Schaltung: Die Spannung E einer Akk-Zelle wird an den Spannungsteiler T angelegt, so daß P verändert werden kann. Die Spannung P schickt nun den Strom J, der am Normalinstrument N abgelesen wird, in die Anordnung. Das Galvanometer G liegt unter Vorschaltung eines sog. Grenzwiderstandes R_g an den Enden des

Schleifdrahtes AB, dem bei B und C Spannung zugeführt wird. Der Kurzschließer K dient dazu, das Galvanometer schnell zur Ruhe zu bringen. Der Gesamtwiderstand im Galvanometer-Stromkreise

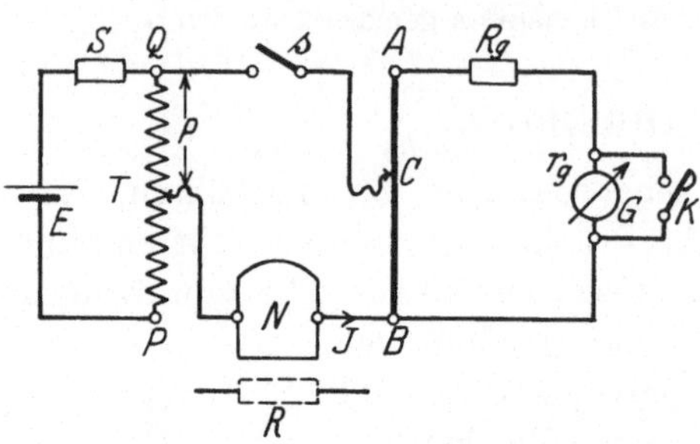

Abb. 37. Schaltung für die Galvanometereichung.

$ABGR_g$ bleibt später konstant.

Versuchsausführung. 1. Zunächst ist (bei Spiegelgalvanometern) die optische Einrichtung, z. B. bei 1000 mm Skalenabstand so einzustellen, daß die Skala nach beiden Ausschlagsrichtungen hin gut abzulesen ist und gleichmäßig steht, d. h. senkrecht zur Nullstellung des Lichtzeigers. An dieser Einstellung darf nachher nichts mehr geändert werden.

Die Einstellung der bekannten älteren optischen Einrichtung (Abb. 38a), kann wie folgt geschehen: Zuerst wird der Abstand der Skalenmitte vom Spiegel des Galvanometers auf etwa 1 m eingestellt (auf 1 mm kommt es dabei im allgemeinen nicht an). Dann stellt man fest, ob die weiße Fläche der Skala mit dem bloßen Auge im Spiegel zu erkennen ist, wenn man neben dem Fernrohr in den Spiegel hineinsieht. Ist das nicht der Fall, so ist die Skala in der Höhenlage zu verschieben oder die Spiegelfläche steht nicht $\perp$ zur Sehachse des Fernrohres. Dann ist diese nachzustellen bzw. das bewegliche Organ des Galvanometers oder dieses selbst zu drehen. (Vorsicht: Fadenaufhängung!)

Erkennt dann das bloße Auge die Skalenfläche im Spiegel, wie oben beschrieben, so muß die Skalenteilung (Planspiegel vorausgesetzt)

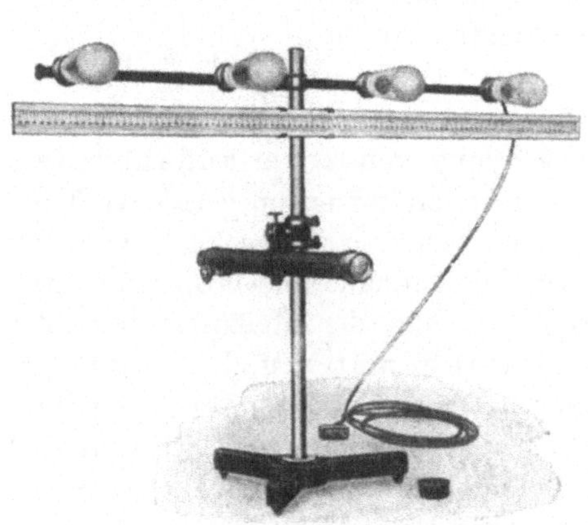

Abb. 38a. Optische Ableseeinrichtung für Spiegelgalvanometer.

nun auch durch das Fernrohr zu erkennen sein. Ist das nicht der Fall, so ist die Linsenverstellung am Fernrohr in axialer Richtung zu betätigen, bis die Bezifferung und die Teilstriche der Skala genau und scharf sichtbar sind.

Nun ist festzustellen, ob der mittlere Teilstrich der Skala (meist

25 oder 50) sich mit dem senkrechten Strich des Fadenkreuzes im Fernrohr deckt; andernfalls ist das Fernrohr mit Hilfe der Seitenverstellvorrichtung so lange zu drehen bzw. ist bei größeren Abweichungen oder, wenn die mittlere Skalenfläche ungleichmäßig beleuchtet erscheint), das ganze Fernrohr mit Stativ, während man die Skala durch das Fernrohr immerfort im Auge behält, vorsichtig seitlich so lange zu verschieben bzw. zu drehen, bis die Skalenmitte im bezug auf Fadenkreuz und Beleuchtung die richtige Lage hat. Dann ist die Schärfe der optischen Einrichtung noch einmal zu prüfen. Diese optische Einrichtung (Abb. 38a) hat den Nachteil, daß nicht gleichzeitig mehrere Beobachter die Skalenausschläge durch das Fernrohr beobachten können.

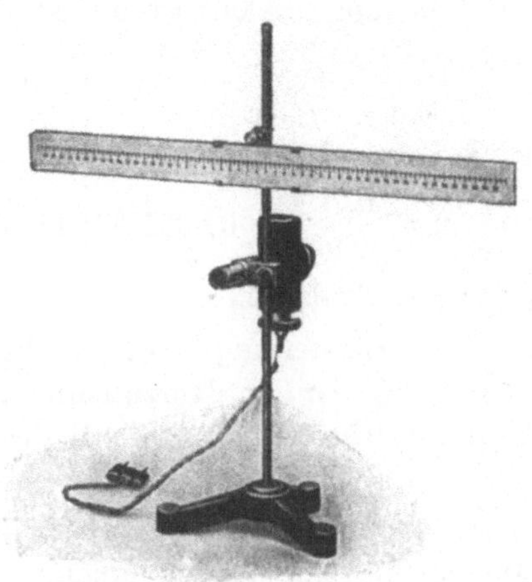

Abb. 38b. Optische Ableseeinrichtung O u. H mit Ableselaterne.

In dieser Beziehung eignet sich besser die optische Einrichtung (Abb. 32b), bei der ein Lichtschein aus der kleinen Laterne auf den Spiegel und von da zurück auf die Skala geworfen wird, den dann mehrere Beobachter gleichzeitig wandern sehen können, ähnlich wie bei den optischen Einrichtungen für Auditorien.

2. Bestimmung des Grenzwiderstandes. Es wird dem Galvanometer durch Einschalten bei s ein mittelgroßer Ausschlag erteilt und beobachtet, wie schnell das Galvanometer beim Ausschalten zur Ruhe kommt. Der Widerstand R_g, wird nacheinander zu $0\,\Omega$, $200\,\Omega$, $500\,\Omega$, $1000\,\Omega$ u. a. m. eingestellt. Derjenige Widerstand R_g, bei dem das Galvanometer nicht mehr periodisch schwingt (aber auch nicht etwa kriecht, wie vielleicht bei $R_g = 0$), ist als Grenzwiderstand fest einzustellen[1]). Natürlich hängt die schwingungsfreie Einstellung auch von den äußeren Widerständen ab, die bei späteren Messungen eingeschaltet werden (äußerer Grenzwiderstand!).

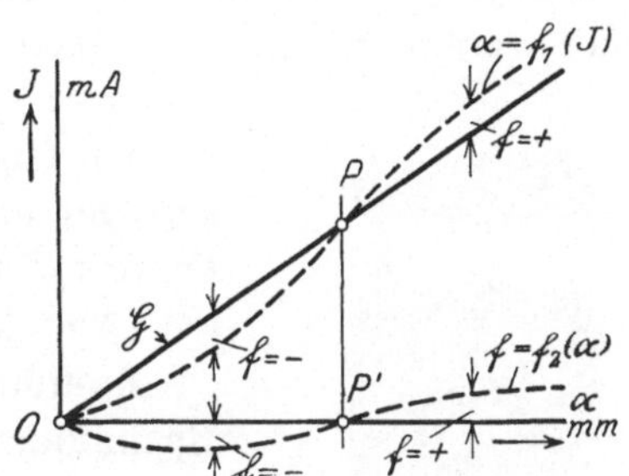

Abb. 39. Eichkurve zum Galvanometer.

---

[1]) Eigentlich ist der Widerstand des Galvanometerkreises $A\,B\,G\,R_g$ als „innerer Grenzwiderstand" anzusehen.

3. **Bestimmung der Empfindlichkeit.** Bei einem bestimmten, dem später zu messenden etwa gleichen Strom J, der dem mittleren Punkt P der Eichkurve Abb. 39 entspricht, wird der Schleifkontakt C Abb. 37 auf $A-B$ so eingestellt, daß das Galvanometer einen passenden, nicht zu großen oder zu kleinen Ausschlag α gibt. Die Empfindlichkeit bei 1000 mm Skalenabstand ist dann:

$$\mathfrak{E} = \frac{J}{\alpha} \tag{1}$$

für z. B. $\alpha = 100$ Skalenteile (mm), $J = 10$ mA ist:

$$\mathfrak{E} = \frac{0,01 \text{ A}}{100 \text{ mm}} = 0,0001 \text{ A/mm} = 1 \cdot 10^{-4} \text{ A/mm} = 0.1 \text{ mA/mm},$$

d. h. pro Skalenteil.

Die Einstellung des Eichpunktes P (Abb. 39) ist so vorzunehmen, daß die Fehler oberhalb und unterhalb desselben etwa gleich groß sind.

4. **Aufnahme der Fehlerkurve.** Die Ausschläge des Galvanometers sind dem Strom J nicht ganz proportional, nur im Eichpunkt P der Empfindlichkeitsbestimmung liegt dieser auf der Proportionalitätsgeraden G, weil er so eingestellt ist. Darüber und darunter ist die Abweichung von der Proportionalität meist größer bzw. kleiner.

Zur Aufnahme der Fehlerkurve bleibt der Schleifkontakt C stehen und es wird J durch Änderung von P am Spannungsteiler verändert und die dazu gehörenden Werte $\alpha = f_1(J)$ abgelesen, in einer Kurve aufgetragen und die Fehlerkurve $f = f_2(\alpha)$ gezeichnet (Abb. 39).

Bestimmung der Spannungsempfindlichkeit. Sie geschieht in derselben Weise wie die Bestimmung der Stromempfindlichkeit. Nur ist das Normalinstrument A durch einen Wider-

Abb. 40. Panzergalvanometer.

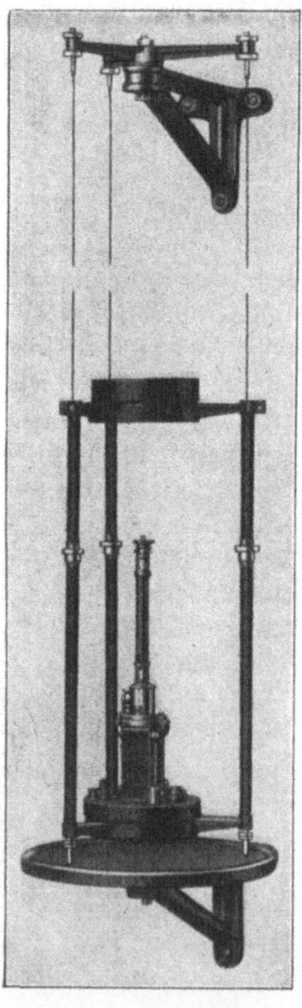

Abb. 41. Erschütterungsfreie „Juliussche Aufhängung".

stand R zu ersetzen und an einem Normalinstrument (bei P Abb. 37) eine bestimmte, der später zu messenden etwa gleiche Spannung P einzustellen und sonst wie in 1.—4. zu verfahren. Die Spannungsempfindlichkeit ist als:

$$\mathfrak{E} = \frac{P}{\alpha} \text{ in Volt pro mm},$$

d. h. pro Skalenteil zu bestimmen.

Anmerkung: Spiegelgalvanometer können sehr empfindlich sein, so daß in der Nähe vorbeifahrende Straßenbahnen durch Streufelder Ausschläge erzeugen. Um von äußeren Streufeldern (Erdfeld und andere konstante Felder) unabhängig zu sein, umgibt man das Galvanometer gegebenenfalls mit einem Eisenmantel; es ist dann „gepanzert", s. d. Panzergalvanometer (Abb. 40).

Gegen mechanische Erschütterung schützt man das Meßgerät durch Aufstellung auf einen festen Sockel, z. B. an einer Mauer; in besonderen Fällen wendet man eine erschütterungsfreie Aufhängung an, die sogenannte „Juliussche Aufhängung" (Abb. 41).

Auch durch Berührung blanker Teile der Schaltung können Fehlmessungen durch Thermokräfte auftreten.

Übergangswiderstände am Galvanometer-Nebenschluß sind zu vermeiden.

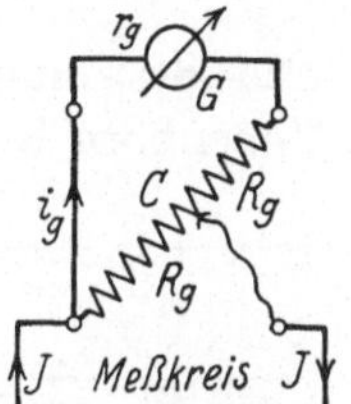

Abb. 42. Schaltung im Galvanometer-Neben-widerstand.

Nebenwiderstände zu Spiegelgalvanometern sind vielfach nach Abb. 42 geschaltet. Dabei ist R_g, der Grenzwiderstand, und daher die Dämpfung im Galvanometerkreise konstant. Durch Stöpsel (bzw. Kurbel) kann der Strom bei C veränderlich abgezweigt und so leicht verschiedene Empfindlichkeiten eingestellt werden.

Neben den Stöpselöffnungen sind dann Faktoren k $\left(\text{z.B. } \frac{1}{1}, \frac{1}{10}, \frac{1}{100}, \frac{1}{1000}, \frac{1}{10000}\right)$ angebracht, die die Stufe der Empfindlichkeit kennzeichnen. Steckt man z. B. den Stöpsel bei $k = \frac{1}{100}$, so bedeutet das: In dieser Anordnung fließt im Meß-kreis (Abb.42) beim gleichen Galvanometerausschlag ein 100 mal so großer Strom, als bei Stöpselung an $k = \frac{1}{1}$. Der Strom hat dann den Wert: $J = \mathfrak{E} \cdot \alpha \frac{1}{k}$.

Entsprechend gilt für die Spannungsempfindlichkeit: $P = \mathfrak{E} \cdot \alpha \frac{1}{k}$.

Aufgabe: Es ist die Stromempfindlichkeit (und wenn möglich auch die Spannungsempfindlichkeit) zu bestimmen für wenigstens je einen Meßbereich 0,01; 0,1 mA/mm bzw. mV/mm usw.

Die Fehlerkurve $f = f_2(\alpha)$ ist aufzunehmen.

Abb. 43a.   Abb. 43b.

Abb. 43a und 43b. Kurbel- und Stöpsel-Nebenwiderstand für Galvanometer.

Übungsfragen: 1. Wie groß ist die Stromaufnahme des Galvanometers (Abb. 42) für einen Skalenteil? $\left(r_g = 100 \ \Omega, R_g = 100 \ \Omega \text{ bei } J = 10 \text{ mA und } k = \frac{1}{10} ?\right)$

2. Wie wirkt der Kurzschließer K in Abb. 37 ?

Lichtmessung (Photometrie).

Die Lichtstärke einer Glühlampe hängt von der Temperatur des Glühfadens ab und diese ist nach dem Joulschen Gesetz proportional der elektrischen Leistung.

$$N = J^2 R = \frac{P^2}{R} \qquad \left(\text{denn es ist } J^2 R = \left(\frac{P}{R}\right)^2 \cdot R = \frac{P^2}{R}\right).$$

Man kann daher die Lichtstärke I in Abhängigkeit von der Spannung P betrachten. Sie steigt mit der Spannung erst langsam, dann schnell. Für den Verbrauch an elektrischer Leistung bestimmt man den Wert $N : I$ in Watt pro HK. Er nimmt mit wachsender Spannung ab, weil die Leistung weniger schnell als die Lichtstärke zunimmt.

Der Widerstand des Glühfadens ändert sich mit der Temperatur, der eines Metallfadens nimmt zu, der des Kohlenfadens nimmt ab. Er ist nach dem Ohmschen Gesetz (s. S. 9):

$$R = \frac{P}{J}.$$

Die Bestimmung der Lichtstärke geschieht mit dem Photometer (s. Uppenborn-Kalender für Elektrotechnik. Jg. 1925/26, Teil II, S. 114).

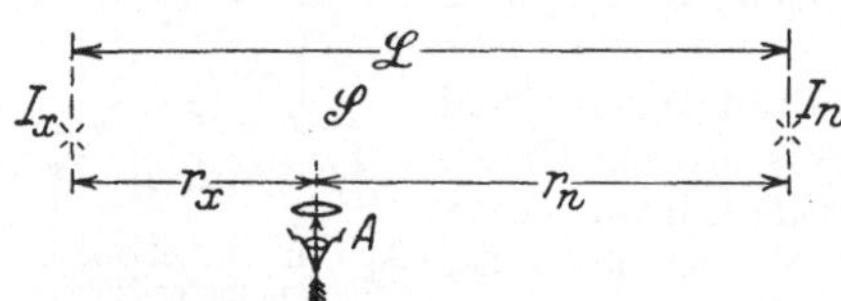

Abb. 44. Schema der optischen Bank.

Auf einer Bank (Abb. 44 u. 46) mit Millimeterteilung sind am Anfang und Ende die zu untersuchende Lichtquelle I_x und die Vergleichslampe I_n (Normalkerze von Hefner-Alteneck) befestigt. Zwischen beiden verschiebbar ist der Schirm S angeordnet, dessen Seitenflächen von den beiden Lichtquellen verschieden stark beleuchtet werden. Die optische Einrichtung im Photometer ist so getroffen, daß man durch Prismenübertragung durch ein Schauglas A beide Flächen zugleich betrachten und ihre Helligkeit miteinander vergleichen kann. Hat man den Schirm so lange auf der Bank verschoben, bis beide Flächen gleich stark beleuchtet sind, so gilt die Gleichung:

$$\frac{I_x}{I_n} = \frac{r_x^2}{r_n^2} \quad \text{oder} \quad I_x = I_n \cdot \frac{r_x^2}{r_n^2},$$

d. h. die Lichtstärken I verhalten sich wie die Quadrate ihrer Entfernungen r vom Schirm.

Versuchsausführung und Schaltung. Die zu

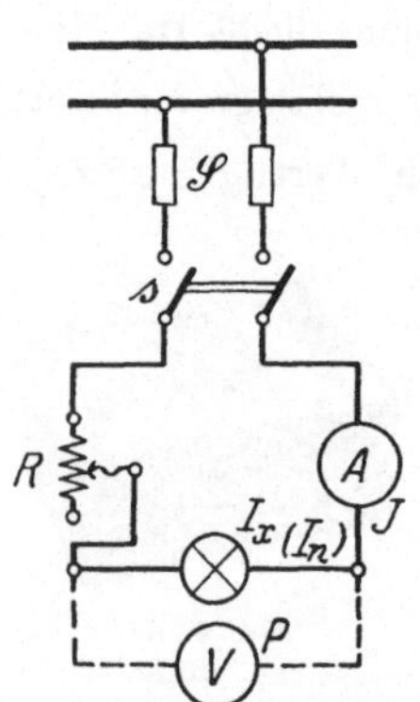

Abb. 45. Schaltungsschema.

untersuchende Glühlampe wird nicht unmittelbar mit der Normalkerze verglichen, sondern mit einer Hilfslichtquelle I_v, einer kleineren Metallfadenlampe, die vorher und nachher mit der Normalkerze geeicht wird und bei konstanter

Spannung gleiche Lichtstärke besitzt. Die zu untersuchende Lichtquelle I_x wird nach Abb. 45 geschaltet. Man verändert mit R die Spannung P und liest auch den Strom J ab, den die Lampe aufnimmt. Man stellt ca. 10 Punkte ein, wobei zur Widerstandsmessung auch ein paar Punkte im Dunkelstadium der Lampe aufgenommen werden sollen.

Dabei verschiebt man jedesmal den Schirm S (Abb. 44) bis auf gleiche Beleuchtungsstärke und liest r_x und r_n ab. Die Versuchsdaten sind in einer Tabelle zusammenzufassen.

Tabelle 1.

Nr.	P	J	N	r_x	r_n	I_x	N/I_x	R
—	V	A	W	cm	cm	HK	W/HK	Ω

Abb. 46. Photometerbank der Firma Pfeiffer, Wetzlar.

Vorher und nachher wird die Lichtstärke der Vergleichslampe bestimmt. Die Vergleichslampe liegt an einer besonderen Schaltung, deren Spannung P_v konstant auf 110 V gehalten wird, s. Tabelle 2.

Tabelle 2.

Nr.	P_v	r_v	r_n	I_v
—	V	cm	cm	HK

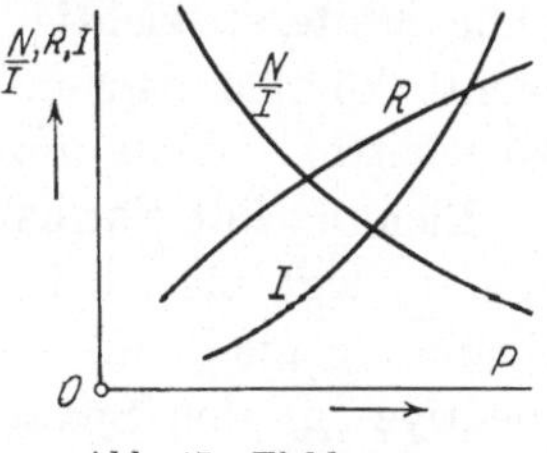

Abb. 47. Eichkurven.

Anmerkungen: Die Normalkerze soll vor Gebrauch ca. 10 Minuten gebrannt haben; sie darf während des Versuches nicht flackern. Die Flammenhöhe ist genau konstant zu halten.

Die Glühlampe darf nur kurze Zeit um höchsten 10 % überlastet werden.

Es sind folgende Kurven aufzutragen (Abb. 47):

1. Die Lichtstärke I_m einer Metallfadenlampe über der Spannung P.

2. Die Lichtstärke I_k einer Kohlenfadenlampe über der Spannung P.

3. Der spezifische Leistungsverbrauch in W/HK der Lampen über der Spannung P.

4. Der Widerstand R der Lampen in Ω über der Spannung P.

Übungsfragen: 1. Warum steigt der Widerstand der Metallfadenlampe bzw. fällt der der Kohlenfadenlampe mit der Spannung?

2. Warum erhält man beim Kohlenfaden bei gleichem Strom einen größeren spez. Leistungsverbrauch $\dfrac{N}{I}$ als beim Metallfaden?

Eichung von Leistungsmessern.

Leistungsmesser werden am einfachsten durch Vergleich mit Normalleistungszeigern geeicht. Dabei werden die beiden Strom-

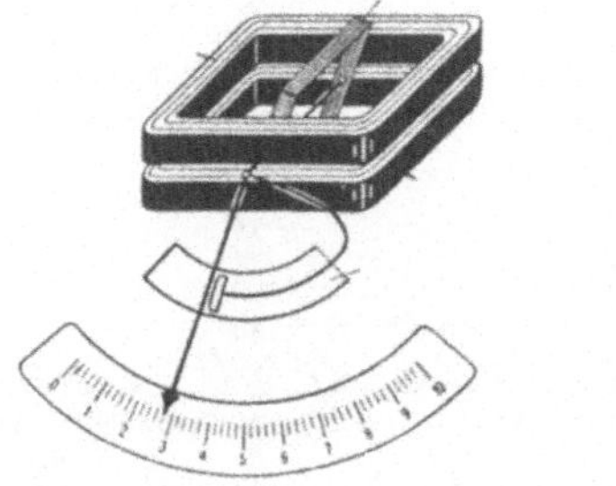

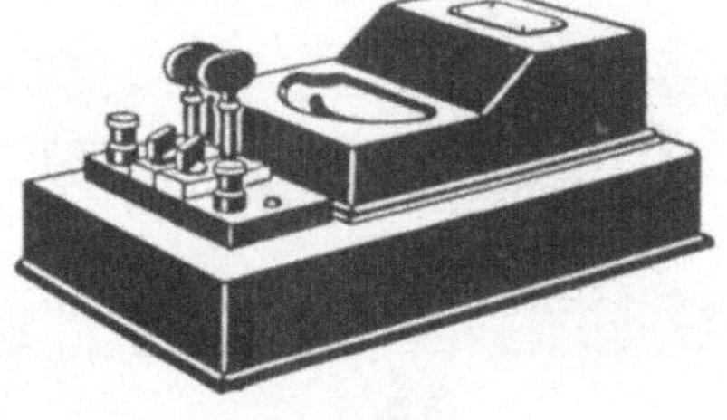

Abb. 48.   Abb. 49.

Abb. 48 und Abb. 49.   Elektrodynamischer Leistungsmesser von Siemens & Halske.

pfade in Reihe, die beiden Spannungspfade parallel angelegt (Abb. 50) und ihre Angaben mit einander verglichen. Als Normalinstrumente

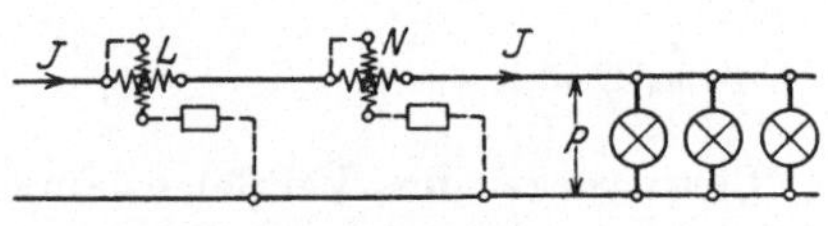

Abb. 50.   Wattmetereichung mit Normal-Leistungsmesser.

gelten die eisenfreien elektrodynamischen Leistungsmesser. Diese können mit Gleichstrom geeicht werden und zeigen dann im Wechselstromkreise die Wechselstromleistung $N = PJ \cos \varphi$ ohne weiteres richtig an (Drehfeldwattmeter, Induktionsinstrumente können nur mit Wechselstrom geeicht werden, weil sie bei Gleichstrom nichts anzeigen)[1].

Eichung mit Normalstrom und Spannungsmesser[2]. Um Energie zu sparen, legt man bei der Eichung von Leistungsmessern Strom und Spannungspfad an verschiedene Stromquellen, den Strompfad an niedrige (p), den Spannungspfad an höhere Spannung P (Abb. 51).

---

[1] Vgl. Uppenborn: Abschnitt Meßgeräte.

[2] Bei sehr großer Genauigkeit wird Strom und Spannung mit je einem Kompensationsapparat bestimmt (s. d.).

Die Stromquelle A speist die Hauptstromspule S, die Stromstärke J wird mit R_1 eingestellt, mit dem Strommesser A gemessen und bei U umgeschaltet. Die Stromquelle B speist den Spannungspfad $(s + r)$, die Spannung P wird am Spannungsteiler R_2 eingestellt, mit V gemessen und bei u umgeschaltet. (Die Umschaltung beider Stromkreise geschieht wegen des Erdfeldes, mit welchem die bewegliche Spule einen kleinen Fehlerausschlag erzeugt.) Die (in Abb. 51 nicht ge-

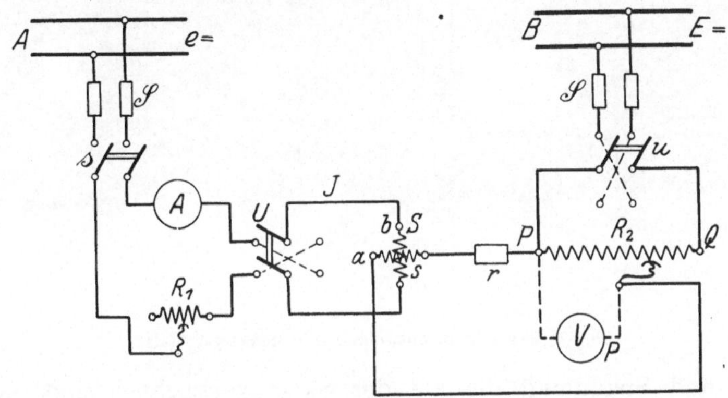

Abb. 51. Wattmetereichung mit Normal-Strom- und Spannungsmesser.

zogene) Ausgleichsleitung l zwischen den Punkten a und b sorgt (bei höheren Spannungsmeßbereichen) dafür, daß gefährliche Potentialunterschiede zwischen S und s nicht auftreten können.

Versuchsausführung. Vor dem Einschalten zu Beginn des Versuches ist der Widerstand R_1 auf den Höchstwert, der Spannungsteiler R_2 auf Null zu stellen. Dann hält man die Spannung P konstant auf den Nennwert (z. B. 110 V) und ändert J von 0 bis zum Nennwert (z. B. 5 A) (oder umgekehrt). Es ist dann die Leistung

$$N = P \cdot J.$$

Durch die Umschaltung erhält man zwei Ausschläge am Wattmeter: α_1 und α_2. Dem Mittelwert $\frac{\alpha_1 + \alpha_2}{2}$ entspricht der richtige Wert N_m der abgelesenen Leistung

$$N_m = \frac{N_1 + N_2}{2}.$$

Die Versuchsresultate sind in einer Tabelle zusammenzustellen.

Tabelle.

Nr.	P	J	N_1	N_2	N_m	$N = P \cdot J$	f_x	g_m
—	V	A	W	W	W	W	W	%

Hierbei ist $N = PJ$ der wahre Wert (Sollwert), N_m der mittlere Anzeige-
wert, der Fehler $f(x) = N_m - N$. Der Fehler wird auf den Höchstwert $N_n = J_n \cdot P_n$ bezogen, d. i. das Produkt der Nennwerte von

Abb. 52 Liegende Eichmaschine von Siemens & Halske.

Strom und Spannung, die auf der Skala verzeichnet sind, und in
Prozenten ausgedrückt. Es ist $g_m = \dfrac{f_x}{N_n} \cdot 100\,^0/_0$. Sollte ein Instrument
Reibungsfehler zeigen, so empfiehlt
es sich, denselben durch ein leichtes
Klopfen mit dem Finger an der
Glasscheibe der Instrumente für die
Einstellung zu beheben.

Anmerkungen: Leistungsmesser haben
wenigstens 2 Meßbereiche: einen Strom-
und einen Spannungsmeßbereich. Tragbare
Präzisionswattmeter haben vielfach eine
höchste Stromaufnahme von 30 mA (d. h.
für 30 V 1000 Ω Widerstand im Spannungspfad). Bei Wechselstromleistungs-
messern muß die Leistungsangabe auch
bei verschiedenen Phasenverschiebungen
geprüft werden. Das geschieht gewöhnlich nach der Eichung mit Gleichstrom
bzw. bei Induktionswattmetern nach der
Eichung mit Wechselstrom bei induktionsfreier Belastung durch Einstellung verschiedener Phasenverschiebungen im Wechselstrom, z. B. bei den Nennwerten von
Strom und Spannung. Dies ist in einfachster Weise durch Verwendung einer
sogenannten Eichmaschine möglich. Sie
besteht im wesentlichen aus zwei auf derselben Achse sitzenden Wechselstrom bzw.

Abb. 53. Stehende Eichmaschine von
Siemens & Halske.

Drehstromgeneratoren, von denen der eine den Stromkreis, der andere den Spannungskreis speist. Das Ständergehäuse der einen Maschine ist hierbei gegen das andere relativ verschiebbar angeordnet. Durch Drehung an einem Handrad kann die gegenseitige Lage eingestellt und dadurch die gegenseitige Phase der induzierten EMK_e verändert werden. Beide Generatoren werden von einem gemeinsamen Motor angetrieben (Abb. 52 u. 53).

Übungsfrage: Wie berechnet man die Multiplikationskonstante k in W/Teil für jedes Leistungsmeßbereich bei Präzionswattmetern mit Skalen, die nicht in Watt, sondern in Teilen beziffert sind?

Die Thomsonbrücke.

Die Thomsonbrücke eignet sich zur Messung sehr kleiner Widerstände, etwa von 1 Ω abwärts. Sie kann entstanden gedacht werden aus der Methode der Widerstandsmessung durch Vergleich der Spannungsabfälle (s. S. 10).

Meßprinzip und Schaltung. Der Strom J aus einer Akkumulatorenbatterie P kleiner Spannung und hinreichender Kapazität wird mit Hilfe des Regulierwiderstandes R konstant gehalten. Er durchfließt den Normalwiderstand R_n (z. B. 0,001 Ω) und den unbekannten zu messenden Widerstand R_x in Reihe.

Das empfindliche Zeigergalvanometer G Abb. 54 u. 30 liegt einerseits über die Widerstände m und n am Normal R_n, andererseits über die Widerstände o und p an dem zu messenden Widerstande R_x.

Man verändert nun die Widerstände m, n, o und p in den Meßleitungen derart, daß das Galvanometer keinen Ausschlag zeigt. Das ist der Fall, wenn an den beiden Klemmen des Galvanometers bei C dasselbe Potential herrscht. Für den Galvanometerausschlag $\alpha = 0$ muß der Spannungsabfall vom Punkte A über m bis C gleich dem über R_n und n sein; ebenso der von C bis B über o und R_x gleich dem über p, d. h.

$$J R_n + i_2 \cdot n = i_1 \cdot m$$

oder

$$J R_n = i_1 \cdot m - i_2 \cdot n$$

und

$$i_2 \cdot o + J R_x = i_1 \cdot p$$

oder

$$J R_x = i_1 \cdot p - i_2 \cdot o$$

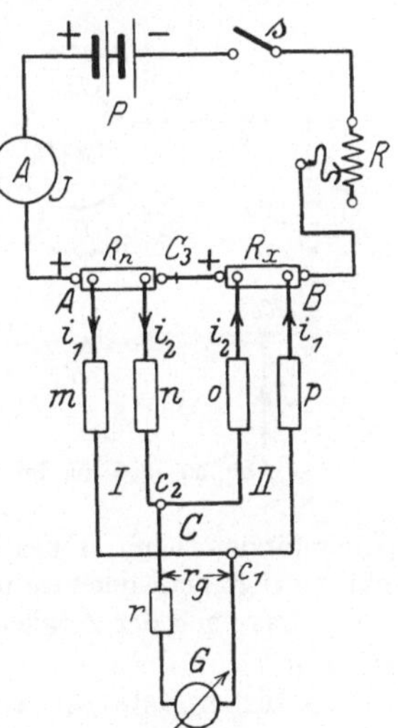

Abb. 54. Schaltungsschema zur Thomsonbrücke.

dividiert man beide Gleichungen durcheinander, so ist für konstantes J:

$$\frac{R_x}{R_n} = \frac{i_1 \cdot p - i_2 \cdot o}{i_1 \cdot m - i_2 \cdot n}.$$

Um von den Strömen i in den Meßleitungen unabhängig zu werden, wählt man

$$p = o \text{ und } m = n, \text{ d. h. } \frac{p}{m} = \frac{o}{n},$$

damit ist dann für $\alpha = o$ am Galvanometer:

$$\frac{R_x}{R_n} = \frac{p}{m} = \frac{o}{n} \text{ oder } R_x = R_n \cdot \frac{p}{m} = R_n \cdot \frac{o}{n}. \tag{1}$$

Hat man nun bei einem bestimmten Widerstandsverhältnis $\frac{p}{m} = \frac{o}{n}$ den Vergleichswiderstand R_n so eingestellt, daß das Galvanometer stromlos ist ($\alpha = o$), so gilt Gl. (1), und der unbekannte Widerstand R_x läßt sich berechnen, oder man schaltet einen Normalwiderstand von bestimmter Größe R_n ein und ändert die Zweigwiderstände m, n, o und p, unter Beibehaltung der Verhältnisgleichheit $\frac{p}{m} = \frac{o}{n}$, so lange bis $\alpha = o$ ist und berechnet daraus R_x nach Gl. (1).

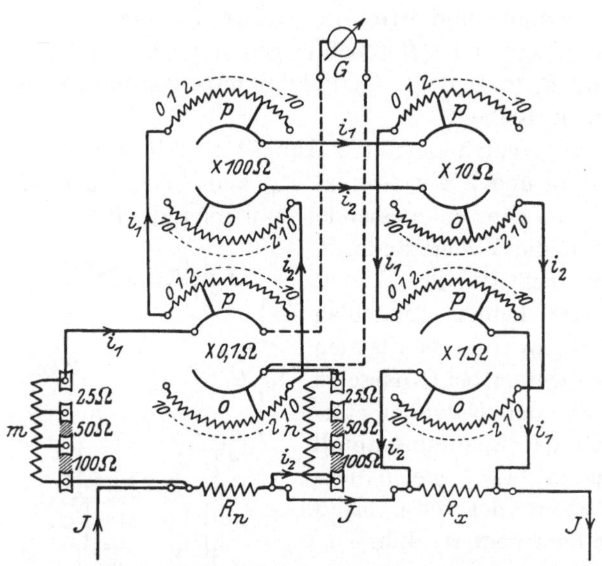

Abb. 55. Schema der Wolffschen Thomsonbrücke.

Anmerkungen: Die Thomsonsche Brücke wird vielfach als Doppelbrücke bezeichnet. Denkt man sich z. B. den Zweig n, o fortgelassen und das Galvanometer von C_2 etwa an C_3 gelegt, so hat man den Fall der einfachen Wheatstoneschen Brücke mit dem Widerstandsviereck R_n, R_x, m und p. Da es aber bei dieser nicht möglich ist, das Galvanometer richtig an den Punkt C_3 zu legen, der das Verbindungsstück (welches bei kleinen Widerständen sehr zu beachten ist) zwischen R_n und R_x im Verhältnis $R_n : R_x$ teilt, so fügt man den zweiten Brückenzweig $n\, o$ hinzu und legt das Galvanometer an C_2, was nach der Abgleichung denselben Erfolg hat, als läge das Galvanometer an C_3[1]).

Ausführungsform. In vielen Fällen der Praxis wird keine besondere Ausführungsform benutzt, sondern die Brücke wird aus einzelnen

---

[1]) Eine diesbezügliche andere Erklärung des Meßprinzips der Thomsonbrücke findet sich im Leitfaden des Verfassers über: „Elektrotechnische Meßinstrumente". 2. Aufl. S. 211—214. Berlin: Julius Springer 1923. Vgl. auch den Anhang.

Teilen zusammengesetzt. Dabei wird für R_n vielfach ein vorhandener fester Normalwiderstand benutzt und die Brückenverhältnisse $m : n$ und $p : o$ so einreguliert, daß $\alpha = o$ wird.

Sehr bequem sind Anordnungen wie die von Wolf (Abb. 55), die Widerstände m und n werden durch die Stöpselanordnungen 25, 50 und 100 Ω dargestellt. Die Widerstände p und o bestehen aus zweimal vier Satzkurbelwiderständen: $10 \cdot 0{,}1$, $10 \cdot 1$, $10 \cdot 10$ und $10 \cdot 100$ Ω, wobei die Anordnung so getroffen ist, daß beim Drehen der vier Doppelkurbeln stets $p = o$ bleibt.

Die Schleifdraht-Thomsonbrücke (Abb. 56) eignet sich besonders zur Messung von dicken Drähten. Zwischen den Schneiden S_1 und S_2 wird der zu messende Widerstand eingespannt und nachdem die Stöpselwiderstände $m = n$ und $o = p$ gezogen sind, die verschiebbaren Schneiden S_1 und S_2 so lange auf dem Brückendraht ab von 1000 mm

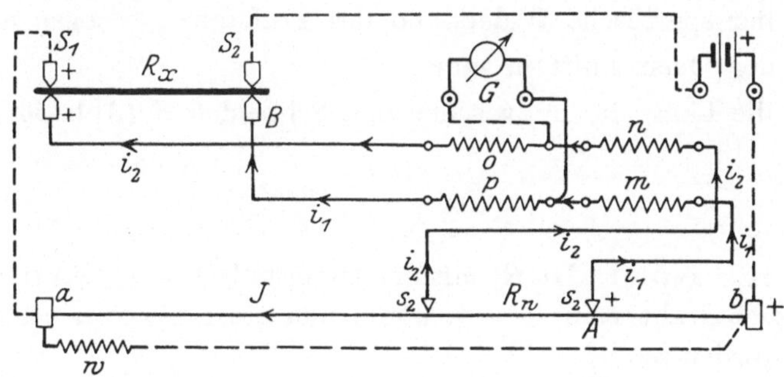

Abb. 56. Schema einer Schleifdraht-Thomsonbrücke.

Länge verschoben, bis das Galvanometer stromlos ist. Der Brückendraht ab ist gut auskalibriert und vielfach so abgeglichen, daß jedem Millimeter der konstante Wert $k = 0{,}0001$ Ω entspricht.

Beträgt die Zahl der Millimeter zwischen den Schneiden S_1 und S_2 nach der Abgleichung z, so ist der Vergleichswiderstand:

$$R_n = k \cdot z = 0{,}0001 \cdot z.$$

Die Gl. (1) ist dann:

$$R_x = R_n \cdot \frac{p}{m} = R_n \cdot \frac{o}{n},$$

d. h.

$$R_x = k \cdot z \cdot \frac{p}{m} = 0{,}0001 \cdot z \cdot \frac{p}{m} = 0{,}0001 \cdot z \cdot \frac{o}{n}. \tag{2}$$

Wegen möglicher Ungleichmäßigkeiten im Meßdraht wird die Messung 3 mal wiederholt am Anfang, in der Mitte und am Ende der Brücke. Das Verhältnis $\frac{p}{m} = \frac{o}{n}$ wird zweckmäßig so gewählt, daß die Entfernung der Schneiden A nicht zu klein, d. h. wenigstens ein paar Millimeter, und nicht zu groß wird, damit mehrere Messungen zur Kontrolle ausgeführt werden können.

In Abb. 56 ist w ein Abgleichwiderstand für den Brückendraht auf runde Werte in Ω pro mm.

Spezifischer Widerstand[1]). Soll nach der Messung der spezifische Widerstand bestimmt werden, so ist der gemessene Wert vorher auf $15^0\,C^1$ zu reduzieren[1]). Es gilt

$$R_x = R_{15} \cdot [1 + \alpha \cdot (t_x - 15^0)], \quad \text{d. h.} \quad R_{15} = \frac{R_x}{1 + \alpha\,(t_x - 15^0)}, \tag{3}$$

wobei R_x der Widerstand bei der Temperatur $t_x\,C$ in Ω,

R_{15} „ „ „ „ „ $15^0\,C$ in Ω,

t_x die Temperatur während des Versuches in $^0\,C$,

α der Temperaturkoeffizient des zu prüfenden Metalles[1]) (bezogen auf $15^0\,C$) ist.

Ist ϱ der spezifische Widerstand des Prüfstabes, bezogen auf 15^0,

F der Querschnitt in mm^2,

l die Länge im m zwischen den Schneiden S (Abb. 56), so wird

$$\varrho = \frac{R_{15} \cdot F}{l} \quad \text{in} \quad \frac{\Omega\,mm^2}{m}. \tag{4}$$

Zahlenbeispiel: Ist R_x mit der Thomsonbrücke als ein zu messender Versuchsdraht vom $\varnothing = 4{,}05$ mm und einer Länge $L = 0{,}5$ m bestimmt worden zu

$$R_x = 0{,}005\ \Omega \ \text{bei}\ t_x = 19{,}3^0\,C,$$

so ist der auf 15^0 reduzierte Widerstand bei einem für den Versuchsdraht zu $\alpha = 6 \cdot 10^{-3}$ nach einer Tabelle angenommenen Temperaturkoeffizienten

$$R_{15} = \frac{0{,}00500}{1 + 6 \cdot 10^{-3}\,(19{,}3 - 15)}\ \Omega,$$

$$R_{15} = \frac{0{,}005}{1{,}0258} = 0{,}00487\ \Omega.$$

Hiermit ist dann mit $F = \dfrac{d^2\,\pi}{4}$

$$\varrho = \frac{R_{15} \cdot F}{l} = \frac{0{,}00487 \cdot 4{,}05^2 \cdot 3{,}14}{0{,}5 \cdot 4} = 0{,}125\ \frac{\Omega\,mm^2}{m}.$$

Versuchsausführung. Die Widerstände von 4 Versuchsdrähten sind zu bestimmen und die Resultate in eine Tabelle einzutragen.

---

[1]) Siehe Uppenborn: Kal. f. Elekt. 1925/26, S. 71—73. Der spezifische Widerstand und der Temperaturkoeffizient werden auf $15^0\,C$ bezogen. Eine Ausnahme macht man bei Aluminium, Eisen, Kupfer und Zink, bei denen der spezifische Widerstand (in den Tabellen) bezogen auf 20^0 angegeben wird.

Tabelle.

Nr.	Material	l	$\varnothing$	p	m	R_n	R_x	α	R_{15}	ϱ
—	—	m	mm	Ω	Ω	Ω	Ω	$\dfrac{1}{1000^0\mathrm{C}}$	Ω	$\Omega\dfrac{\mathrm{mm}^2}{\mathrm{m}}$
	Eisen	0,5	4,05	500	100	0,001	0,005	6	0,00487	0,125

Bestimmung der Empfindlichkeit der Thomsonbrücke.
Ändert man nach der Abgleichung im obigen Beispiel mit dem Versuchsdraht den eingestellten Widerstand p (und damit gleichzeitig o) um
1 Ω, so würde man nach Gl. (1) einen anderen Widerstand R_x errechnen.
Die Änderung sei:

$$\varDelta_x = (R_x - R'_x) = R_n \cdot \frac{\varDelta_p}{m} = \frac{0,001 \cdot 1}{100} = 1 \cdot 10^{-5}\ \Omega.$$

Dabei sei beim Galvanometer ein Ausschlag $\alpha = 6$ Skalenteile beobachtet worden anstatt Null. Es entsprechen somit $10^{-5}\ \Omega = 6$ Skalenteilen. Einem Skalenteil Abweichung von Null entspricht demnach eine
Widerstandsänderung von $\dfrac{1}{6} \cdot 10^{-5} = 1,67 \cdot 10^{-6}\ \Omega.$

Die Empfindlichkeit der Meßanordnung ist demnach recht erheblich.

Übungsfrage: Was versteht man nun unter der Genauigkeit der Brückenmessung und wovon hängt diese ab?

Der Kompensationsapparat.

Meßprinzip und Schaltung. Zwischen den Klemmen A und B,
denen die Spannung E zugeführt wird, liegen die Widerstände R_1 bis R_4
(die dem Brückendraht, Abb. 31, S. 13, entsprechen) in Reihe. An
den Kurbeln a und b wird in Umschaltstellung u das Westonnormalelement e_0 ($= 1,019$ V), in Umschaltstellung v die unbekannte Spannung e_x ($< E$) anlegt (Pole beachten!). Bei gleichem Strom i ($R_1 + R_2$
$+ R_3 + R_4$ ist konstant!) ändert man nun den Betrag des zwischen a
und b liegenden Widerstandes r und greift damit eine mehr oder weniger
große Spannung p ab, die einmal e_0 und das andere Mal e_x das Gleichgewicht hält, wenn das Galvanometer stromlos ist.

Nach dem früheren gilt dann:

$$\frac{e_x}{e_0} = \frac{r_x}{r_0}, \quad \text{d. h. } e_x = \frac{r_x}{r_0} \cdot e_0 = 1,019 \cdot \frac{r_x}{r_0}. \tag{1}$$

wobei r_x und r_0 die zwischen a und b jeweils abgegriffenen Widerstände
bedeuten.

Anmerkungen: 1. Beim Kompensieren ist bei s (Abb. 57) zuerst stets $r = 10^4\ \Omega$
vorzuschalten.

2. Hätte man ein Clark-Element als Normal, so ist $e_0 = 1,42749$ V.
Bei sehr genauen Messungen ist die Abhängigkeit des Normalelementes von Tem-

peraturschwankungen zu beachten, siehe die Gebrauchsanweisung für das Normalelement [1]).

3. Man kann auf diese Weise auch die Spannung E zwischen A und B messen.
Es ist hierfür $E = \dfrac{R_1 + R_2 + R_3 + R_4}{r_0} \cdot e_0$.

„Strommessereichung" (Stromkompensation). Anstatt des
unbekannten Elementes e_x legt man die Klemmen des Normalwider-

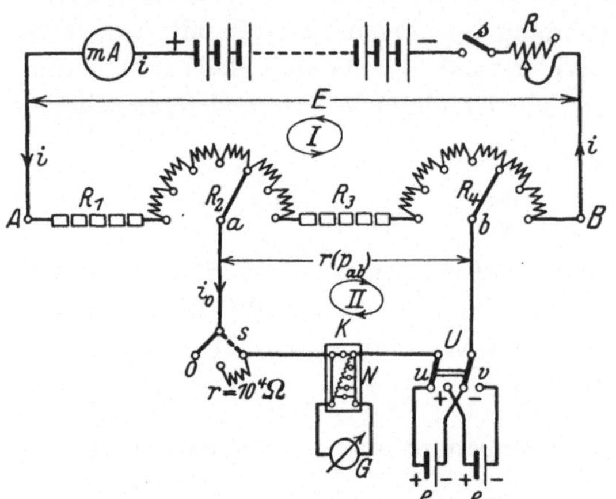

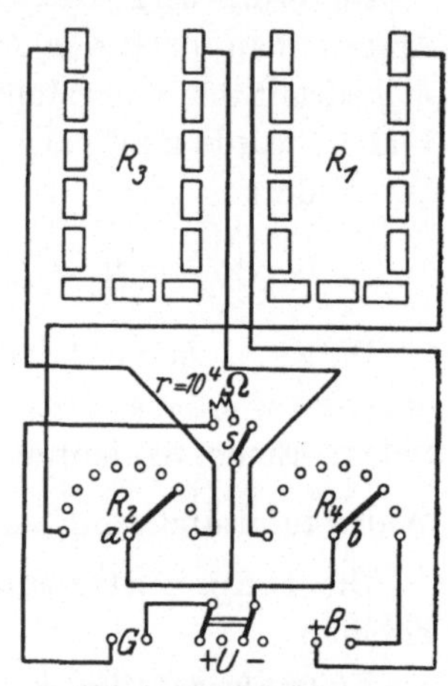

Abb. 57a. Innenschaltung des Kompensationsapparates. Abb. 57b.

Abb. 57b. Schema einer Ausführungsform des Kompensationsapparates.

standes N an die Seite v des Umschalters U in die Anordnung der
Abb. 58. Die Zelle p von hinreichend großer Kapazität (in Ah) schickt
den Strom J im Kreise III durch den Normalwiderstand N von bekannter Größe R_n, und erzeugt an seinen Klemmen den Spannungsabfall

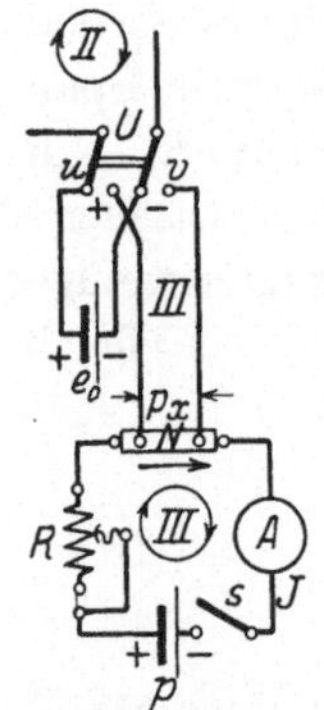

$$p_x = JR_n. \tag{2}$$

Ändert man J, ändert sich auch p_x. Diese Spannung p_x kann nun in derselben Weise wie oben jedesmal kompensiert werden. Für $\alpha = 0$ gilt

$$p_x = e_0 \cdot \frac{r_x}{r_0} = 1{,}019 \cdot \frac{r_x}{r_0} = J \cdot R_n,$$

hieraus berechnet sich der Strom zu

$$J = \frac{1{,}019}{nR} \cdot \frac{r_x}{r_0}. \tag{3}$$

Wenn hierbei die Gesamtspannung E mittels R
konstant gehalten wird, bleibt auch r_0 konstant, dann
vereinfacht sich die Rechnung zu Gl. (4):

$$J = k \cdot r_x, \tag{4}$$

Abb. 58.
Zusatzschema für
die Strommesser-
eichung.

____

[1]) Siehe Uppenborn: S. 143 u. 300. 1926.

wobei

$$k = \frac{1{,}019}{R_n \cdot r_0}$$

konstant ist.

Man erkennt die Konstanz von E annähernd am Milliamperemeter (Abb. 56), worauf während des ganzen Versuches genau zu achten ist. Vor und nach dem Versuch ist aber die Konstanz von E mit dem Normalelement e_0 genau zu prüfen (s. oben). Es ist

$$E = e_0 \frac{R_1 + R_2 + R_3 + R_4}{r_0}.$$

Man erkennt die Konstanz von E dann eben daran, daß r_0 sich nicht ändert und braucht nicht etwa zu rechnen.

Die Auswahl eines geeigneten Normalwiderstandes N hängt von der Höhe des Stromes J ab, der zu prüfen ist. Bei hohen Strommeßbereichen wählt man kleinere, bei niedrigen weniger kleine Widerstände. Dabei gilt die Regel, daß die Widerstände in freier Luft ca. 1 W, im Petroleumbad 10 W vertragen, d. h. es muß sein:

Abb. 59. Weston-Normalelement (vgl. auch Abb. 33).

$$J^2 \cdot R_n = 1\,\text{W bzw. } 10\,\text{W, d. h. } R_n = \frac{1}{J^2}, \text{bzw.} \frac{10}{J^2}.$$

Wie groß der Strom i ist, der im Stromkreis I (Abb. 56) fließt, ist an sich gleichgültig; wenn er nur während der Messung konstant bleibt, damit E und r_0 sich nicht ändern (Gl. 4). Man verfährt in der Praxis aber meist so, daß man i mittels R auf einen runden Betrag (z. B. $i = 1$, bzw. 0,1 mA) abgleicht, um während des ganzen Versuchs am Milliamperemeter Änderungen während der Messung schnell und leicht erkennen zu können, ohne immerfort mit e_0 kompensieren zu müssen, was zu zeitraubend ist.

Will man z. B. einen Strom von 10 A messen und verwendet dabei einen Normalwiderstand von 0,1 Ω, so kann man wie folgt verfahren:

Man stellt am Milliamperemeter mittels R etwa 10 mA ein. Zwischen den Kurbeln a und b stellt man nunmehr einen Widerstand von 101,9 Ω ein, so daß an a bis b eine Spannung von 101,9 $\Omega \cdot 0{,}01$ A $= 1{,}019$ V besteht. Legt man dann das Normalelement in Schalterstellung u an, so kann man kompensieren; man ändert R noch um weniges, bis das Galvanometer genau Null zeigt; derjenige Ausschlag, der im gleichen Augenblick am Milliamperemeter abgelesen wird, entspricht dann genau 10 mA und ist konstant zu halten.

Legt man nun den Umschalter von u nach v, um nach Schaltung Abb. 58 den Strom $J = 10$ A zu messen, so ist der Widerstand zwischen

a und b so einzustellen, daß der Spannungsabfall p_{ab} an $a\,b$ bei $i = 10$ mA

$$p_x = 10\,\mathrm{A} \cdot 0{,}1\,\Omega = 1\,\mathrm{V}$$

beträgt, d. h. es muß sein $p_{ab} = p_x = i \cdot r_x = 1\,\mathrm{V}$

oder
$$r_x = \frac{1\,\mathrm{V}}{10\,\mathrm{mA}} = \frac{1\,\mathrm{V}}{0{,}01\,\mathrm{A}} = 100\,\Omega\,.$$

Die Spannung $p_{ab} = 1\,\mathrm{V} = 10\,\mathrm{mA} \cdot 100\,\Omega$ läßt sich dann mit der Spannung $p_x = 1\,\mathrm{V} = 10\,\mathrm{A} \cdot 0{,}1\,\Omega$ vergleichen.

„Spannungsmessereichung". Ist ein Spannungsmesser für das Meßbereich E Volt zu prüfen, so gleicht man, wie oben angegeben, den Stromkreis I (Abb. 57a) auf 10 mA ab (zwischen den Kurbeln 101,9 Ω). Nachdem man zwischen A und B einen Gesamtwiderstand von $\dfrac{E}{0{,}01\,A}$, z. B. bei einen zu prüfenden Meßbereich von 100 V : $\dfrac{100}{0{,}01} = 10000\,\Omega$ gelegt hat. Ein an A und B gelegtes Voltmeter mit dem Meßbereich von 100 V zeigt dann diesen Betrag innerhalb der für das Instrument in Frage kommenden Genauigkeit an.

Versuchsausführung. Es ist 1. die EMK einer Akkumulatorenzelle zu messen, 2. ein Strommesser für 1 A, 3. ein Spannungsmesser für 110 V in je 10 Punkten zu prüfen.

Induktivitäts- und Kapazitätsmessung mit der Wheatstonebrücke[1]).

Ebenso wie in einem Verbrauchsapparat der Ohmsche Widerstand R der Drahtwickelung überwunden werden muß, wenn man einen Strom J in denselben schickt, so muß auch der induktive $(L\omega)$ bzw. der Kapazitätswiderstand $\dfrac{1}{C\omega}$ überwunden werden. Ein Teil der Klemmenspannung an den Enden des Verbrauchsapparates deckt den Ohmschen Spannungsabfall (JR), ein anderer überwindet die EMK der Selbstinduktion$(L\omega J = e_s)$, ein dritter eine gegebenenfalls vorhandene Ladespannung $(J/C\omega = p_c)$. Sowohl die Induktivität L (der Selbstinduktionskoeffizient) als auch die Kapazität C kann mit der

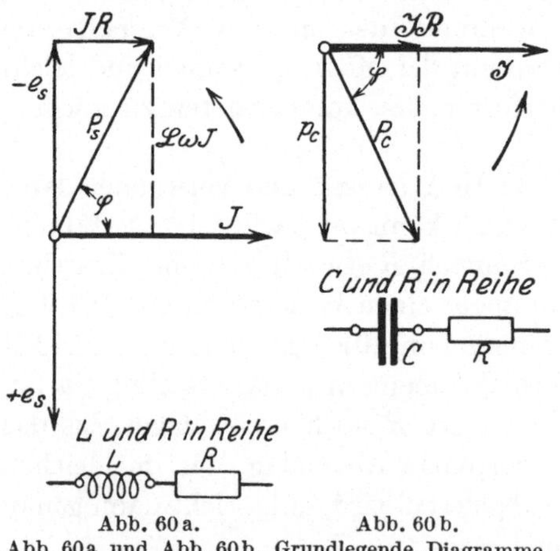

Abb. 60a.   Abb. 60b.

Abb. 60a und Abb. 60b. Grundlegende Diagramme.

---

[1]) Vgl. aber auch: Die Messung gerichteter Widerstände.

Wheatstoneschen Brücke mit Tonfrequenz gemessen werden. Vgl. Abb. 60a u. b, in denen die typischen Fälle eines Ohmschen Widerstandes mit einer Induktivität bzw. Kapazität in Reihe nach dem Ohmschen Gesetz vektoriell dargestellt sind.

Die Schaltung. In Abb. 61 ist AB ein Schleifdraht mit dem Schleifkontakt C; ab zwischen den Spulen L_1 und L_2 ein zweiter (Hilfs-) Schleifdraht mit dem Schleifkontakt c.

Nach der Abgleichung seien l_1 und l_2 die ihren Längen entsprechenden Widerstände des ersten, m_1 und m_2 die des zweiten Schleifdrahtes. Die Induktionsspulen L besitzen die Ohmschen Widerstände r_1 und r_2, die Induktivitäten L_1 und L_2.

Die Spannung P sendet den Strom i, z. B. mit $\omega = 2\pi\,f = 5000\,s^{-1}$ (f = ca. $800 \sim s^{-1}$) in die Brückenanordnung, der sich in i_1 und i_2 teilt,

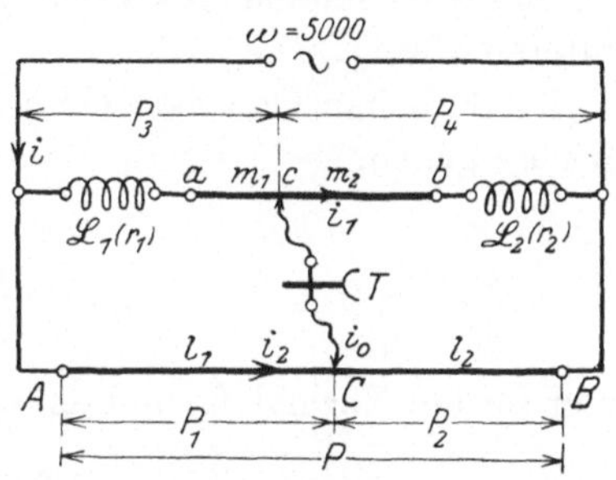

Abb. 61. Schaltung der Wheatstone-Doppelbrücke.

und zwar jedenfalls so, daß i_1 in der Phase um einen gewissen Winkel φ zurückliegt gegen i_2, da der obere Zweig durch L_1 und L_2 induktiv belastet ist, während der untere als einfacher ausgespannter Draht, als induktionsfrei betrachtet werden kann. Man verschiebt nun abwechselnd die Schleifkontakte C und c auf den Brückendrähten so lange, bis im Telephon T kein Ton oder ein Tonminimum zu hören ist. Für diesen Fall ist das Diagramm gezeichnet (Abb. 62).

Das Diagramm. In beliebiger Richtung, z. B. nach rechts liegt der Vektor des Stromes i_2 und um den Winkel φ zurück gegen i_2 liegt i_1, nach rechts unten. In Richtung von i_2 nach rechts liegt der Vektor $OB = (i_2 \cdot l_1 + i_2 \cdot l_2)$ als reiner

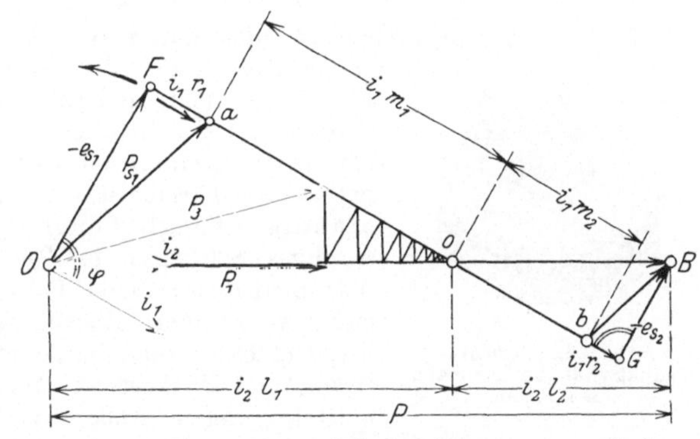

Abb. 62. Diagramm zur Selbstinduktionsmessung mit der Wheatstoneschen Brücke.

Ohmscher Spannungsabfall im Brückendraht AB, in seiner Größe gleich der Gesamtklemmenspannung P.

Senkrecht zu i_1 und um $90^{\,0}$ vorwärts verschoben liegt die EMK der Selbstinduktion $-e_{s_1} = -L_1\omega i_1 = (OF)$, dazu wieder senkrecht, d. h. parallel zu i_1 liegt der Ohmsche Spannungsabfall $(i_1 \cdot r_1) = (Fa)$ der ersten Spule. In gleiche Richtung fällt dann $i_1 (m_1 + m_2)$, der Ohmsche Spannungsabfall im Hilfsdraht ab, woran sich noch der Ohmsche Spannungsabfall $(i_1 \cdot r_2)$ der zweiten Induktionsspule anschließt. Im Endpunkte G senkrecht zu FG, d. h. senkrecht zu i_1 liegt nun die EMK der Selbstinduktion $-L_2 \omega\, i_1 = -e_{s_2}$, die ihren Endpunkt in B hat, denn die Summe der Spannungen im oberen Brückenzweig, der Linienzug $OFGB$ müssen vektoriell gleich sein der Spannung $OB = P$ im unteren Zweig.

In ähnlichen Dreiecken OFo und oBG verhalten sich die homologen Stücke gleich.

Es ist:

$$\frac{e_{s_1}}{e_{s_2}} = \frac{i_2 \cdot l_1}{i_2 \cdot l_2} = \frac{l_1}{l_2} \qquad \text{oder} \qquad \frac{L_1 \omega\, i_1}{L_2 \omega\, i_1} = \frac{l_1}{l_2} \qquad \text{oder} \qquad L_1 = L_2 \frac{l_1}{l_2}$$

oder für ein Normal L_n und eine unbekannte L_x

$$L_x = L_n \cdot \frac{l_1}{l_2}. \tag{1}$$

Wie man sieht, fallen die Längen m_1 und m_2 des Hilfsschleifdrahtes a—b aus der Rechnung heraus. Für die Berechnung der Induktivität braucht also nur l_1 und l_2 sowie L_n bekannt zu sein.

Anmerkungen: 1. Völliges Schweigen im Telephon tritt nur ein, wenn die Teilspannung P_1 gleich und phasengleich P_3 ist (Abb. 61 u. 62), d. h. wenn sie in O_0 zusammenfallen; dann ist auch P_2 gleich und phasengleich P_4.

2. Bei zwei benachbarten Spulen tritt außer der Induktivität L eine Gegeninduktivität M auf. Je nach Schaltung ist der gemessene Wert L_x, dann:

$$L_x = L_1 + L_2 \pm 2\,M.$$

3. Als Stromquelle verwendet man z. B. einen Summer oder eine Tonfrequenzmaschine, die sinusförmigen Wechselstrom liefert. Da man andernfalls bei nicht sinusförmiger Stromquelle die Brücke wohl z. B. auf den Grundton abgleichen kann, nicht aber gleichzeitig auf die etwa enthaltenen harmonischen Obertöne. Bei nicht vollständig abgeglichener Brücke erhält man kein absolutes Schweigen im Telephon, sondern nur ein Tonminimum; dieser Fall tritt z. B. ein, wenn Vergleichswiderstände Eigenkapazität oder Induktivität besitzen, ferner wenn zusätzliche Verluste (durch Wirbelströme und Hysterese) in Metallteilen und Eisenkernen auftreten, deren Größe von der Frequenz abhängt.

Abb. 63. Normal-Induktivität von Hartmann und Braun.

Versuchsausführung. Es sind die Induktivitäten mehrerer Spulen mit Normalinduktivitäten zu vergleichen und die Resultate in eine Tabelle einzutragen:

Messung der Kapazität von Kondensatoren. Nach dem Ohmschen Gesetz für Wechselstrom:

$$P = J \sqrt{R^2 + \left(L\omega - \frac{1}{C\omega}\right)^2}$$

ist Spannung = Strom $\times$ Widerstand. Da hier $L = o$ und $R = o$ ist, so wird für Schweigen im Telephon

$$P_{ad} = i_1 \cdot \left(\frac{1}{C_n \omega}\right) = \frac{i_1}{C_n \omega}$$

(es ist kein Widerstand R eingeschaltet)

$$P_{db} = i_1 \cdot \left(\frac{1}{C_x \omega}\right) = \frac{i_1}{C_x \omega}$$

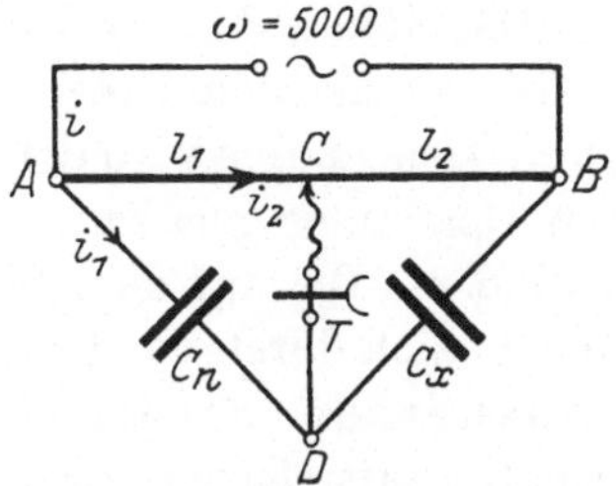

Abb. 64. Schaltung für Kapazitätsmessung.

und damit nach der Wheatstoneschen Brückengleichung:

$$\frac{P_{ad}}{P_{db}} = \frac{i_1}{C_n \omega} \cdot \frac{C_x \omega}{i_1} = \frac{l_1}{l_2} \quad \text{oder} \quad \frac{C_x}{C_n} = \frac{l_1}{l_2} \quad \text{oder} \quad C_x = C_n \cdot \frac{l_1}{l_2}. \tag{1}$$

Versuchsausführung. Es sind mehrere unbekannte Kapazitäten mit einem Normalkondensator zu vergleichen und die Resultate in einer Tabelle zu ordnen.

Übungsfragen: 1. Wann ist die Kapazität im Zweige BD null und wann ist

Abb. 65a. Vergleichskondensator.   Abb. 65b. Stöpselkondensator.

sie unendlich groß? bzw. wie kann man die Kapazitäten null und unendlich einschalten?

2. Wie kann man bei zwei bekannten Induktivitäten L_1 und L_2 bei Serienschaltung die Gegeninduktivität M mit obiger Doppelbrücke (Abb. 61) messen.

Kapazitätsmessungen mit dem ballistischen Galvanometer.

Unter der Kapazität eines Kondensators versteht man seine Aufnahmefähigkeit für Elektrizitätsmengen. Sie hängt ab von der Entfernung der Platten gegeneinander, von der Plattengröße und von der Art des Dielektrikums. Bei einfachen Formen läßt sie sich berechnen[1]).

In der Praxis wird sie meist gemessen, z. B. die Kapazität der Adern von Starkstrom- und Telephon- und Telegraphenkabeln gegeneinander und gegen Erde usw. Man unterscheidet die statische Kapazität von der Betriebskapazität. Diese spielt auch in der Hochfrequenztechnik eine große Rolle und wird gebildet von der Kapazität der Leiter gegen ihre ganze Umgebung während des Betriebes; sie setzt sich aus mehreren Teilkapazitäten zusammen.

---

[1]) Siehe Uppenborn: S. 79.

Die **Starkstromtechnik** begnügt sich vielfach damit, die Kapazität von Kondensatoren mit dem **ballistischen Galvanometer** zu messen. Dabei wird der zu messende Kondensator mit einer bestimmten Spannung geladen und nachher durch das Galvanometer wieder entladen. Die auf dem Kondensator befindliche Elektrizitätsmenge Q gleicht sich durch das Galvanometer aus und der dabei fließende **kurzandauernde Strom** erteilt dem Instrument einen Stoß, der der Elektrizitätsmenge **proportional ist, wenn das bewegliche Organ ein hinreichend großes Trägheitsmoment besitzt**, anderfalls würde es z. B. bei zu geringem Trägheitsmoment im extremen Falle sofort schnell gegen den Anschlag getrieben und ein der Elektrizitätsmenge **proportionaler** Ausschlag nicht mehr abgelesen werden können.

Vor der Benutzung ist das Instrument zu eichen und die sogenannte **ballistische Empfindlichkeit in C pro Skalenteil**, z. B. bei 1000 mm Skalenabstand zu bestimmen. Nachher werden in derselben Schaltanordnung die zu messenden Kondensatoren geladen, durch das Instrument entladen und die ballistischen Ausschläge miteinander verglichen.

Anmerkung: Das Wort ballistisch stammt aus der Lehre vom Wurf: aus der Ballistik bei Artilleriegeschossen u. a. m.[1]).

Versuchsausführung. 1. **Bestimmung der ballistischen Empfindlichkeit** (Eichung des Galv.): Die Spannung P (z. B. 10 V) liegt am Präzisionswiderstand R, der als Spannungsteiler geschaltet wird. Am Widerstand r ist dann eine Teilspannung p veränderlich abgreifbar. Damit wird in Stellung a des Umschalters U der Normalkondensator C_n μF aufgeladen, mit der Elektrizitätmenge $Q_n = \dfrac{p_n \cdot C_n}{10^6}$ Coulomb. Wobei $p_n = P \cdot \dfrac{r}{R}$ ist.

In Umschaltstellung b wird der Kondensator C_n durch das Galvanometer entladen und erzeugt dabei einen Ausschlag α.

Die **ballistische Empfindlichkeit** ist dann:

$$\mathfrak{E}_b = \frac{Q_n}{\alpha_n} = \frac{p_n \cdot C_n}{\alpha_n \cdot 10^6} \text{ in C pro mm,} \tag{1}$$

wenn p_n in Volt C_n in μF gemessen wird.

Aus mehreren Messungen mit verschiedenen p_n und C_n ist das Mittel zu nehmen.

2. **Messung von Kapazitäten:** Es sind einige unbekannte Kondensatoren nach Abb. 66 zu schalten. Ihre Kapazität sei C_x, der zuge-

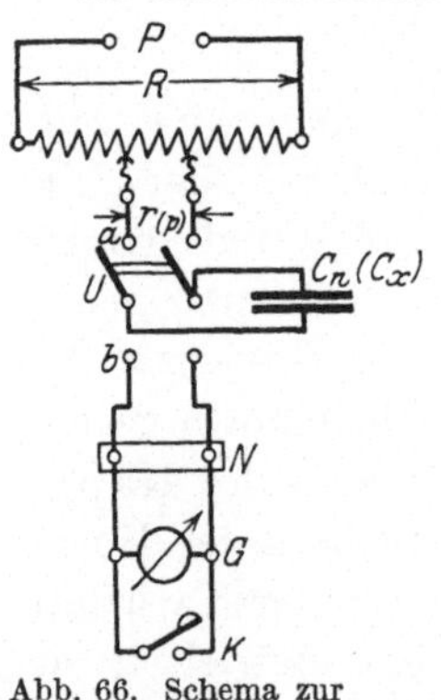

Abb. 66. Schema zur Kapazitätsmessung.

[1]) Vgl. das ballistische Galvanometer.

hörige ballistische Ausschlag α_x. Dann berechnet sich

$$Q_x = p_x \cdot C_x = \mathfrak{E}_b \cdot \alpha_x \quad \text{oder} \quad C_x = \mathfrak{E}_b \cdot \frac{\alpha_x}{p_x} \, . \tag{2}$$

$$C_x = \frac{p_n \cdot C_n}{\alpha_n} \cdot \frac{\alpha_x}{p_x} = C_n \cdot \frac{p_n}{p_x} \cdot \frac{\alpha_x}{\alpha_n} \, . \tag{3}$$

$$C_x = k \cdot \alpha_x, \quad \text{wobei} \quad k = C_n \cdot \frac{p_n}{p_x} \cdot \frac{1}{\alpha_n} \quad \text{ist.}$$

Der Nebenwiderstand N dient dazu, die Empfindlichkeit des Galvanometers abzustufen (vgl. S. 19), der Kurzschließer K, das bewegliche Organ zur Ruhe bringen (dämpfen) zu können.

Es ist festzustellen, wie weit Proportionalität zwischen den Elektrizitätsmengen $Q = p \cdot C$ und den Ausschlägen α besteht, innerhalb welcher Grenzen also nur Messungen ausgeführt werden dürfen. Die Ausschläge sollen auch nicht zu klein gewählt werden. An der optischen Einrichtung darf nach der Eichung nichts geändert werden.

Die Versuchsresultate sind in eine Tabelle einzutragen.

Tabelle 1.

Nr.	P	R	r_n	p_n	C_n	Q_n	α_n	$\mathfrak{E}_b$
—	V	Ω	Ω	V	μF	C	mm	C/mm

Tabelle 2.

Nr.	r_x	p_x	α_x	C_x
—	Ω	V	mm	μF

Übungsfragen: Wie groß ist die Gesamtkapazität von 2 Kondensatoren C_1 und C_2, wenn sie a) in Reihe, b) parallel geschaltet werden?

Widerstandsbestimmung flüssiger Leiter.

Die bekannte Widerstandsmessung mit der Wheatstoneschen Brücke (s. S. 5) mit Gleichstrom und Galvanometer darf bei Apparaten, die eine Flüssigkeit enthalten (Wasserwiderstände, innere Widerstände von Elementen und Akkumulatoren und andere mehr), nicht angewendet werden, weil der Gleichstrom den Elektrolyten zersetzt und seinen Widerstand während der Messung ändert.

Als Stromquelle wird daher Wechselstrom kleiner Spannung verwendet, den man z. B. einem kleinen Induktorium, einem Summer (oder auch bei vorhandenem Wechselstarkstrom-Anschluß der Sekundärseite eines Klingeltransformators) oder auch einer Tonfrequenzmaschine entnehmen kann.

Anstatt des Galvanometers dient ein Telephon T (Abb. 67). Bei Stromlosigkeit im Brückenzweige ATB schweigt das Telephon. Wenn die Brücke abgeglichen ist, gilt wieder die Gleichung

$$R_x = \frac{l_1}{l_2} \cdot R_n, \tag{1}$$

wobei R_x der gesuchte Flüssigkeitswiderstand l_1 und l_2 die Längen des Meßdrahtes und R_n ein Vergleichswiderstand ist.

Völlige Stromlosigkeit, d. h. Schweigen im Telephon, tritt nur ein, wenn die Brücke auch auf Induktivität und Kapazität völlig abgeglichen ist. Es kann z. B. vorkommen, daß die Vergleichswider-

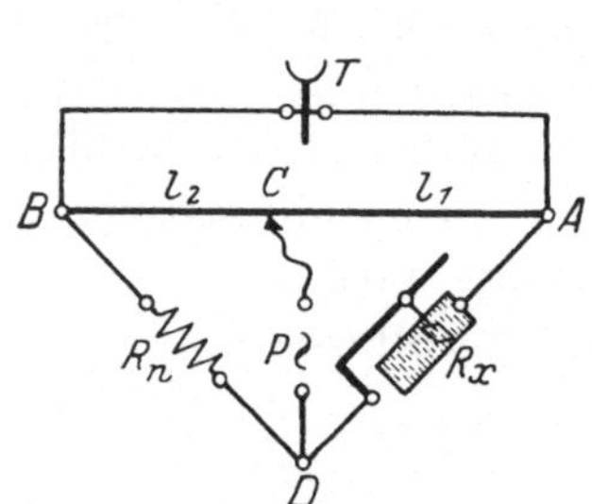

Abb. 67. Messung von Flüssigkeitswiderständen.

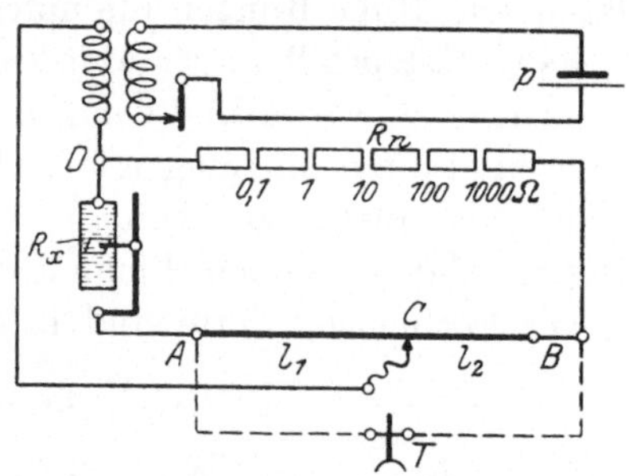

Abb. 68. Schema der Kohlrauschschen Meßbrücke (H. & B.) Abb. 69.

stände eine resultierende Induktivität oder Kapazität besitzen. Bei nicht sinusförmiger Wechselstromquelle kann man die Brücke zwar z. B. auf den Grundton abgleichen, aber nicht gleichzeitig auf die harmonischen Obertöne höherer Frequenz, denn der Wechselstromwiderstand hängt

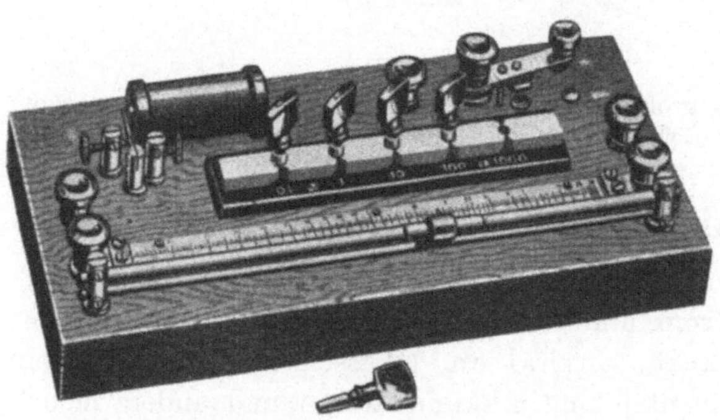

Abb. 69. Kohlrauschbrücke von Hartmann & Braun.

von der Frequenz des verwendeten Wechselstromes ab. Man verwendet daher am besten einen Summer bzw. eine Tonfrequenzmaschine[1]).

In vielen Fällen der Praxis, wo Apparate für Gleichstrom oder Niederfrequenz - Wechselstrom gemessen werden sollen, begnügt man sich mit der Verwendung eines kleinen Induktoriums, wie es z. B. in der Kohlrauschschen Brücke von Hartmann & Braun eingebaut ist (Abb. 68 u. 69). Längs des Brückendrahtes sind auf dem darunter liegenden Maßstab die Verhältnis-

---

[1]) Die annähernd sinusförmigen Wechselstrom liefern.

zahlen $\dfrac{l_1}{l_2}$ der Längen unmittelbar ablesbar, so daß sich die Rechnung vereinfacht (Skala mit Eichteilung).

Versuchsausführung. 1. Es sind die inneren Widerstände zu messen von:

a) zwei Bleiakkumulatorenzellen,

b) ,, Edisonakkumulatorenzellen,

c) ,, Salmiakelementen,

wobei stets 2 Stück gegeneinander zu schalten sind, damit die von ihnen gelieferte Gleichstromkomponente möglichst klein ist (Abb. 70).

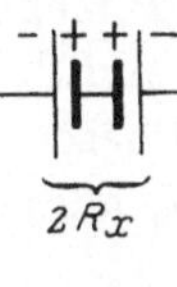

Abb. 70.

2. Es ist zu messen: Der Flüssigkeitswiderstand einer Sodalösung in einem Glasgefäß mit verstellbaren Elektroden: Die bewegliche Elektrode ist von cm zu cm einzustellen und jedesmal der Widerstand (der Stromweglänge) zu bestimmen.

In allen Fällen ist die Temperatur anzugeben, die der Elektrolyt während der Messung besaß.

Übungsfragen: 1. Wie ändert sich der Widerstand des Elektrolyten mit der Konzentration?

2. Wie berechnet man die Leitfähigkeit des Elektrolyten pro cm (der Stromweglänge)?

Abb. 71. Flüssigkeitsbehälter (H. & B.).

Leistung und Diagramm bei Wechselstrom.

Allgemeines. 1. Nach der Wechselstromtechnik zeigt Abb. 72 das Diagramm für die Drosselspule (Abb. 73 a) mit dem Wirkwiderstande R_1 und der Induktivität L_1.

Der Kraftfluß Φ ist nicht ganz in Phase mit J, sondern eilt wegen der Eisenverluste um den Winkel α nach.

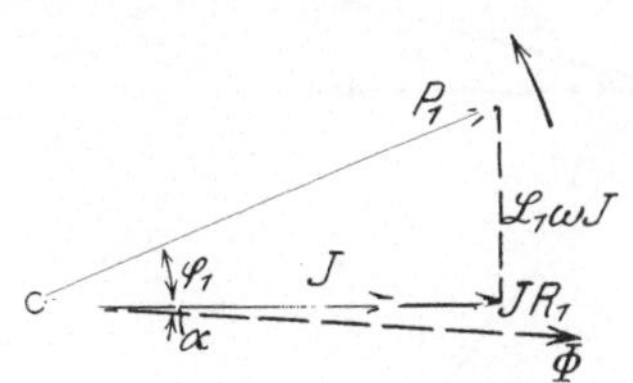

Abb. 72. Grunddiagramm.

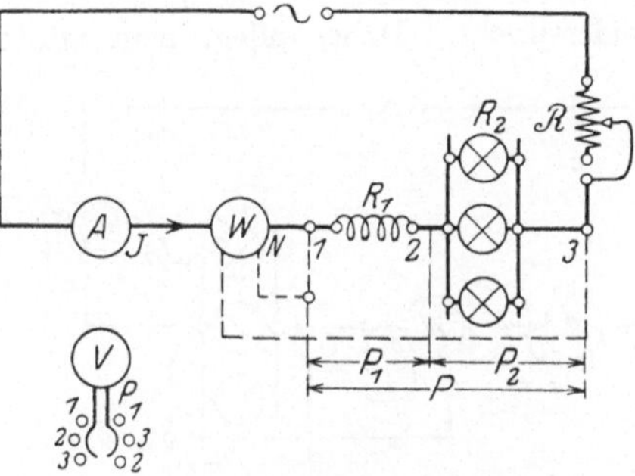

Abb. 73a. Schaltung für Serienschaltung von L. u. R.

Bezeichnet R_2 den Widerstand der Lampengruppe, so setzt sich die Spannung $P_2 = J \cdot R_2$ parallel zu J an P_1 an und ergibt mit P_1 in geometrischer Summe die Gesamtspannung P.

Die Leistung des Wechselstromes berechnet sich dann aus:

$$N = P \cdot J \cos \varphi. \tag{1}$$

Sie kann graphisch dargestellt werden[1]), indem man den Strom- oder den Spannungsvektor um $90°$, z. B. nach links dreht: (J) in die Lage OA. Das Dreieck OAB ist dann ein Maß für die Leistung. Seine Höhe ist $AC = h = J \sin (90° - \varphi) = J \cos \varphi$. Die Fläche des Drei-ecks ist $F = \dfrac{G \cdot h}{2} = \tfrac{1}{2} (P \cdot J \cos \varphi)$, d. h. proportional der Leistung N. Diese Fläche ist am größten für $\varphi = 0$ (Leistungsdreieck $F =$ recht-winklig), sie ist am kleinsten ($= 0$) für $\varphi = 90°$ (Leistungsdreieck schrumpft in eine Gerade zusammen). Vgl. Abb. 74.

2. Sind Drosselspule und Lampengruppe parallel geschaltet (Abb. 75 a), so zeigt Abb. 75 b das Diagramm. Es ist nur eine Spannung P meßbar. Der Gesamtstrom teilt sich aber hier in die Zweigströme J_1 und J_2.

Der Lampenstrom J_2 liegt mit der Spannung P in Phase, der Spulenstrom J_1 dagegen um den Winkel ψ zurück. J_1 und J_2 addieren sich geometrisch zum Gesamtstrom J.

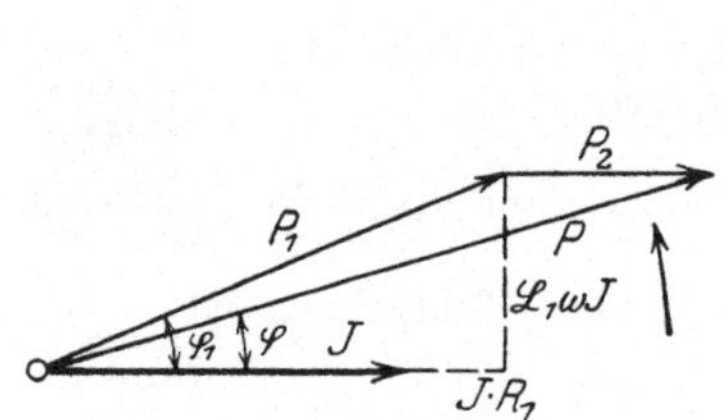

Abb. 73 b. Addition der Spannungen.

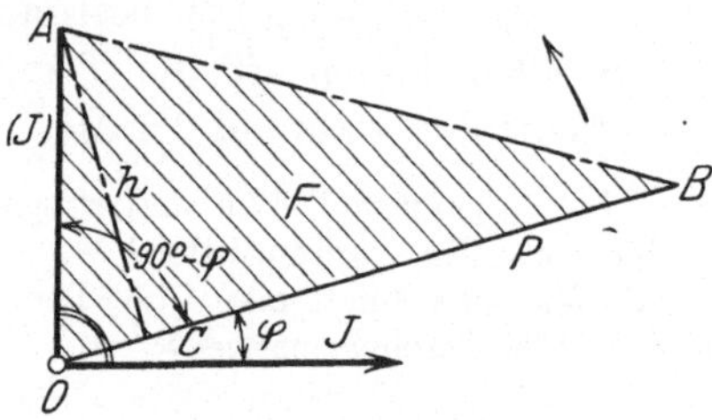

Abb. 74. Das Leistungsdreieck.

Anmerkung. In beiden Fällen ist zu beachten, daß sich bei ungenauer Anzeige des Strom-, Spannungs- und Leistungsmessers unter Umständen ein Leistungsfaktor cos $\varphi = \dfrac{N}{P \cdot J}$ errechnen ließe, der > 1 ist, was der Theorie widerspricht. Daher pflegt man vor derartigen Messungen die Instrumente,

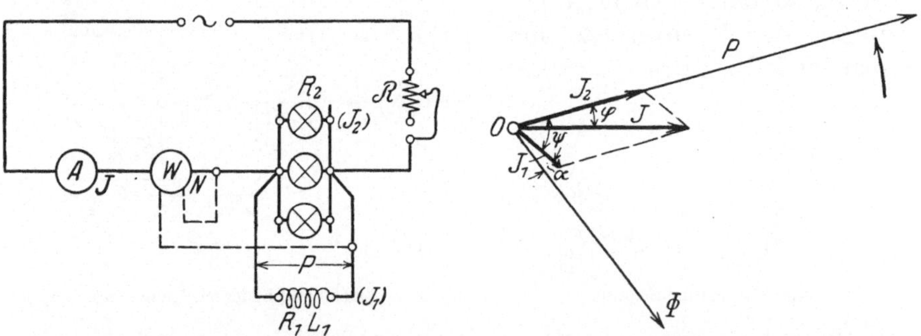

Abb. 75 a. Parallelschaltungen von L. u. R.   Abb. 75 b. Addition der Ströme.

wie man sagt, aufeinander zu beziehen, d. h. man schließt die Instru-mente nach Abb. 73 a an (unter Wegfall der Drosselspule) und mißt Strom-spannung und Leistung für verschiedene Belastungen J bei konstanter Ver-

[1]) Siehe Görges: Grundzüge der Elektrotechnik. S. 37.

suchsspannung P. Nimmt man die Angaben des Voltmeters und des Leistungsmessers als richtig an, so kann man den Strom J korrigieren nach der Beziehung für induktionsfreie Belastung:

$$J_c = \frac{N}{p},$$

der Fehler ist dann

$$f = J - J_c.$$

Tabelle.

Nr.	P	N	J abgel.	$J_c = \dfrac{N}{P}$	f
—	V	W	A	A	A

Versuchsausführung. 1. Die Instrumente sind aufeinander zu beziehen.

2. Serienschaltung nach Abb. 73a. Für zwei Fälle a) $P_1 > P_2$, b) $P_1 < P_2$ ist zu messen:

$P_1 P_2$ und $P J N_1 N_2$ und N und das Diagramm und Leistungsdreieck zu zeichnen.

Die verschiedenen Leistungsfaktoren sind zu errechnen und mit denen der Winkel im Diagramm zu vergleichen.

3. Parallelschaltung nach Abb. 75a. Für zwei Fälle a) $J_1 > J_2$, b) $J_1 < J_2$ ist zu messen:

$J_1 J_2$ und $J P N N_1$ und N_2 und das Diagramm und Leistungsdreieck zu zeichnen.

NB.! Bei Mangel an Instrumenten wird der Strom J_1 gemessen, indem man J_2 unterbricht und umgekehrt.

Übungsfragen: Kann man ein Leistungsdreieck Abb. 3 auch dadurch erhalten, daß man den Strom- oder Spannungsvektor nach rechts um 90^0 dreht?

Eichung eines Wattstundenzählers.

Das Wesentliche über die Bauart und Wirkungsweise von Zählern[1]) wird hier als bekannt vorausgesetzt. Als Beispiel für eine Eichung[2]) möge ein Motorzähler gewählt werden, da solche sowohl bei Gleich- als auch bei Wechselstrom meist in Gebrauch sind (der elektrodynamische und der Induktionszähler).

Die Schaltung eines elektrodynamischen Zählers von S.S.W. (Abb. 76) ist aus Abb. 77 zu ersehen, dabei bedeutet:

1 = zwei Hauptstromspulen,

2 = bewegliches Organ: bestehend aus drei auf der Hauptachse des Zählers symetrisch angeordneten Ankerspulen, die über die Bürsten 4 am Kollektor 3 von der Spannung gespeist werden und bei der Drehung der Reihe nach zur Wirkung kommen,

3 = Kollektor,

4 = Bürsten,

---

[1]) Siehe Uppenborn: Kalender für Elektrotechnik. Abschnitt: Zähler.

[2]) Ausführliches s. Schmiedel: Die Prüfung der Elektrizitätszähler 2. Aufl. S. 209. Berlin: Julius Springer 1924 u. Uppenborn: Kal. f. El.

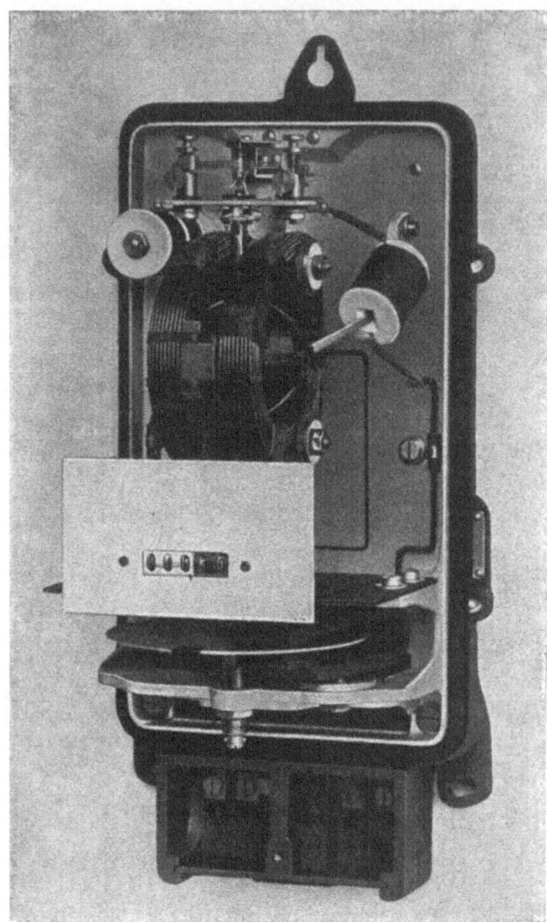

Abb. 76. Gleichstrom-Wattstundenzähler der Siemens-Schuckert-Werke.

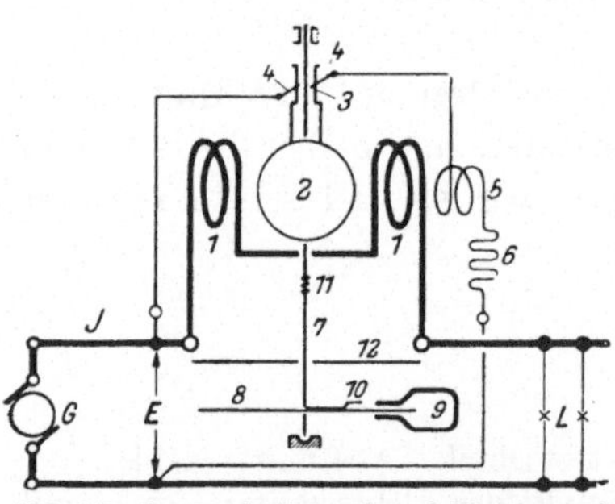

Abb. 77. Innenschaltung des elektrodynamischen Wattstundenzählers (Abb. 76) der S.S.W.

5 = Hilfsspule zur Erzeugung des Hilfsfeldes,

6 = Vorwiderstand,

7 = Hauptachse des Zählers,

8 = Bremsscheibe,

9 = Bremsmagnet,

10 = Bremsfahne (Leerlaufshäkchen),

11 = Schnecke, von der aus das Zählerwerk angetrieben wird,

12 = Eisenschutzblech zwischen Meßorgan und Bremsmagnet.

Bei Motorzählern ist die Anzahl n der Umläufe des Zehntelzeigers am Zifferblatt der während der Versuchszeit t geleisteten Arbeit A proportional $(A = P \cdot J \cdot t)$. Da Zähler meist nach kWh geeicht sind, die Vergleichsinstrumente (Strom-, Spannungs- oder Leistungszeiger) aber A, V bzw. W angeben, so ist die Anzahl der berechneten Wattsekunden (die Versuchszeit wird mit einer Stoppuhr nach Sekunden gemessen) durch $1000 \cdot 3600$ zu dividieren (1 kWh $= 1000 \cdot 3600$ Ws).

Die Zählerkonstante $\mathfrak{C}$ ist die Zahl, mit der man die Angaben n am Zifferblatt des Zählers multiplizieren muß, um den wirklichen Verbrauch $A = \mathfrak{C} \cdot n$ zu erhalten[1]). Sie ist durch Versuch zu ermitteln als:

$$\mathfrak{C} = \frac{A}{n} = \frac{J^A \cdot P^V \cdot t^s}{1000 \cdot 3600 \cdot n} \text{ kWh pro Umlauf (des Zehntelzeigers).} \quad (1)$$

Neuerdings sind die Zähler meist so abgeglichen, daß der Zehntelzeiger bei einer kWh einmal umläuft. (Die Zahl n am Zifferblatt gibt dann die Anzahl der kWh an. Und es ist $\mathfrak{C} = 1$ kWh pro Umlauf, d. h. der Sollwert der Zählerkonstanten ist: $\mathfrak{C} = 1$.

Schaltung. Um Energie zu sparen, wird der Strompfad der Meßgeräte an niedrige, der Spannungskreis an höhere Spannung gelegt, wobei der Hauptstrom J am Strommesser abgelesen und mit Hilfe des Regulierwiderstandes R_i auf verschiedene Belastungswerte eingestellt werden kann (bei Wechselstrom mit einer Drossel, um auch die Phasenver-

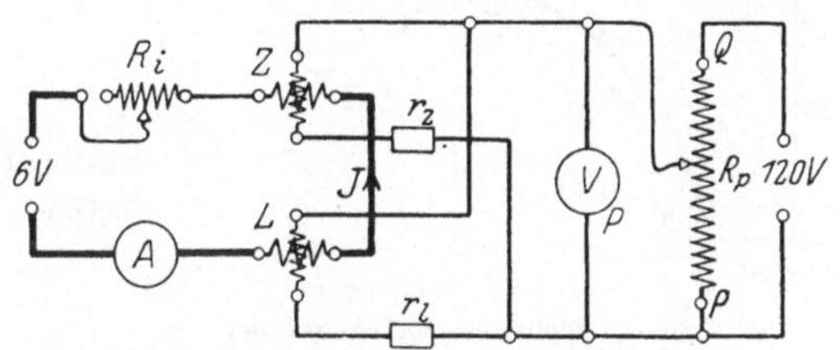

Abb. 78. Schaltungsschema zur Zählereichung.

schiebung ändern zu können. Es gibt besondere Eichmaschinen, die auf dem Anker getrennte Strom- und Spannungswicklung haben und die zur Herstellung der Phasenverschiebung räumlich gegeneinander verstellbar sind). Die Spannung P an den Klemmen der Spannungspfade von Zähler Z und Leistungsmesser L, kann am Spannungsteiler R_p oder mit Hilfe eines regulierbaren Vorwiderstandes auf den Nennwert eingestellt werden (Abb. 78).

Während der Eichung wird die Klemmenspannung P konstant gehalten und bei etwa 10 verschiedenen Betriebsstromstärken, z. B. (10, 20, 30 … 100 … 150 % von J), die Versuchszeit t (die mit Rücksicht auf die Genauigkeit der Messung wenigstens 1 Minute betragen sollte) und die zugehörende Anzahl u der Umdrehungen der Hauptachse des Zählermeßwerkes bestimmt (die am Vorbeilaufen der roten Marke an der Bremsscheibe erkennbar ist). Bezeichnet a das Übersetzungsverhältnis des Zählwerkes zwischen der Hauptachse und der Achse des Zehntelzeigers, so ist

$$a = \frac{u}{n} \frac{\text{Umläufe der Hauptachse}}{\text{Umläufe des Zehntelzeigers}}$$

und es wird mit Gl. (1)

$$\mathfrak{C} = \frac{J \cdot P \cdot t \cdot a}{1000 \cdot 3600 \cdot u} \text{ kWh/Umlauf (des Zehntelzeigers).} \quad (2)$$

Das Übersetzungsverhältnis a des Zählwerkes ist konstant und entweder bekannt, auf dem Schild des Zählers als Umdrehungszahl u der

---

[1]) Siehe Uppenborn: Kalender für Elektrotechnik.

Hauptachse pro kWh (d. h. also pro 1 Umlauf des Zehntelzeigers) vermerkt und vielfach **Eichzahl** (C s. u.) genannt, oder kann durch einen **Vorversuch** bestimmt werden, z. B. durch Abzählen der Umdrehungen u, die auf eine Umdrehung des Zehntelzeigers kommen. Die nach Gl. (2) zu berechnende Zählerkonstante $\mathfrak{C}$ ist über der Leistung $N\text{-}^0/_0$ aufzutragen (Abb. 79). Für konstante Klemmenspannung P ist der Wert:

$$k = \frac{P \cdot a}{1000 \cdot 3600} \qquad (2a)$$

konstant, und es wird hierfür einfacher

$$\mathfrak{C} = k \cdot J \cdot \frac{t}{u} \qquad (2b)$$

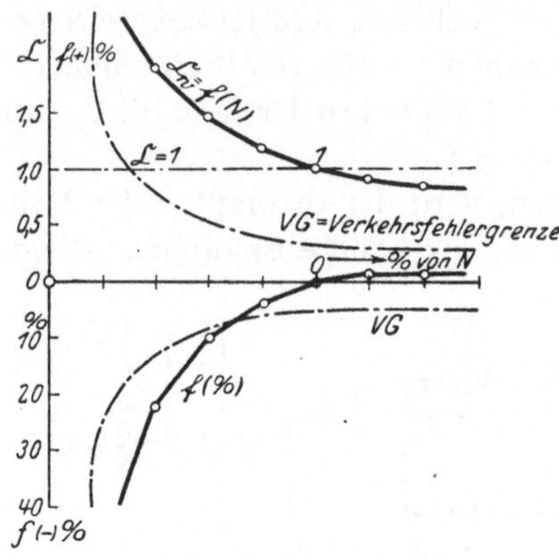

Abb. 79. Zählereichkurve und Kurve der Verkehrsfehlergrenzen.

(vgl. Tabelle 1).

Mit der Zeit, die ein Zähler in Gebrauch ist, leidet die Genauigkeit seiner Angaben und daher ändert sich die Konstante $\mathfrak{C} = \dfrac{A}{n}$ (Gl. 1). Sie wächst meist, weil der Zähler nach und nach langsamer läuft und n für gleichbleibende Arbeit A kleiner wird. Es macht sich das praktisch aber nur bei kleiner Belastung bemerkbar und wird mittels einer Reibungskompensationseinrichtung aufgehoben bzw. kann sogar ein Plusfehler eingestellt werden (Spannungsleerbetrieb).

Die Kurve der Verkehrsfehlergrenzen (vgl. die Vorschriften des V.D.E. u. **Uppenborn**: Kal. f. El.) ist nach Abb. 79 einzutragen und ferner zu den berechneten Werten $\mathfrak{C}_w$ der Fehler f in Proz. bezogen auf eben diesen wahren Wert $\mathfrak{C}_w$ (s. unten, vgl. auch die Tab. S. 47).

Der Fehler ist positiv, wenn der Sollwert $\mathfrak{C}$ größer ist als der wahre Wert $\mathfrak{C}_w$[1]), wenn also $\mathfrak{C} < 1$ ist.

Bei in Gebrauch gewesenen Zählern ist der Fehler meist negativ, da die Reibungsverluste nach und nach größer werden (Abb. 79).

Beispiel (Aron): $P = 110$ V, $J = 30$ A, $t = 72''$ $u = 60$ Umläufe der Hauptachse (Bremsscheibe) $a = 1000$. Bei der Nacheichung nach Gebrauch des Zählers ist die wirkliche Konstante, der wahre Wert:

$$\mathfrak{C}_w = \frac{30 \cdot 110 \cdot 72}{1000 \cdot 3600} \cdot \frac{1000}{60} = 1{,}099 \text{ kWh/Uml. des Zehntelzeigers.}$$

War die Konstante beim neuen Zähler, der Sollwert $\mathfrak{C} = 1$, so ist der

---

[1]) Vgl. die entsprechende Definition des Vorzeichens beim Fehler der Meßgeräte s. S. 2 und 4. Dem Sollwert $\mathfrak{C}$ entspricht dort der gemessene Wert J_x bzw. P_x.

Fehler in Proz.:

$$\mathfrak{f} = \frac{\mathfrak{C} - \mathfrak{C}_w}{\mathfrak{C}_w} \cdot 100 = \frac{1 - 1{,}099}{1{,}099} \cdot 100 = -\frac{9{,}9}{1{,}099} = -9\%. \tag{3}$$

Anmerkung: Eine größere Anzahl Punkte und damit eine größere Sicherheit bei gleicher Versuchsdauer liefert folgende Methode: Man liest immer nach Verlauf einer bestimmten Anzahl von Umdrehungen u die Zeit t ab, eine Minute lang, z. B. etwa alle 10 Sekunden und kombiniert immer je 2 Punkte, die um die halbe Versuchsdauer auseinanderliegen, berechnet daraus $\dfrac{t}{u}$ und bildet das Mittel, s. das Beispiel einer Versuchsreihe Tab. 1.

Tabelle 1.

$$P = 110\mathrm{V}, \quad J = 10\%\ \text{von}\ J_n, \quad \text{z. B. } 0{,}32\ A; \quad a = 10^4$$

u	kombiniert	u	t	t	t/u
Nr.	Nr.	Umläufe	min. sec.	s	s/Uml.
0	0 und 15	15	44′ 49″	220	14,6
3			45′ 32″		
6	3 und 18	15	46′ 25″	221	14,72
9			47′ 00″		
12	6 und 21	15	47′ 44″	220	14,72
15			48′ 29″		
18	9 und 25	15	49′ 13″	222	14,8
21			49′ 58″		
24	12 und 27	15	50′ 42″	222	14,79
27			51′ 26″	Mittel:	14,73″

Tabelle 2.

Nr.	J	N	$t\,u$	$\mathfrak{C}$	$\mathfrak{f}$
—	A	W	s Uml.	kWh Uml.	$\%$
1	0,32	35,2	14,73	1,70	—41

Für die Werte der Tabelle 1 wird mit Gl. (2a)

$$k = \frac{P \cdot a}{1000 \cdot 3600} = \frac{110 \cdot 10000}{1000 \cdot 3600} = 0{,}36$$

und damit nach Gl. (2b) und Tab. 2

$$\mathfrak{C} = k J \cdot \frac{t}{u} = 0{,}36 \cdot 0{,}32 \cdot 14{,}73 = 1{,}7$$

und der Fehler $\mathfrak{f}$ in $\%$ nach Gl. (3)

$$\mathfrak{f} = \frac{\mathfrak{C} - \mathfrak{C}_w}{\mathfrak{C}_w} \cdot 100 = \frac{1 - 1{,}7}{1{,}7} \cdot 100 = -41\%.$$

Dieser Eichpunkt ($\mathfrak{f} = -41\%$) wäre in die Kurve $\mathfrak{f}\%$ über $N\text{-}\%$ Abb. 79 als Ordinate zu der Abszisse $N = 10{,}6\%$ einzutragen.

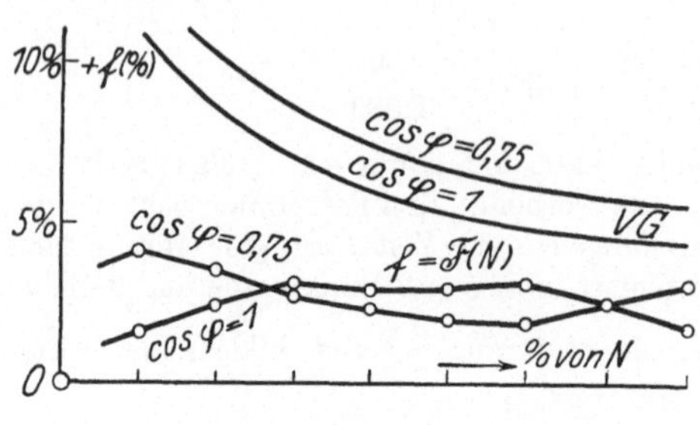

Abb. 80. Zählereichkurven.

Eichung bei Wechselstrom. Bei Wechselstrom wird noch der Strom gegen die Spannung künstlich verschoben und dadurch werden weitere Betriebszustände hergestellt. Im übrigen ist der Gang der Messung derselbe wie bei Gleichstrom (Abb. 80).

Tabelle 3.

P	J	$\cos \varphi$	N	t/u	$\mathfrak{C}$	$\mathfrak{f}$
V	A	—	kW	s/Uml.	kWh/Uml.	%

Versuchsausführung.

1. Der Fehler $\mathfrak{f}$ in % ist über der Belastung N-%, Abb. 79, aufzutragen und mit der Kurve der Verkehrsfehlergrenzen VG zu vergleichen.

2. Der Zähler ist bei $\cos \varphi = 1$ und $\cos \varphi = 0{,}75$ bei 50—100% von J_n zu eichen; ferner bei $\cos \varphi = 0{,}5$ und $\cos \varphi = 0{,}3$ nur bei J_n.

3. Es ist zu prüfen, bei welchem kleinsten Strom der Zähler anläuft bzw. stehen bleibt bzw. rückwärts läuft. (Zähler in 90° Schaltung einbauen, s. d.)

Übungsfragen: Welche Bedeutung haben das Leerlaufshäkchen und die Hilfsspule im Spannungspfad? (Abb. 77).

Andere Methode der Konstantenberechnung. Die auf dem Zähler angegebene sogenannte **Eichzahl** sei $C = 1000$ Umläufe der Hauptachse bei 1 kWh (d. h. bei 1 Uml. d. Zehntelanzeigers). Mit den auf S. 44 angeführten Werten wird dann für die wirkliche Umlaufszahl pro kWh:

$$C_w = \frac{u}{A} = \frac{u \cdot 1000 \cdot 3600}{P \cdot J \cdot t} \text{ Uml. der Hauptachse pro kWh.} \quad (4\text{a})$$

Beispiel (S. S. W.): $P = 110$ V; $J = 30$ A; $t = 72''$; $u = 60$. Der Zähler hat die Konstante

$$C_w = \frac{60 \cdot 1000 \cdot 3600}{110 \cdot 30 \cdot 72} = 910 \text{ Uml./kWh} \quad (5)$$

anstatt $C = 1000$.

Der Fehler f in Proz. berechnet sich hierfür aus Gl. (5a) zu:

$$f = \frac{C_w - C}{C} \cdot 100 = \frac{910 - 1000}{1000} \cdot 100 = -9{,}0\% \text{ wie auf S. 45. Gl. (5a)}$$

Der Fehler ist positiv, wenn der wahre Wert C_w größer ist als der Sollwert C. Vgl. Fußnote S. 44.

Aus Vorstehendem geht wohl deutlich hervor, daß es einfacher ist, die Eichung des Zählers nur nach der zweiten Methode vorzunehmen, die zwar nicht unmittelbar, die vom Verband definierte Konstante $\mathfrak{C}$, sondern die Eichzahl C ergibt. Woraus sich aber die Zählerkonstante $\mathfrak{C}$ leicht ermitteln läßt (Gl. 6). Diese einfachere Methode schließt sich derjenigen an, welche z. B. in den Eichanleitungen und Broschüren der S.S.W.-Zählerwerke angegeben ist.

Beziehung der Konstanten zueinander. Multipliziert man Gl. (2) mit Gl. (4a), so wird:

$$C \cdot \mathfrak{C} = a, \tag{6}$$

d. h. die eine Konstante ist der andern reziprok durch das Übersetzungsverhältnis a verbunden. Für das Beispiel ist:

$$a = 910 \cdot 1,099 = 1000.$$

Daß die beiden Methoden der Fehlerberechnung übereinstimmen, zeigt folgende Rechnung:

Es soll sein:
$$f = \frac{\mathfrak{C} - \mathfrak{C}_w}{\mathfrak{C}_w} \cdot 100 = \frac{C_w - C}{C} \cdot 100,$$

in der Tat ist mit Gl. (6) $\mathfrak{C} = \dfrac{a}{C}$

$$f = \frac{C_w - C}{C} = \frac{\mathfrak{C} - \mathfrak{C}_w}{\mathfrak{C}_w} = \frac{\dfrac{a}{C} - \dfrac{a}{C_w}}{\dfrac{a}{C_w}} = \frac{\dfrac{C_w}{C} - 1}{1} = \frac{C_w - C}{C} \quad \text{w. z. b. w.}$$

Der Sollwert der Konstanten $\mathfrak{C}$ berechnet sich aus Gl. (6) für den Fall, daß $C_w = C = a$ ist, beim neugeeichten Zähler zu

$$\mathfrak{C} = \frac{a}{C} = \frac{1000}{1000} = 1.$$

Die Eichzahl C stimmt mit dem Übersetzungsverhältnis überein.

Wie man sieht, wächst die Konstante $\mathfrak{C}_w$ beim Gebrauch des Zählers, während die Konstante C_w kleiner wird.

Anmerkung: Die gesetzlichen Verkehrsfehlergrenzen für verschiedene Leistungsfaktoren cos φ (bei Gleichstrom die Reihe für cos $\varphi = 1$) können der nachstehenden Tabelle entnommen werden.

cos φ	Nenn-last	90%	80%	70%	60%	50%	40%	30%	20%	10%	4%
	%	%	%	%	%	%	%	%	%	%	%
1	6,60	6,67	6,75	6,86	6,99	7,20	7,50	7,99	9,00	12,00	50,00
0,9		7,61	7,70	7,82	7,94	8,15	8,45	8,94	9,95	12,95	50,95
0,8			8,26	8,37	8,50	8,71	9,01	9,50	10,51	13,51	51,51
0,7				8,93	9,06	9,27	9,57	10,06	11,07	14,07	52,07
0,6					9,64	9,84	10,15	10,64	11,65	14,65	52,65
0,5						10,66	10,96	11,45	12,46	15,46	53,46
0,4							11,99	12,48	13,49	16,49	54,49
0,3								14,53	15,54	18,54	56,54
0,2									18,41	21,41	59,41
0,1										31,03	69,03

Isolationsmessungen[1]).

Sehr hohe Widerstände von etlichen Megohm, wie sie im Isoliermaterial bei Freileitungen, in Kabeln oder in Apparaten und Maschinen auftreten, werden nicht mehr mit Brückenmethoden, sondern durch Vergleich gemessen.

Nach Abb. 82 schickt die Batterie E (von z. B. 110 V) den Isolationsstrom (i_n, i_x) durch den Vergleichswiderstand R_n von z. B. $= 100\,000\ \Omega$, bzw. den Isolationswiderstand R_x, der durch Vergleich der Ausschläge $\alpha_n\ (\alpha_x)$ am Galvanometer gemessen werden soll.

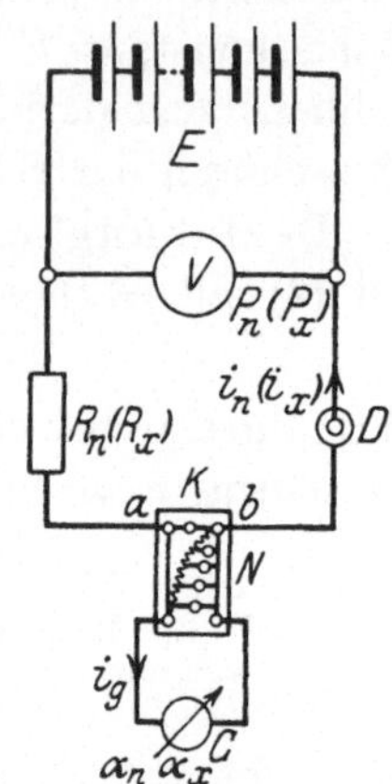
Abb. 82. Schaltung zur Isolationsmessung.

Abb. 81. Vergleichswiderstand für Isolationsmessungen.

Die jeweiligen Ströme sind:

$$i_n = \mathfrak{E} \cdot \alpha_n \cdot \frac{1}{k_n} = \frac{P_n}{R_n} \tag{1}$$

bzw.

$$i_x = \mathfrak{E} \cdot \alpha_x \cdot \frac{1}{k_x} = \frac{P_x}{R_x}, \tag{2}$$

wobei bedeutet:

$i_n\ (i_x)$ = Strom in A, im Widerstand R,

$P_n\ (P_x)$ = Spannung in V,

$R_n\ (R_x)$ = eingeschalteter Widerstand,

$\alpha_n\ (\alpha_x)$ = zu $i_n\ (i_x)$ gehörender Ausschlag am Galvanometer,

$k_n\ (k_x)$ = Empfindlichkeitsstöpselung am Nebenwiderstand N,

$\mathfrak{E}$ = Empfindlichkeit des Galvanometers an den Klemmen a und b, bei Stöpselung $k = 1 : 1$ (s. S. 19)

und angenommen wird, daß alle Widerstände, die außer R_n (bzw. R_x) im Meßstromkreise des Widerstandes R liegen, gegen R_n (bzw. R_x) vernachlässigbar klein sind.

Dividiert man Gl. (2) durch Gl. (1), so entsteht, da sich $\mathfrak{E}$ heraushebt:

$$\frac{\alpha_x}{\alpha_n} \cdot \frac{k_n}{k_x} = \frac{P_x}{P_n} \cdot \frac{R_n}{R_x} \quad \text{und damit} \quad R_x = \frac{P_x}{P_n} \cdot \frac{k_x}{k_n} \cdot \frac{\alpha_n}{\alpha_x} \cdot R_n.$$

Hierin faßt man R_n, P_n, k_n und α_n zusammen und schreibt:

$$R_x = k \cdot \frac{P_x k_x}{\alpha_x}, \tag{3a}$$

---

[1]) S. auch Uppenborn: Kalender für Elektrotechniker 1927/28: Meßmethoden.

wobei

$$k = \frac{\alpha_n}{P_n \cdot k_n} \cdot R_n. \tag{3b}$$

Die Isolationsmessung teilt sich demnach in 2 Teile:

1. Bei verschiedenen, verhältnismäßig niedrigen Spannungen P_n (z. B. $20-100$ V), erzeugt man im Normalwiderstand $R_n = 10^5\,\Omega$ jedesmal einen Strom i_n und liest den zugehörigen Ausschlag α_n bei Empfindlichkeitsstöpselung k_n am Galvanometer ab, stellt eine diesbezügliche Tabelle 1 auf und berechnet daraus einen Mittelwert von k nach Gl. (3b).

2. Man schaltet nun einen der zu messenden Isolationswiderstände ein, legt die Spannungen P_x an und beobachtet jedesmal den zu k_x gehörenden Ausschlag α_x am Galvanometer.

<table>
<tr><td colspan="6" align="center">Tabelle 1.</td></tr>
<tr><td>Nr.</td><td>R_n</td><td>P_n</td><td>k_n</td><td>α_n</td><td>k</td></tr>
<tr><td>—</td><td>Ω</td><td>V</td><td>—</td><td>mm</td><td>$\frac{\Omega\,\text{mm}}{\text{V}}$</td></tr>
<tr><td></td><td></td><td></td><td></td><td></td><td></td></tr>
</table>

<table>
<tr><td colspan="6" align="center">Tabelle 2.</td></tr>
<tr><td>Nr.</td><td>P_x</td><td>k_x</td><td>α_x</td><td>k</td><td>R_x</td></tr>
<tr><td>—</td><td>V</td><td>—</td><td>mm</td><td>—</td><td>Ω</td></tr>
<tr><td></td><td></td><td></td><td></td><td></td><td></td></tr>
</table>

Mit dem aus Tabelle 1 gefundenen Mittelwert von k berechnet man dann den Mittelwert von R_x nach Gl. (3a). Tabelle 2.

Es sind auf diese Weise zu bestimmen:

1. Der Isolationswiderstand einer Hausleitung,
2. Der Isolationswiderstand eines Transformators,
    a) zwischen Primär- und Sekundärwicklung,
    b) zwischen Primärwicklung und Gehäuse (Gestell),
    c) zwischen Sekundärwicklung und Gehäuse (Gestell).
3. Der Isolationswiderstand einer Hochantenne.
4. Der Isolationswiderstand
    a) einer Glasplatte,
    b) Preßspanplatte,
    c) Holzplatte.

Für die Bestimmung des Isolationswiderstandes einer Platte ist eine besondere Einspannvorrichtung für die Platte mit Stanniolzwischenlagen vorgesehen [1]).

Ist F der Versuchsquerschnitt der Probe in cm², l die Länge des Stromweges für i im Isoliermaterial in cm, d der Durchmesser in cm, so wird für einen gemessenen Isolierwiderstand von R_x in Ω:

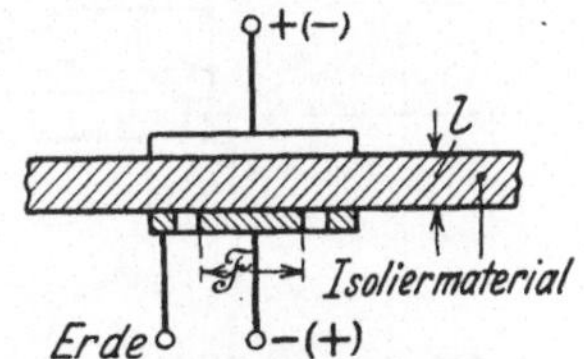

Abb. 83. Einspannvorrichtung für Isolationsplatten.

$$F = \frac{d^2\pi}{4}\ (\text{cm}^2) \quad \text{und} \quad \varrho = R_x \cdot \frac{F}{l}\ (\text{in } \Omega\,\text{cm}).$$

---

[1]) W. Demuth: Die Materialprüfung der Isolierstoffe. Berlin: Julius Springer 1923.

Bei allen Messungen ist auf vorzügliche Isolation aller Teile zu achten, um so mehr je höher die Versuchsspannung P ist. Die Versuchsleitungen müssen frei durchhängen. Vor das Galvanometer ist ein selbsttätiger Druckschalter D zu legen, dessen Metall nicht mit den Fingern zu berühren ist.

Jede Messung wird mit der niedrigsten Empfindlichkeitseinstellung $\frac{1}{k}$ begonnen. Bei schlechter Isolation der Versuchsanordnung (oder bei feuchtem Wetter) können Nebenströme am Galvanometer auftreten, die die Genauigkeit der Messung sehr herabdrücken.

Fehlerorte an Leitungen und Erdwiderstände.

a) **Fehlerorte.** Hat ein Kabel oder eine Leitung (in Abb. 85 z. B. die Leitung $A A' B' B$) Erdschluß, so kann der Ort des Isolationsfehlers

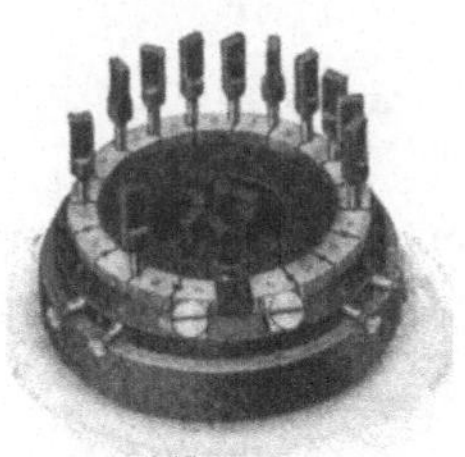

Abb. 84. Fehlerort-Brücke S. & H. mit Stöpselschaltung.

nach dem Prinzip der Wheatstoneschen Brücke gefunden werden. Vorausgesetzt ist dabei, daß die Kupferleitung noch unbeschädigt ist, der Durchmesser noch überall annähernd gleichen Querschnitt und spezifischen Widerstand besitzt. Das Verfahren besteht darin, daß man z. B. die Enden A' und B' kurz verbindet und die freien Enden A und B an die Brückenanordnung C und D legt. Zwischen dem Fehlerort F und dem Wanderstöpsel K auf dem Präzisionswiderstand CD mit den Zweigen r_1 und r_2 liegt die Batterie P (über Erde) und zwischen C und D das Galvanometer mit dem Ballastwiderstand R_b.

Man verstellt nun K so lange, bis der Ausschlag am Galvanometer Null ist. Dann gilt für die Längen AF und BF der Leitung:

$$\frac{AF}{BF} = \frac{r_2}{r_1}$$

z. B. für $r_1 = 40\ \Omega$, $r_2 = 400\ \Omega$ ist: $AF = 10 \cdot BF$.

Für eine bekannte Kabellänge $AB = 220$ m wird damit $10\,BF + BF = 11\,BF$

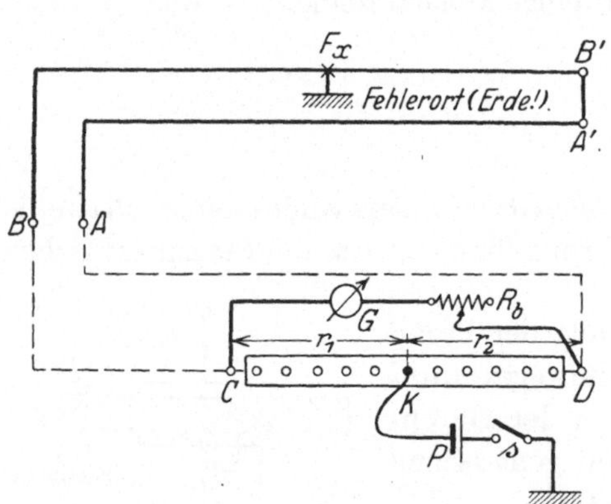

Abb. 85. Schaltung zur Fehlerortbestimmung.

$= 220$ m oder $BF = \dfrac{220}{11} = 20$ m; $AF = 200$ m. Der Fehler f liegt also 20 m von B entfernt.

Zur Kontrolle kann man die Enden A und B kurz verbinden, A' und B' an die Brücke CD legen und die Messung wiederholen.

b) **Erdwiderstände.** Sie können z. B. mit der **Kohlrausch-schen Meßbrücke** gemessen werden (s. S. 38). Der unbekannte Widerstand R_x bestimmt sich in bekannter Weise zu

$$R_x = \frac{l_1}{l_2} \cdot R_n = k \cdot R_n,$$

wobei k die auf der Teilung der Kohlrauschschen Brücke angegebenen Zahl ist (Abb. 69). (Skala mit Eichteilung.)

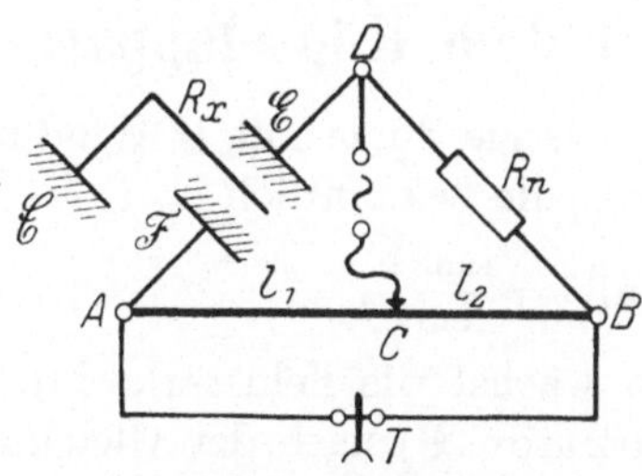

Abb. 86. Schaltung zur Bestimmung von Erdwiderständen.

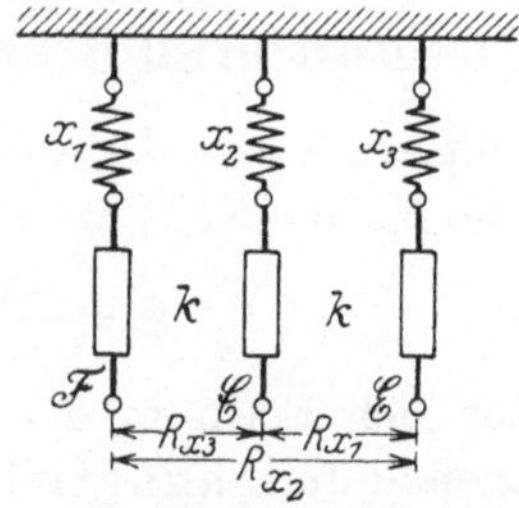

Abb. 87. Schematische Darstellung der Schaltung der Erdwiderstände.

Liegt dabei der Erdwiderstand zwischen den Klemmen E und F, so liegt sowohl von der Klemme E nach $\mathfrak{E}$ (Erde), als auch von der Klemme F nach $\mathfrak{E}$ (Erde) je ein Erdwiderstand.

Ist dann $\mathfrak{E}$ die Erdklemme (Wasserleitung), so sind drei Messungen auszuführen, nämlich für:

R_{x_1} zwischen $\mathfrak{E}$ und $E = x_2 + x_3$,

R_{x_2} ,, F ,, $E = x_3 + x_1$,

R_{x_3} ,, $\mathfrak{E}$,, $F = x_1 + x_2$,

wobei x_1, x_2 und x_3 die einzelnen Erdwiderstände zwischen den Klemmen E, F und $\mathfrak{E}$ und der Erde sind.

Zum Beispiel für drei durch Messung gefundene Werte:

$R_{x_1} = 9{,}5\ \Omega,\qquad R_{x_2} = 2{,}4\ \Omega,$

$R_{x_3} = 7{,}75\ \Omega$

Abb. 88. Fehlerortbrücke mit Schleifdraht (S. & H.).

berechnet sich $x_1 = 0{,}32\ \Omega$, $x_2 = 7{,}43\ \Omega$, $x_3 = 2{,}08\ \Omega$ durch Elimination je einer Unbekannten x aus 2 Gleichungen und der hieraus gefundenen neuen Gleichung mit der dritten, also hier:

$$1.\ x_1 + x_2 = 7{,}75\ \Omega,$$
$$2.\ x_2 + x_3 = 9{,}50\ \Omega,$$
$$3.\ x_3 + x_1 = 2{,}40\ \Omega.$$

Subtrahiert man Gl. (1) und (2), so erhält man:

$$1. - 2.\quad x_1 - x_3 = -1,75\ \Omega,$$
$$3.\quad x_3 + x_1 = 2,4\ \ \Omega,$$
$$\overline{2x_1 = 0,65\ \Omega.}$$

Damit und mit Gl. (1) wird

$$\dot{x}_2 = 7,75 - x_1 = 7,75 - 0,32 = 0,743$$

und mit Gl. (3)

$$x_3 = 2,4 - x_1 = 2,4 - 0,32 = 2,08\ \Omega.$$

Eisenuntersuchungen mit dem Köpselapparat.

Fließt ein Strom J durch eine l cm lange Spule mit W Windungen, so ist die Feldstärke im Innern der Spule bekanntlich

$$\mathfrak{H} = \frac{0,4\,\pi\,W\,J}{l}\ \text{Gauß}\ \left(= \frac{\text{Linien}}{\text{cm}^2}\right). \tag{1}$$

Befindet sich Eisen in der Spule, so wächst die Feldstärke im Eisen (die sogenannte magnetische Induktion $\mathfrak{B}$) nach der Gleichung

$$\mathfrak{B} = \mu \cdot \mathfrak{H} = \mu \cdot \frac{0,4\,\pi\,W\,J}{l}\ \text{Gauß.} \tag{2}$$

Hierin ist μ die Permeabilität (magnetische Durchlässigkeit) keine konstante Zahl, sondern von der Sättigung $\mathfrak{B}$ in Eisen abhängig. Es ist

$$\mu = \frac{\mathfrak{B}}{\mathfrak{H}}. \tag{3}$$

Die magnetische Induktion $\mathfrak{B}$ wird durch Versuch ermittelt und über $\mathfrak{H}$ bzw. über $\frac{W\,J}{l}$ (Amperewindungszahl pro cm) aufgetragen

Abb. 89. Der Köpselsche Eisenprüfer von Siemens & Halske.

(Abb. 90). Für die zugehörenden Werte der Feldstärke $\mathfrak{H}$ wird dann die Permeabilität $\mu = \dfrac{\mathfrak{B}}{\mathfrak{H}}$ nach Gl. (3) berechnet und über $\mathfrak{B}$ aufgetragen (Abb. 91).

Die Magnetisierungslinie (jungfräuliche Kurve) (Abb. 90) braucht man zur Berechnung magnetischer Kreise im Elektromaschinenbau. Der Maximalwert von μ (Abb. 91) ist auch ein Maß für die Güte des Eisens.

Sinkt nach Aufnahme der Kurve $\mathfrak{B} = f\,(\mathfrak{H})$ die Feldstärke $\mathfrak{H}$ mit der Stromstärke J auf Null, so sinkt die magnetische Induktion $\mathfrak{B}$ (im Eisen) nicht gleichzeitig auf Null; es bleibt noch ein Teil, der **remanente Magnetismus**, zurück, und es ist (durch Umkehrung des Stromes J) eine negative Feldstärke (**Koerzitivkraft**) nötig, um den

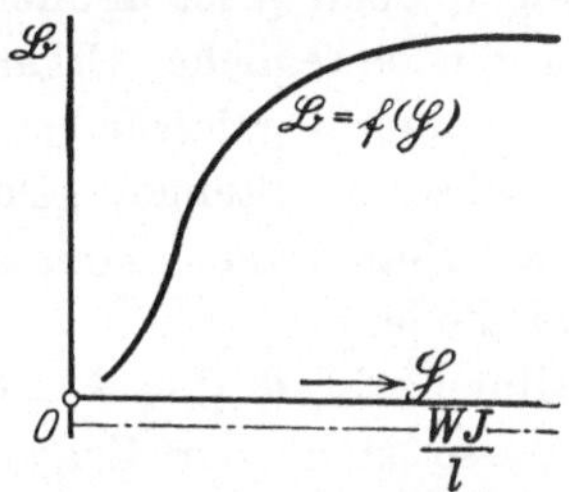

Abb. 90. Magnetisierungslinie.

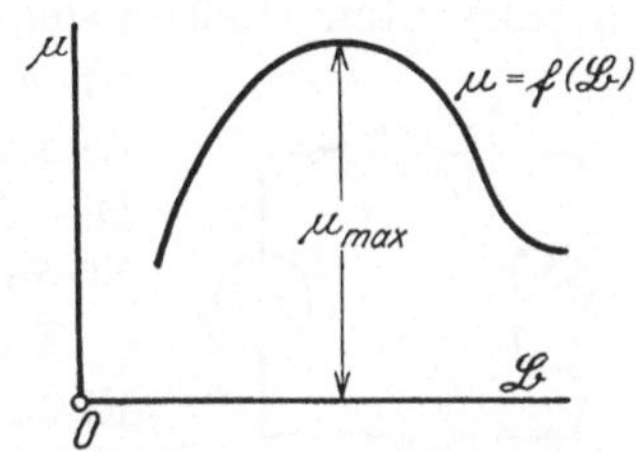

Abb. 91. Die Permeabilität ist abhängig von der magnetischen Induktion $\mathfrak{B}$.

remanenten Magnetismus zu überwinden, was für die Herstellung von Dauermagneten wichtig ist.

Durchläuft der Strom J einen Zyklus von 0 bis $+\,J$ und zurück bis $-\,J$ und wieder zurück bis $+\,J$, so erhält man die vollständige „**Hysteresisschleife**" (Abb. 92). Die Fläche derselben (F) ist nach **Warburg** der Arbeit proportional, welche bei der **Ummagnetisie**rung verloren geht. Nach **Steinmetz** gilt angenähert:

$$A = \frac{F}{4\,\pi}\cdot\eta = \mathfrak{B}^{1,6}_{max} \quad (\text{Erg. pro cm}^3). \tag{4}$$

Aus A und B_m läßt sich mit Gl. (4) der sogenannte Steinmetzsche **Hysteresiskoeffi**zient η berechnen. Dabei wird $\mathfrak{B}_m$ der Hysteresisschleife entnommen und ihre Fläche F mit dem Planimeter (oder durch Abzählen der mm² der der cm²) bestimmt. Dabei ist der Maßstab der Schleife zu beachten. Entspricht auf der Wagrechten 1 cm $= a$ Einheiten im Maßstab der Feldstärke $\mathfrak{H}$, auf der Senkrechten 1 cm $= b$ Einheiten im Maßstab

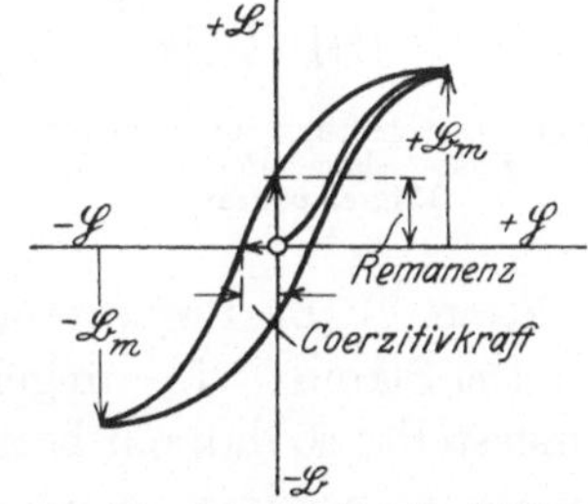

Abb. 92. Die Hysteresisschleife.

der magnetischen Induktion $\mathfrak{B}$ und ist F in cm² durch Planimetrierung gefunden, so entspricht einem cm² der Wert $\dfrac{a\cdot b}{4\,\pi}$ und der Fläche F der Arbeitswert $= A = \dfrac{F\cdot a\cdot b}{4\,\pi}$ (Erg. cm^{-3}).

a) **Der Köpselapparat.** In das Schlußjoch $\mathfrak{J}$ des Eisenprüfers (Abb. 93) ist auf der einen Seite die Eisenprobe F in zwei zylindrischen Ausbohrungen eingefügt und fest verschraubt. Um die Eisenprobe herum liegt die Magnetisierungsspule S, welche von der Batterie P den Strom J erhält, der mit dem Widerstand R veränderlich eingestellt und mit dem Umschalter U gewendet werden kann. Die Magnetisierungsspule S ist so abgeglichen, daß ein Strom J eine Feldstärke $\mathfrak{H}$ im Probestab erzeugt von

$$\mathfrak{H} = 100 \cdot J^{\mathrm{A}} \quad \text{(Gauß).} \tag{5}$$

Auf der anderen Seite im hufeisenförmigen Joch $\mathfrak{J}$ ist ähnlich wie bei den bekannten Drehspuleninstrumenten ein bewegliches Organ mit einer Drehspule, mit Torsionsfeder und Zeiger auf der Achse in Steinen gelagert. Die Drehspule s erhält einen konstanten Strom i von der Zelle p.

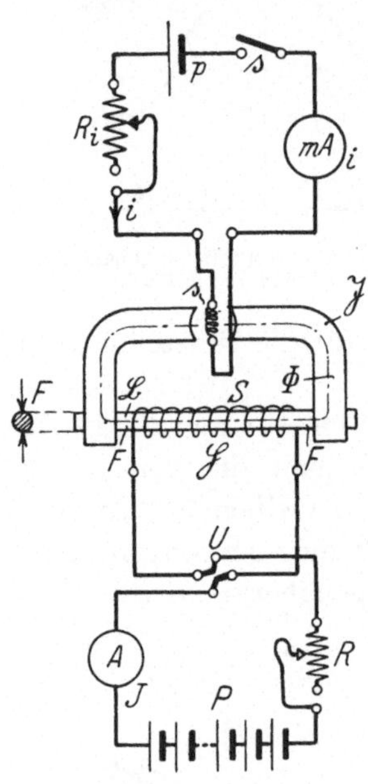

Abb. 93. Schaltung zur Aufnahme der Hysteresisschleife mit dem Köpselapparat.

Ist die Kraftlinienzahl Φ (bei $J = 0$) im Eisen noch Null, so steht der Zeiger der Drehspule über dem Punkt 0 der Skala des Meßgeräts, die für Ausschläge nach beiden Seiten eingerichtet ist.

Bei einem bestimmten Strom J erhält $\mathfrak{B}$ einen Wert nach Gl. (2) und der Probestab wird dann von einer Gesamtlinienzahl $\Phi = \mathfrak{B} \cdot F$ durchflossen, wobei F den Querschnitt des zu untersuchenden Probestabes bezeichnet. Der Ausschlag α am Meßorgan ist dem Strom i in der Spule s und der Kraftlinienzahl Φ proportional.

Es ist: $\alpha = c \cdot \Phi \cdot i = c \cdot \mathfrak{B} \cdot F \cdot i = k \cdot \mathfrak{B}$, wobei $k = (c \cdot F \cdot i)$ ist. Durch geeignete Dimensionierung und Wahl des Hilfsstromes i kann der Apparat so eingerichtet werden, daß der Ausschlag α der magnetischen Induktion $\mathfrak{B}$ im Probestab proportional ist.

Der Strom i wird umgekehrt proportional dem Querschnitt der Probe eingestellt, so daß ein bestimmter Ausschlag α für jeden Querschnitt F einer ganz bestimmten magnetischen Induktion $\mathfrak{B}$ entspricht. Bei neueren Magnetisierungsapparaten berechnet sich der Hilfsstrom i nach der Beziehung:

$$i = \frac{500}{F} \text{ (in mA)},$$

worin die Zahl 500 die Konstante des Magnetisierungsapparates bedeutet und F in mm^2 einzusetzen ist.

Der Köpselsche Eisenprüfer zeigt dann die magnetische Induktion $\mathfrak{B}$ unmittelbar an und demnach ist die Skala desselben mit den Werten von $\mathfrak{B}$ beziffert. Darin besteht ein großer Vorteil anderen Eisenprüfern gegenüber (vgl. die Aufnahme der Magnetisierungslinien mit dem Kirchhoffschen Ring und anderes mehr).

Anmerkung: Da die Magnetisierungsspule S die Eisenprobe, aber nicht das ganze Joch, umschlingt und außerdem die Luftspalte vorhanden sind, so ist die Proportionalität zwischen dem Anschlag α und der magnetischen Induktion $\mathfrak{B}$ keine vollkommene.

Die Firma Siemens & Halske gibt daher für sehr genaue Untersuchungen zum Apparat gehörende sogenannte Scherungslinien[1]) an, das sind Linien, die nach beigefügter Tabelle an Stelle der Ordinatenachse in die Abb. 92 eingetragen werden. Von diesen Scherungslinien werden die Werte von $\mathfrak{H}$ nach rechts auf der $\mathfrak{H}$-Achse eingetragen.

In vielen Fällen praktischer Messung bleiben die Scherungslinien unberücksichtigt, da der Fehler nur gering ist.

Versuchsausführung. 1. Für eine Eisenprobe (Gußeisen) ist die **Magnetisierungslinie** und danach die **Hysteresisschleife** auf-

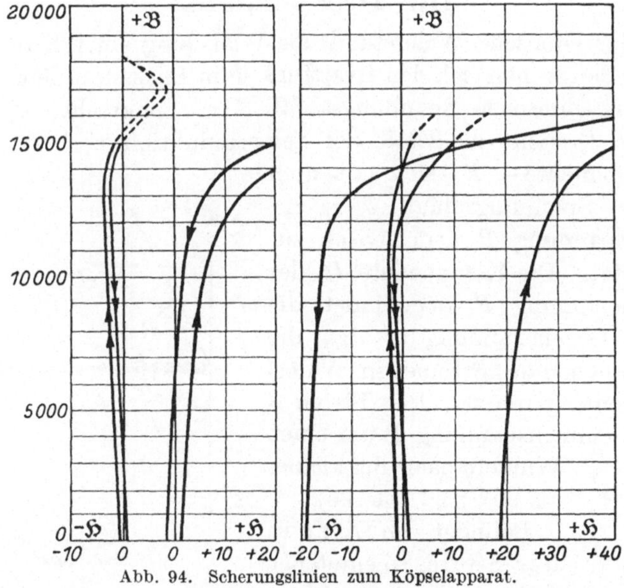

Abb. 94. Scherungslinien zum Köpselapparat.

zunehmen. Den **unmagnetischen Zustand**, d. h. den Ausschlag 0, erzielt man durch wiederholtes Umschalten (in Abb. 93 bei U) und gleichzeitiges Schwächen des Stromes J. (Die Entmagnetisierung von Eisenmassen wird in der Praxis vielfach mit Wechselstrom abnehmender Amplitude vorgenommen.)

Bei der Aufnahme der Kurven ist zu beachten, daß der Strom stufenweise bei der Regulierung nur **steigt** (oder nur **fällt**), weil sonst Fehler in der Messung entstehen, andernfalls mit der Aufnahme von Null aus wieder begonnen werden muß. Bei $J = 0$ ist auf die Größe des remanenten Magnetismus zu achten und wenn möglich für die Werte $\mathfrak{B} = 0$ die Koerzitivkräfte zu bestimmen.

---

[1]) Vgl. Techn. Anweisung Nr. 1 (SH 1429) von Siemens & Halske.

2. Die Linie $\mu = f\,(\mathfrak{B})$, Abb. 91, ist zu berechnen und zu zeichnen.

3. Aus der Hysteresisschleife ist die Verlustarbeit A und der Steinmetzsche Hysteresiskoeffizient η zu berechnen.

Tabelle.

Nr.	J	$\mathfrak{H}$	$\dfrac{WJ}{l}$	$\mathfrak{B}$	μ
—	A	G	AW/cm	G	—

Die Werte $\dfrac{W \cdot J}{l}$ in AW/cm werden aus den Werten $\mathfrak{H}$ durch Division durch $0{,}4\,\pi$ erhalten (s. Gl. 1).

Die Drosselspule.

Ist r der Ohmsche Widerstand der Wickelung einer Spule ohne Eisen, so denkt man sich den Kraftfluß Φ in Phase mit dem Strom J, ebenso den Ohmschen Spannungsabfall $J \cdot r$. Senkrecht auf Φ (und damit auf J) steht die EMK der Selbstinduktion $E_s = L_\omega J$, deren Gegenkomponente $-E_s$ sich mit dem Ohmschen Spannungsabfall $J \cdot r$ zur Klemmenspannung P geometrisch zusammensetzt. Die Komponente Jr der Klemmenspannung P überwindet die Ohmsche Gegenspannung $(-Jr)$, die sich dem Fließen des Stromes im Widerstande r entgegensetzt. Der Strom J eilt der Klemmenspannung P um einen Winkel φ nach, der kleiner als 90^0 ist (Abb. 96).

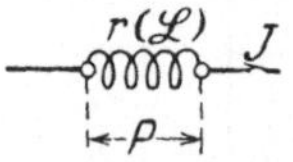

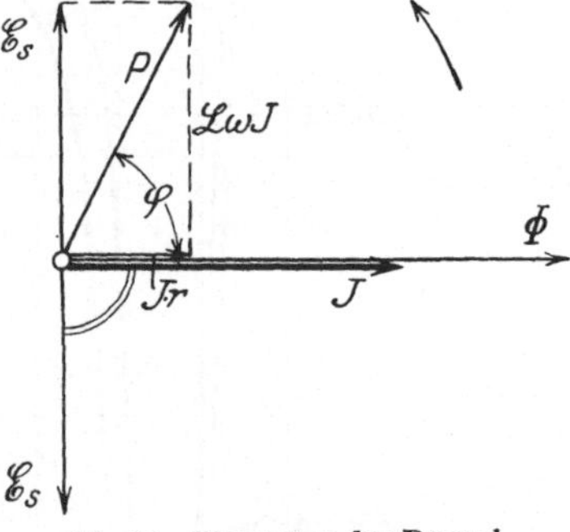
Abb. 96. Diagramm der Drossel ohne Eisen.

Abb. 95. Drossel.

Befindet sich Eisen in der Spule, so entstehen außer den Stromwärmeverlusten in der Drahtwickelung noch Verluste im Eisen durch Hysteresis und Wirbelströme. Ein Teil i_h des Stromes J deckt diese Verluste, ein anderer i_μ erzeugt das Feld Φ. Diesen denkt man sich wieder in Phase mit dem erzeugten Kraftfluß Φ, jenen i_h in Phase mit der Spannung $(-E)$, die senkrecht auf Φ steht und die Verluste erzeugt (Abb. 97).

Der Strom J in der Spule setzt sich dann geometrisch aus i_μ und i_h zusammen; die Klemmenspannung P aus $-E$ und $J \cdot r$ wie oben.

Der Winkel α zwischen J und Φ wird durch die Eisenarbeit bedingt und heißt deshalb Eisenverlustwinkel. Fällt man vom Endpunkt C der Klemmenspannung P das Lot CB auf J, so schneidet es auf dem Strahl J die Strecke OB ab. Ein Lot von C auf Φ schneidet OB im

Punkte A. $OA = J \cdot r$ ist der Ohmsche Spannungsabfall in der Kupferwickelung; $AB = J \cdot r_e$ eine zusätzliche Wirkspannung, welche der Eisenarbeit entspricht, wobei r_e bei Wechselstrom einen gedachten Widerstand bedeutet, den man mit Gleichstrom nicht messen kann, der aber einer mit dem Wattmeter nachweisbaren Eisenarbeit $J^2 \cdot r_e$ bei Wechselstrom entspricht und der als Eisenverlustwiderstand bezeichnet wird. Das Lot BC stellt die Blindspannung $L\omega J$ dar, wobei L die **wirksame Induktivität** ist.

Die Komponente AC (senkrecht auf Φ), die sich mit dem Ohmschen Spannungsabfall $OA = Jr$ zur Klemmenspannung P zusammensetzt, heißt der „induktive Spannungsabfall" E. Sie berechnet sich aus Gl. (4) (s. unten).

Der der Strecke OB entsprechende Gesamtverlustwiderstand R, der „Wirkwiderstand" sowie die wirksame Induktivität L, können auch mit

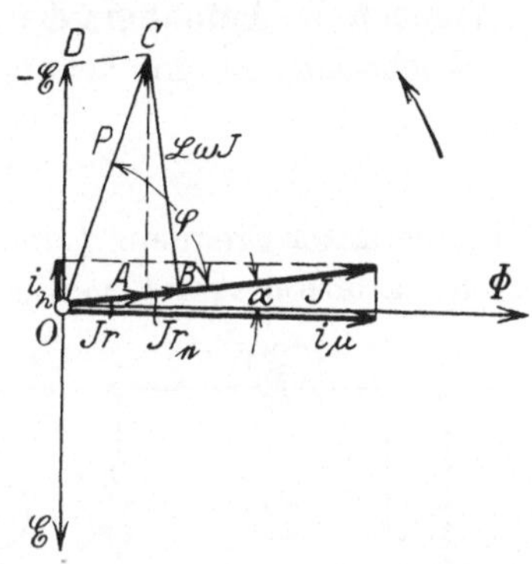

Abb. 97. Diagramm der Drossel mit Eisen.

der Wheatstoneschen Brücke gemessen werden (vgl. die Messung gerichteter Widerstände in der Schwachstromtechnik S. 59).

Versuchsausführung 1. Die Drosselspule D wird zunächst in einen Gleichstromkreis nach Abb. 98 geschaltet und mit Hilfe von Volt und Amperemeter nach dem Prinzip des Ohmschen Gesetzes (s. S. 9) der Drahtwiderstand der Drossel bestimmt. Es ist:

$$r = \frac{P}{J}. \qquad (1)$$

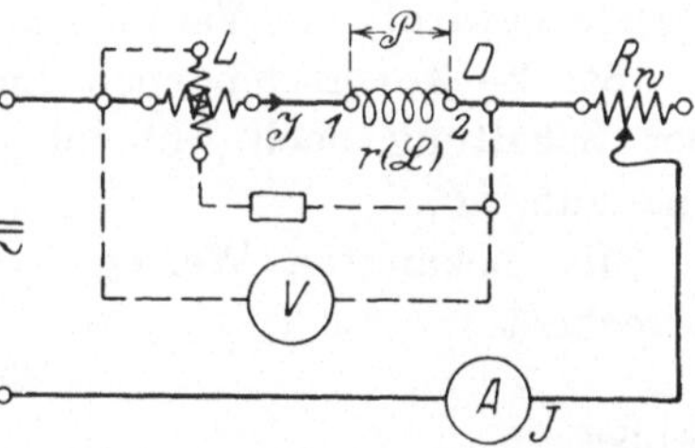

Abb. 98. Meßschaltung zu Versuch 1.

Darauf wird der Stromkreis an eine Wechselspannung gelegt und sowohl der Strom J in der Drossel als auch die Spannung P an ihren Enden (1—2) und die Leistung N in der Drosselspule mit dem Leistungsmesser L gemessen. Es ist dann:

$$\cos \varphi = \frac{N}{P \cdot J} \qquad (2)$$

(Auf den Verbrauch der Meßgeräte achten!)

Für das Diagramm hat man dann P, J und φ und mit r den Ohmschen Spannungsabfall $J \cdot r$ in der Wickelung und damit auch den induktiven Spannungsabfall $E \perp \Phi$ und den Eisenverlustwinkel α. Zerlegt man den Strom J nach den Richtungen E und Φ, so erhält man auch die Komponenten i_h und i_μ. Ein Kreis über P schneidet auf J die

Wirkspannung $J(r + r_e)$ ab, wodurch man gleichzeitig das Lot BC = $L\omega J$ erhält. Für bekannte Frequenz f läßt sich daraus die wirksame Induktivität graphisch ermitteln, wenn man L nicht aus

$$L = \frac{\sqrt{P^2 J^2 - N^2}}{\omega J^2} \tag{3}$$

berechnen will.

Versuch 2. Aufnahme der Magnetisierungslinien. Nach der Theorie der Wechselströme gilt bekanntlich

$$\Phi_0 = \frac{\sqrt{2}\,E \cdot 10^8}{2\,\pi \cdot f \cdot W}\ \text{Maxwell.} \tag{4}$$

Bei konstanter Frequenz f und Windungszahl W kann der Kraftfluß Φ durch Variation von E veränderlich eingestellt werden, wobei hier an-

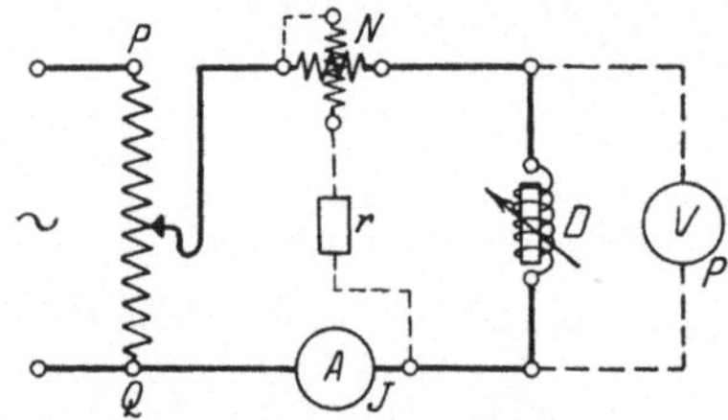

Abb. 99. Schaltung zur Aufnahme der Magnetisierungslinie.

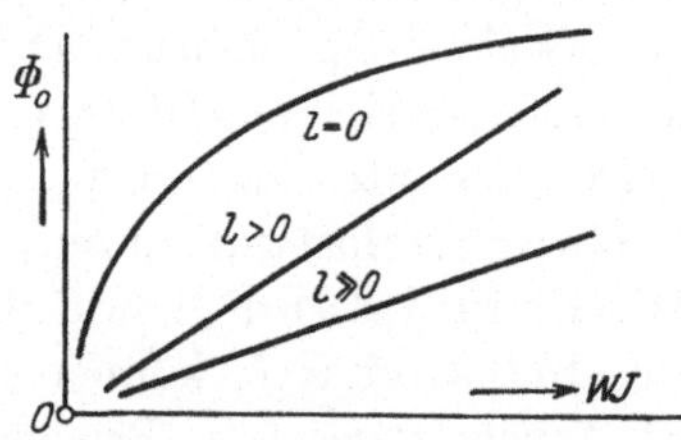

Abb. 100. Der Gesamtfluß Φ abhängig von der AW-Zahl bei verschiedenen Luftlängen.

genähert $E \approx$ der Klemmenspannung P gesetzt wird. Die Änderung der Spannung wird durch Transformation und nicht durch Widerstände bewirkt, um Veränderungen in der Kurvenform zu vermeiden.

Bei 2—3 verschiedenen Luftspaltlängen $l = 0, 4, 8$ mm wird in der Schaltung nach Abb. 99 gemessen: Der Strom J die Klemmenspannung P.

Mit bekannten Werten von f und W wird nun nach Gl. (4) berechnet

$$\Phi_0 \approx k \cdot P,$$

wobei

$$P \approx E \text{ und } k = \frac{\sqrt{2} \cdot 10^8}{2\,\pi \cdot f \cdot W} \tag{5}$$

ist.

Bestimmt man noch aus W und J die Amperewindungszahl, so lassen sich die Magnetisierungslinien Φ_0 über WJ wie in Abb. 100 zeichnen.

Tabelle.

Nr.	P	J	N	$\cos\varphi$	WJ	Φ_0
—	V	A	W	—	AW	M

Versuch 3. Abhängigkeit der Amperewindungen von der Luftspaltlänge l. Der Luftspalt l wird verändert (durch Öffnen des Eisenkerns

und Beipressen eines Holzstückes).
Dabei wird bei konstanten Φ_0, d. h.
$\left(\dfrac{E}{f \cdot W} = \text{konstant!}\right)$ Strom und Leistung
gemessen, die AW-Zahl WJ berechnet
und über der Luftlänge l aufgetragen
(Abb. 101).

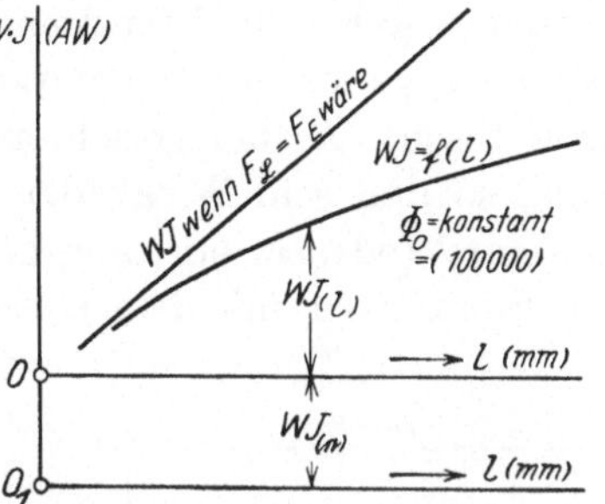

Abb. 101. Die AW-Zahl abhängig von der Luftspaltlänge für konstanten Fluß Φ.

Tabelle.

Nr.	J	N	$\cos\varphi$	l	WJ
—	A	W	—	mm	AW

Messung gerichteter Widerstände.

In der Schwachstromtechnik, wo es nicht üblich und vielfach schlecht möglich ist, Ströme oder gar Leistungen zu messen, weil es wegen der Kleinheit der Ströme meist an geeigneten Meßgeräten fehlt, hat es sich eingebürgert, die sogenannten gerichteten Widerstände, d. h. die Wechselstromwiderstände, die Scheinwiderstände nach Größe und Richtung zu betrachten. Dabei werden die gerichteten Widerstände mit deutschen Buchstaben $\mathfrak{R}$ bezeichnet.

Anmerkung: Sie sind keine Vektoren (im Sinne der Vektoranalysis!). Entstanden aus dem Spannungsdreieck (nach Flemming) durch Division aller Spannungsstrahlen durch den Stromwert[1]), stellen sie nicht den Maximalwert eines wechselnden Widerstandes dar. Der gerichtete Widerstand wechselt nicht (wie der Strom und die Spannung), seine Richtung (bezogen auf die sogenannte „reelle Achse" des ihn durchfließenden Stromes) ist durch Wirk- und Blindwiderstand völlig bestimmt. Graphisch werden die gerichteten Widerstände in der Ebene durch Strahlen dargestellt[1]), rechnerisch durch die komplexe Zahl. Entsprechendes gilt für den reziproken Wert des Widerstandes, den gerichteten Leitwert[2]) $\mathfrak{G} = \dfrac{1}{\mathfrak{R}}$. Die Einführung des gerichteten Widerstandes ermöglicht es erst mit Wechselstrom wie mit Gleichstrom zu rechnen. Man schreibt z. B. das Ohmsche Gesetz in der Form $\mathfrak{R} = \dfrac{\mathfrak{P}}{\mathfrak{J}}$.

Schaltung. Abb. 103 zeigt die Schaltung der Wheatstoneschen Brücke für Wechselstrom. Als Stromquelle dient ein Summer oder eine Tonfrequenzmaschine (siehe Anhang), die möglichst sinusförmigen Wechselstrom von einer Frequenz von etwa $f = 800$ $(\omega = 5000)$ liefert. Als Nullinstrument kommt meist ein

Abb. 102. Meßbrücke von Siemens & Halske für größere Selbstinduktionen (vgl. Anhang).

---

[1]) Siehe Thomälen: Lehrbuch der El. 9. Aufl. Berlin: Julius Springer 1922.
[2]) Siehe Breisig: Theor. Telegr. 1924, S. 255. Verlag Vieweg u. Sohn.

Telephon (oder ein Vibrationsgalvanometer) in Frage. $\mathfrak{R}_x$ ist der unbekannte gerichtete Widerstand, z. B. irgend einer Spule (mit oder ohne Eisen), R_n der gerichtete Widerstand eines Selbstinduktionsnormals, so daß sein Wirkwiderstand R_n in Ohm und seine Induktivität in Henry (oder in cm) angegeben werden können. R_z ist ein Zusatzwiderstand, der mit dem Umschalter u wahlweise an $\mathfrak{R}_x$ oder $\mathfrak{R}_n$ gelegt

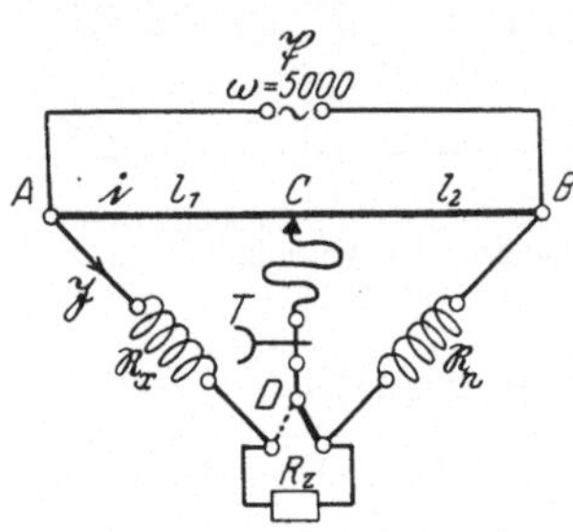

Abb. 103. Die Wheatstonesche Brücke für Wechselstrom.

werden kann. l_1 und l_2 seien die den Drahtlängen l der Brücke entsprechenden (Ohmschen) Widerstände.

Bei Gleichstrom wäre die Brücke bekanntlich (ohne Zuhilfenahme von R_z) abgeglichen, wenn die Ohmschen Widerstände R_x und R_n der Spulen sich wie die Drahtlängen l_1 und l_2 verhielten. Bei Wechselstrom schweigt das Telephon dann noch nicht! Infolge der eventuell verschiedenen Induktivitäten und Wirkwiderstände der zu vergleichenden Spulen liegen die Spannungen $\mathfrak{P}_x$ und $\mathfrak{P}_n$ an ihren Enden nicht auf gleicher Phase, während die Teilspannungen des Brückendrahtes gleichphasig sind. Das Telephon schweigt erst dann, wenn es stromlos ist, d. h., wenn an seinen Enden keine Spannungsdifferenz ($\mathfrak{p} = \mathfrak{P}_{ac} - \mathfrak{P}_{ad}$) mehr auftritt.

Diagramm. Abb. 104 zeigt das Strahlenbild der Brückenwiderstände. In Phase mit dem (willkürlich nach rechts in der Richtung der reellen Achse eingetragenen) Strom $\mathfrak{J}$ liegen die Wirkspannungen und damit die Wirkwiderstände $OC = R_x$ und $OG = R_n$. Senkrecht dazu in ihren

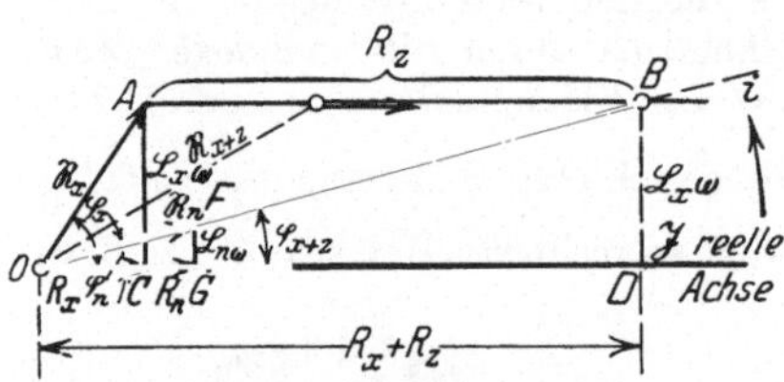

Abb. 104. Diagramm der gerichteten Widerstände.

Enden stehen die Blindwiderstände $AC = L_x\omega$ und $FG = L_n\omega$. Die Hypothenusen OA und OF stellen dann die gerichteten Widerstände der Spulen $\mathfrak{R}_x$ und $\mathfrak{R}_n$ dar. Die zugehörenden Phasenverschiebungen sind φ_x und φ_n und die zugehörenden Spannungen $\mathfrak{P}_x$ und $\mathfrak{P}_n$ an den Spulenenden liegen bekanntlich in Phase mit den gerichteten Gesamtwiderständen $\mathfrak{R}_x$ und $\mathfrak{R}_n$.

Schaltet man nun den Widerstand R_z an R_x und verändert ihn so lange, bis die geometrische Summe ($\mathfrak{R}_x + R_z$) in die Richtung von $\mathfrak{R}_n$ fällt, dann sind auch die Spannungen $\mathfrak{P}_{x+z}$ und $\mathfrak{P}_n$ gleichphasig (Abb. 105) und auch in Phase mit dem Strom i im Brückendraht. Denn i liegt mit $\mathfrak{P}_{ab}$ an den Enden der Brücke in Phase und für Gleichphasigkeit von $\mathfrak{P}_{x+z}$ und $\mathfrak{P}_n$ können diese Spannungen, die die Summe $\mathfrak{P}_{ab}$ ergeben müssen, nur in die Richtung der Resultierenden $\mathfrak{P}_{ab}$

fallen. Vergleiche auch Abb. 106, in der die Spannungen $\mathfrak{P}_x$ und $\mathfrak{P}_n$ nicht in Phase (gezeichnet) sind, wie das vor der Abgleichung der Brücke der Fall ist.

Versuchsausführung. Man stellt zunächst mit dem Gleitkontakt C ein Tonminimum ein und schaltet dann den Zusatzwiderstand R_z hinter R_x (oder vor R_n) und ändert ihn so lange, bis das Minimum bei nochmaligem Verschieben von C verbessert ist. So wird C und R_z abwechselnd so lange verändert, bis das Telephon schweigt.

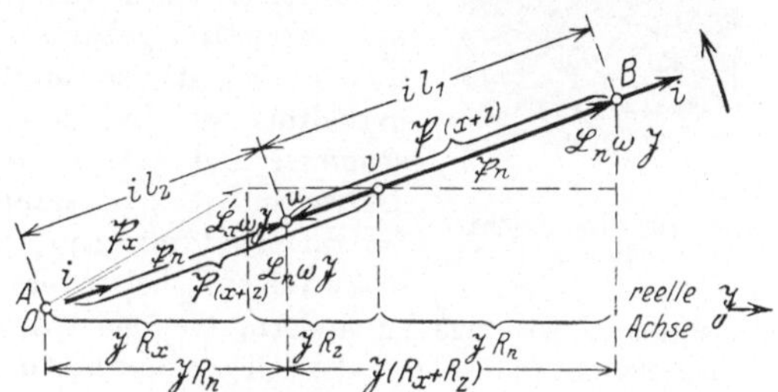

Abb. 105. Spannungsdiagramm nach der Abgleichung.

Dann stehen die Widerstände der Brücke in dem aus den Abb. 104 und 107 ersichtlichen Verhältnis und es ist:

$$\frac{L_x\,\omega}{L_n\,\omega} = \frac{R_{(x+z)}}{R_n} = \frac{l_1}{l_2}, \tag{1}$$

d. h.

$$L_x = L_n \cdot \frac{l_1}{l_2} \quad (2a), \qquad \frac{R_{(x+z)}}{R_n} = R_x + R_z = R_n\frac{l_1}{l_2} \tag{2b}$$

$$R_x = R_n \cdot \frac{l_1}{l_2} - R_z.$$

Die Phasenverschiebung φ berechnet sich aus:

$$\tan\varphi = \frac{L_x\,\omega}{R_{(x+z)}} = \frac{L_n\,\omega}{R_n}.$$

Der absolute Wert (die Länge des Strahles $\mathfrak{R}_x$) des gerichteten Widerstandes ist:

$$|\mathfrak{R}_x| = \sqrt{R_x{}^2 + L_x{}^2\cdot\omega^2}.$$

Anmerkungen: 1. Während der Abgleichung verringert sich die Phasenverschiebung φ durch das Zuschalten von R_z und die Teilspannungen $\mathfrak{P}_{x+z}$ und

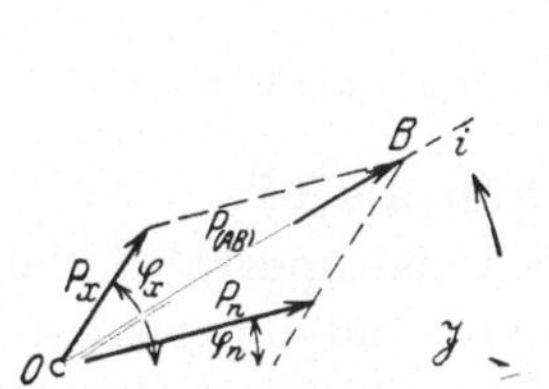

Abb. 106. Spannungsdiagramm vor der Abgleichung.

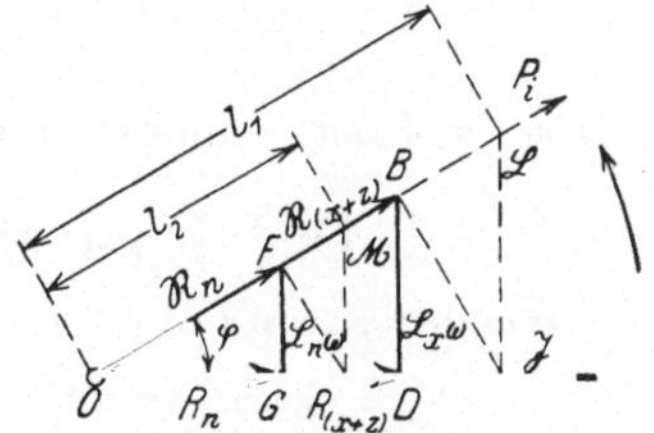

Abb. 107. Widerstandsdiagramm für die Ableitung der Gl. (1).

$\mathfrak{P}_n$ rücken nach und nach von beiden Seiten an die Gesamtspannung $\mathfrak{P}_{ab}$ heran (Abb. 106), bis sie mit ihr zusammenfallen. Die gleichzeitige Verschiebung von C stellt dann das richtige Spannungsverhältnis für das Schweigen am Telephon her.

2. Die Widerstände R sind **Wirkwiderstände** und enthalten auch eventuelle Verlustwiderstände durch Eisenverluste oder Wirbelstromverluste in benachbarten Metallmassen. Die Induktivitäten L berücksichtigen eine durch Wirbelstrombildung eventuell hervorgerufene Feldschwächung und heißen deshalb **wirksame Induktivitäten**.

Sind keine Verlustwiderstände in der zu messenden Induktivität enthalten (das Induktionsnormal soll natürlich verlustfrei gebaut sein und ist deshalb mit Speziallitze bewickelt), so muß das abgeglichene Widerstandsverhältnis der Brücke **auch bei Gleichstrom** noch stimmen und ein anstatt des Telephons eingeschaltetes Galvanometer zeigt dann keinen Ausschlag. Andernfalls ist zur **Bestimmung der Größe des Verlustwiderstandes** r, R_z bei unveränderter Einstellung l_1 des Schleif-

Abb. 108. Induktionsnormal.

kontaktes C so lange zu ändern, bis das Galvanometer stromlos ist.

Bezeichnet in diesem Falle r die Änderung von R_z und lag R_z wie oben angenommen an R_x, so ändert sich Gl. (2b) in

$$R_x + R_z + r = R_n \cdot \frac{l_1}{l_2} , \qquad (2\,\mathrm{c})$$

woraus man für bekanntes R_x den **Verlustwiderstand** r leicht berechnen kann. Durch Übergang vom Wechselstrom auf Gleichstrom fiel der Wechselstromverlustwiderstand r in R_x weg und mußte durch Vergrößerung von R_z ersetzt werden, wenn das Gleichgewicht der Brücke bei Gleichstrom für l_1/l_2 ($\alpha = 0$) wieder hergestellt werden sollte. **Der Zuwachs** r **von** R_z **ist eben unmittelbar gleich dem Verlustwiderstand** r.

Liegt R_z aber an R_n, so ist R_z um den Betrag r zu verkleinern. Es gilt dann:

$$\frac{R_x}{R_n + R_z - r} = \frac{l_1}{l_2} . \qquad (2\,\mathrm{d})$$

Bei vollständig abgeglichener Brücke muß nun bei Gleichstromanschluß sowohl der Dauerausschlag als auch der ballistische Ausschlag am Galvanometer ganz verschwinden.

Die **Gegeninduktivität** zweier Spulen kann in der vorstehend beschriebenen Versuchsanordnung nach S. 34, Gl. (1a) gemessen werden. S. auch S. 85, Gl. (4).

Aufgabe: Es sind einige gerichtete (induktive) Widerstände zu messen und die Widerstandsdiagramme dazu zu zeichnen.

Übungsfragen: 1. Wie sieht das Diagramm aus, wenn R_z an R_n gelegt werden muß, und wann tritt dieser Fall ein?

2. Wie sieht das Diagramm aus bei kapazitiven Widerständen

$$\left(R = 0;\ \infty > \frac{1}{C\omega} > 0 \right)?$$

3. Was geschieht, wenn sich während der Messung ω ändert?

Der Epsteinsche Eisenprüfer.

Bei Wechselstrom entstehen in Maschinen und Apparaten, die Eisen enthalten, Verluste durch Wirbelstrombildung und Ummagnetisierung (Foucault und Hysteresis), sogenannte **Eisenverluste** im Gegensatz zu den Stromwärmeverlusten $J^2 r$ in den Wickelungen (die **Kupferverluste**).

Der Epsteinsche Eisenprüfer dient zur Bestimmung der Eisenverluste von Blechproben. Vier gleichlange und -dicke, aus Probeblechen zusammengesetzte Vierkantstäbe mit quadratischem Profil sind nach Abb. 110 zu einem Viereck gut passend zusammengesetzt, wobei sie in vier hintereinander geschaltete Magnetisierungsspulen S, die fest auf dem Apparat sitzen, hineingeschoben sind (Abb. 109). Die

Abb. 109. Epstein-Eisenprüfer von Hartmann & Braun.

Dimensionen der Probestäbe sind nach den Verbandsnormalien (vom 1. Juli 1914) vorgeschrieben.

Mit den Enden A und B wird der Eisenprüfer nun in die Schaltung (Abb. 111) eingebaut und an eine Wechselstromquelle E angeschlossen, deren Spannung und Frequenz in weiten Grenzen geändert werden kann.

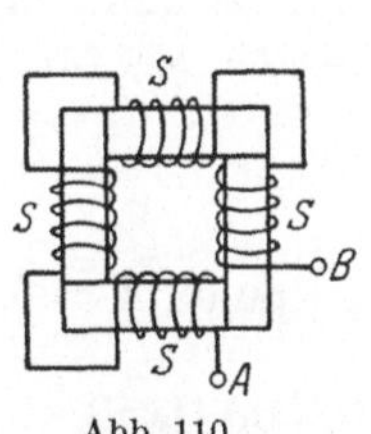

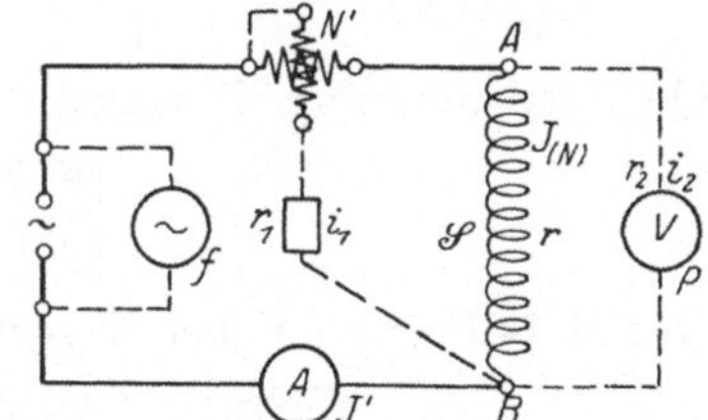

Abb. 110. Abb. 111. Schaltung des Epstein-Eisenprüfers.

Gemessen wird der dem Eisenprüfer zugeführte Strom J, die angelegte Spannung P, die verbrauchte Leitung N und die Frequenz f des verwendeten Wechselstromes.

Bekannt muß ferner sein das Gesamtgewicht G der Eisenprobe. Ist N_e der reine Eisenverlust in Watt, den man erhält, wenn man von der gemessenen Leistung die Kupferverluste $J^2 r$ im Eisenprüfer und die Stromwärmeverluste $(i_1{}^2 r_1 + i_2{}^2 r_2)$ in den Spannungspfaden des Volt- und Wattmeters abzieht, so ist:

$$V_e = \frac{N_e}{G}.\qquad(1)$$

der Eisenverlust in Watt pro Kilogramm (W/kg).

Die Versuche werden entweder so ausgeführt, daß

a) bei konstanter Frequenz die Klemmenspannung P am Eisenprüfer geändert wird ($V_e = F(\mathfrak{B}_0)$ Abb. 113) oder es wird

b) die magnetische Induktion $\mathfrak{B}_0$ konstant gehalten und die Periodenzahl f geändert $\left(\dfrac{V_e}{f} = F(f) \text{ (Abb. 115)}\right)$.

In beiden Fällen entspricht der angelegten Spannung P eine ganz bestimmte magnetische Maximalinduktion $\mathfrak{B}_0$. Ist Φ_0 der maximale Gesamtfluß, F der Querschnitt der Eisenprobe in cm², so ist

$$\Phi_0 = \mathfrak{B}_0 F. \tag{2}$$

Aus der Wechselstromtechnik ist bekannt, daß die induzierte EMK der Selbstinduktion bei sinusförmiger Stromkurve ist:

$$E_s = 2\pi f \cdot W \Phi_0 \, 10^{-8} \frac{1}{\sqrt{2}} \text{ Volt}^{1)} \tag{3}$$

oder mit $\Phi_0 = \mathfrak{B}_0 F$

$$E_s = \frac{2}{\sqrt{2}} \pi f \cdot W \mathfrak{B}_0 F \cdot 10^{-8} \text{ Volt} \tag{3a}$$

und damit

$$\mathfrak{B}_0 = \frac{\sqrt{2} \cdot E_s \cdot 10^8}{2\pi f \cdot W \cdot F} \text{ Gauß.} \tag{4}$$

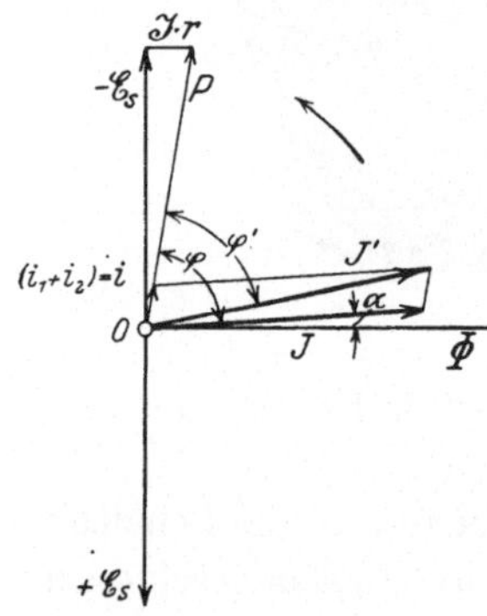

Abb. 112. Diagrammm zum Epsteinschen Eisenprüfer.

Das Diagramm des Eisenprüfers zeigt Abb. 112. Vernachlässigt man den Ohmschen Spannungsabfall $J \cdot r$ in der Wickelung des Eisenprüfers, so kann man für E_s die Klemmenspannung P setzen, und es ist aus Gl. (4) für $P \approx E$:

$$\mathfrak{B}_0 = \frac{\sqrt{2} \cdot P \; 10^8}{2\pi \cdot f \cdot W \cdot F} \text{ Gauß,} \tag{4a}$$

z. B. für $E_s \approx P = 100\,\text{V}$ bei $W = 600$ (150 pro Spule), $F = 6,5\,\text{cm}^2$,

$$f = 50\,s^{-1} \text{ ist } \mathfrak{B}_0 = \frac{\sqrt{2} \cdot 100 \cdot 10^8}{2\pi \cdot 50 \cdot 600 \cdot 6,5} = 12\,500 \text{ Gauß.}$$

Dazu sei $G = 10\,\text{kg}$ bekannt und N_e zu $30\,\text{W}$ ermittelt, so wird für $\mathfrak{B}_0 = 12\,500$ Gauß: $V_e = \dfrac{N_e}{G} = \dfrac{30}{10} = 3 \text{ W/kg.}$

Anmerkung: Ist der Querschnitt F der Eisenprobe nicht bekannt, so berechnet man ihn aus der Beziehung:

---

1) Denn für $\Phi = \Phi_0 \sin \omega t$ ist $e_s = -W \dfrac{d\Phi}{dt} = -W \Phi_0 \cdot \omega \cdot \cos \omega t$, d. h. der Maximalwert von e_s ist $E_m = -\omega W \Phi_0$ in abs. Einh. und $= -2\pi f \cdot W \Phi_0 \cdot 10^{-8}$ in V und der Effektivwert $E_s = \dfrac{E_m}{\sqrt{2}} = \dfrac{1}{\sqrt{2}} \cdot 2\pi f W \cdot \Phi_0 \, 10^{-8}$ Volt.

$$G = V \cdot \gamma = l \cdot F \cdot \gamma,$$

zu:
$$F = \frac{G}{l \cdot \gamma} \text{ (in cm)}, \tag{5}$$

wobei V das Volumen in cm³, l die Länge der Probe in cm und γ das spezifische Gewicht und G das Gewicht in g der Eisenprobe bedeutet.

Versuchsausführung. Für drei Frequenzen $f = 25$ und 50 und $75\ s^{-1}$ sind die Verluste V_e über $\mathfrak{B}_0$ nach Gl. (1) und Gl. (4a) zu ermitteln.

Dabei ist, wenn nötig, für die Berechnung der Leistung der Eigenverbrauch der Meßgeräte zu berücksichtigen.

Es ist

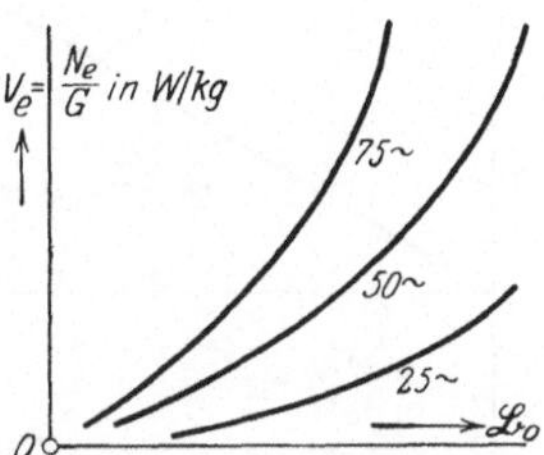

Abb. 113. Die Verluste in W/kg abhängig von der Induktion $\mathfrak{B}_0$ bei verschiedenen konstanten Frequenzen.

$$N_e = N' - P^2 \frac{(r_1 + r_2)}{r_1 \cdot r_2} - J^2 r = N' - n - n_r, \tag{6}$$

$$i_1 = \frac{P}{r_1}; \qquad i_2 = \frac{P}{r_2} \text{ (s. Abb. 111)}. \tag{7}$$

Sollte in Gl. (4) E_s genau eingesetzt werden, so wäre nach Abb. 112 $E_s = \sqrt{P^2 - (J \cdot r)^2}$ Volt zu setzen und J dabei nach dem Diagramm zu entnehmen aus

$$J^2 = (J')^2 + i^2 - 2 J' \cdot i \cos \varphi'$$

und
$$\cos \varphi' = \frac{N'}{P \cdot J'}.$$

Meist aber wird $E_s \approx P$ gesetzt!

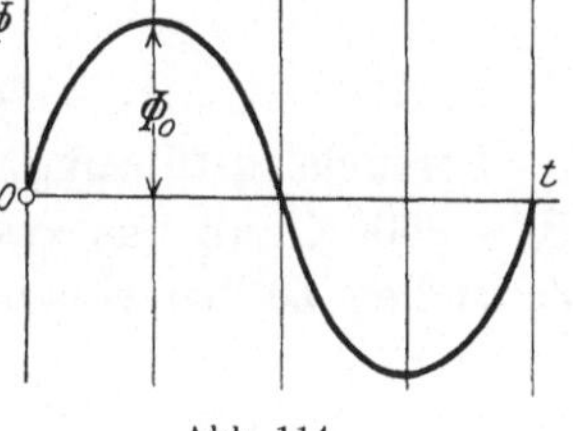

Abb. 114.

Tabelle.

Nr.	P	J'	N'	n	n_r	N_e	$\mathfrak{B}_0$	$V_e = \frac{N_e}{G}$
—	V	A	W	W	W	W	Gauß	W/kg

Trennung der Eisenverluste. Die Eisenverluste setzen sich aus den Hysteresisverlusten N_h und den Foucaultverlusten N_f zusammen. Es gilt die Erfahrungsgleichung nach Steinmetz:

$$N_e = N_h + N_f = \eta \cdot f \cdot \mathfrak{B}_0^{1,6} + \xi \cdot f^2 \cdot \mathfrak{B}_0^2 \text{ in Erg } s^{-1}/\text{cm}^3, \tag{9}$$

wobei η der Steinmetzsche Hysteresiskoeffizient, ξ der Koeffizient für die Wirbelstromverluste ist. Wie man sieht, wachsen die Wirbelstromverluste mit dem Quadrat der Frequenz. Soll N_e in W/kg anstatt in Erg/s cm³ angegeben werden, so ist die rechte Seite noch mit $10^{-7}\,128$ zu multiplizieren, da 10^7 Erg/sec $= 1$ Watt und ca. 128 cm³ Eisen $= 1$ kg ist. Dann wird

$$V_e = 128 \cdot 10^{-7} \cdot [\eta \cdot f \cdot \mathfrak{B}_0^{1,6} + \xi \cdot f^2 \cdot \mathfrak{B}_0^2] \text{ in W/kg}. \tag{9a}$$

In Gl. (9a) kann $\mathfrak{B}_0$ für bekannte Werte der Windungszahl W und des Eisenquerschnitts F für jede angelegte Spannung P berechnet werden (s. Gl. 4a). Halten wir die Frequenz f konstant, so kann Gl. (9a) geschrieben werden:

$$V_e = k_1 \cdot \mathfrak{B}_0^{1,6} + k_2 \cdot \mathfrak{B}_0^2. \qquad (10)$$

Gl. (10) wurde für verschiedene konstante Werte von f nach Abb. 113 graphisch dargestellt und durch Versuch aufgenommen.

Halten wir die magnetische Induktion $\mathfrak{B}_0$ konstant, indem wir $\dfrac{P_e}{f}$ konstant halten, Gl. (4a), so

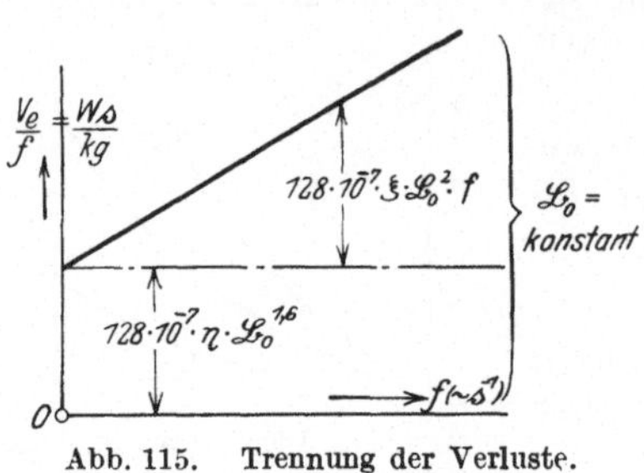

Abb. 115. Trennung der Verluste.

erhält man für variable Frequenzen f in der graphischen Darstellung Abb. 115 für die Werte $\dfrac{V_e}{f}$ aus Gl. (9a) eine Grade G, die sich zur Trennung der Verluste eignet und gestattet, die Verlustkoeffizienten η und ξ zu berechnen aus den Beziehungen: $\dfrac{V_e}{f} = 128 \cdot 10^{-7} \cdot \eta \cdot \mathfrak{B}^{1,6}$ und:

$$\frac{V_e}{f} = 128 \cdot 10^{-7} \cdot f \cdot \xi \cdot \mathfrak{B}_0^2.$$

Versuchsausführung. Die Koeffizienten sind für $\mathfrak{B}_0 = 4000$ und $\mathfrak{B}_0 = 8000$ Gauß aus zwei Kurven nach Abb. 115 nach diesbezüglichen Versuchen zu berechnen.

Tabelle.

Nr.	$\mathfrak{B}_0 =$ konst.	$E/f =$ konst.	n	P	J	N'	n	n_r	N_e	f	$V_e = \dfrac{N_e}{G}$	$\dfrac{V_e}{f}$
—	Gauß	V s	Uml./min.	V	A	W	W	W	W	s^{-1}	W/kg	Ws/kg

In gleicher Weise kann auch ein leerlaufender Transformator geprüft werden.

Das ballistische Galvanometer.

Das ballistische Galvanometer hat die Aufgabe, kurz andauernde Gleichströme, d. h. Elektrizitätsmengen zu messen, wie sie z. B. beim Entladen von Kondensatoren, bei Kapazitätsmessungen vorkommen oder bei Induktionsstößen in Spulen bei der Messung von magnetischen Kraftflüssen, Streufeldern und anderem mehr.

Im Prinzip besitzt das ballistische Galvanometer dieselbe Bauart der Drehspultype (Abb. 116) wie das Spiegelgalvanometer für Dauerströme (s. S. 15). Damit aber das Meßgerät die ganze, während eines Meßvorganges entstehende, oder durch die bewegliche Spule fließende Elektrizitätsmenge wirklich messen kann, muß das bewegliche Organ ein verhältnismäßig hohes Trägheitsmoment erhalten, so daß der

Stromstoß bereits vorüber ist, wenn die Spule ihre Drehung beginnt, andernfalls besteht zwischen der durch die Spule geflossenen Elektrizitätsmenge Q und dem Zeigerausschlag α keine Proportionalität.

Um das Trägheitsmoment zu erhöhen, sind zwei Gewichte G (Abb. 117) abnehmbar angeordnet, damit das Meßgerät sowohl für Dauerströme als auch für ballistische Messungen gleich gut verwendbar ist. Für verschiedene Grenzwiderstände bzw. verschiedene Empfindlichkeiten kann das Meßorgan auswechselbar eingerichtet werden (Abb. 116).

1. Bestimmung der ballistischen Konstante $\mathfrak{C}_b$.
In Abb. 118 ist S_1 eine Primärspule, deren Länge

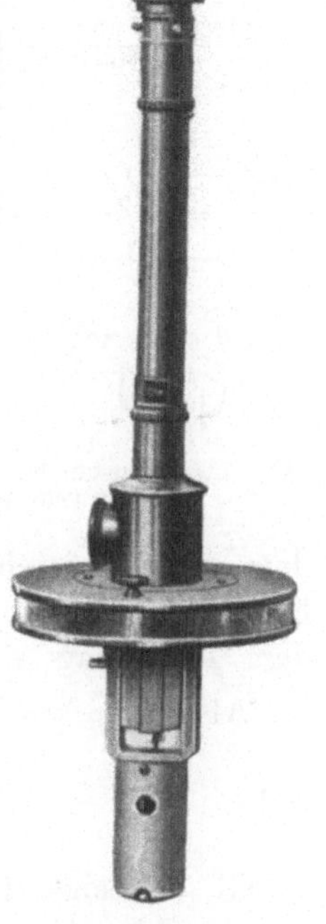

Abb. 116a. Ballistisches Galvanometer S. & H. mit regulierbarem magnetischen Nebenschluß.

Abb. 116b. Auswechselbarer Einsatz zum ballistischen Galvanometer.

beträchtlich (etwa 10fach) größer gewählt wird als die Länge l der Sekundärspule S_2.

In der Mitte der langen Spule, an der Stelle der Sekundärspule ist dann bei W_1 Windungen und J_1 Ampere eine Feldstärke vorhanden,

$$\text{von} \qquad \mathfrak{H} = \frac{0,4\pi\,W_1 J_1}{l_1}\ \text{Gauß}. \qquad (1)$$

Für einen Querschnitt F der Spule S_1 ist der Gesamtfluß in der Spule ohne Eisen

$$\Phi = \mathfrak{H}\cdot F = \frac{0,4\pi\,W_1 J_1}{l_1}\cdot F. \qquad (2)$$

Schaltet man mit U den Strom J_1 in der Primärspule um, so verschwindet der Kraftfluß Φ und wächst in entgegengesetzter Richtung auf denselben Betrag an. Die in der Sekundärspule dabei induzierte EMK ist nach dem

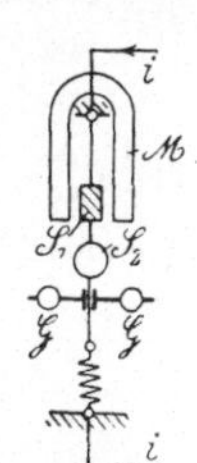

Abb. 117. Schematische Darstellung des ballistischen Galvanometers.

5*

Neumannschen Gesetz

$$e = -W\frac{d\Phi}{dt},$$

worin $d\Phi$ die Änderung des Kraftflusses in der Zeit dt bedeutet. Da sich hier die Kraftlinienzahl durch die Umschaltung von $+\Phi$ auf $-\Phi$

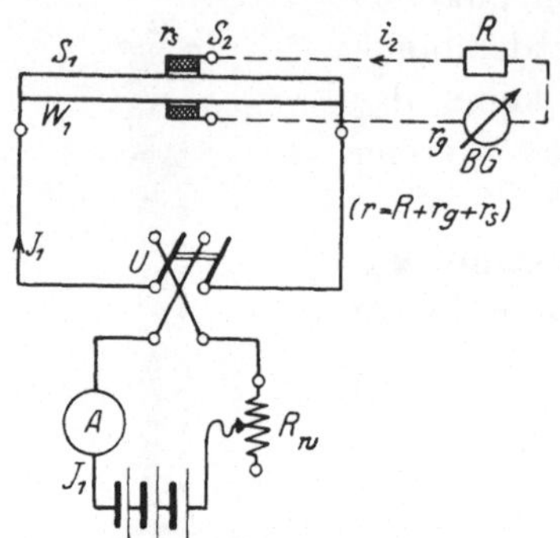

Abb. 118. Konstantenbestimmung mit
der langen Spule.

ändert (also um den Betrag 2Φ), so schreiben wir für die in der Sekundärspule mit W_2 Windungen erzeugte elektromotorische Integralkraft e_2 in Voltsekunden den Betrag

$$e_2 \cdot t = 2W_2\Phi\, 10^{-8}. \qquad (3)$$

Dieser wird im Widerstande ($r = R + r_g + r_s$) des Galvanometerkreises als Ohmscher Verlust verzehrt.

Es ist:

$$2W_2\Phi \cdot 10^{-8} = r \cdot Q = r \cdot \mathfrak{E}_b \cdot \alpha,$$

da die während des Umschaltens außerdem noch entstehenden beiden EMK_e der Selbstinduktion sich aufheben und wir Proportionalität zwischen der Elektrizitätsmenge Q und dem Ausschlag α des Galvanometers annehmen.

Also ist: $\qquad p_2 = e_2,$ d. h. $2W_2\Phi = r\,\mathfrak{E}_b\alpha,$ $\qquad\qquad (4)$

d. h.: $$\mathfrak{E}_b = \frac{2W_2\Phi}{r\cdot\alpha}\cdot 10^{-8}\ \text{C/mm}. \qquad (5\,\text{a})$$

Gl. (5a) zeigt, daß die ballistische Konstante $\mathfrak{E}_b$ sich mit dem Widerstande r des Galvanometerkreises ändert; sie wird kleiner mit wachsendem r.

Anstatt mit der langen Spule zu arbeiten, verwendet man auch einfacher sehr viel eine bekannte Gegeninduktivität. Man schließt das Galvanometer an eine der beiden Spulen an (Abb. 118) und beobachtet den Ausschlag α, den der in der andern Spule gewendete Strom J erzeugt. Der Koeffizient der gegenseitigen Induktion ist:

$$M = \frac{r\cdot\mathfrak{E}_b\alpha}{2J},$$

mithin

$$\mathfrak{E}_b = \frac{2M^H\cdot J^A}{r^\Omega\cdot\alpha^{\mathrm{mm}}}\ \text{in C/mm}. \qquad (5\,\text{b})$$

Tabelle.

Nr.	M	J	r	α	$\mathfrak{E}_b$
—	H	A	Ω	mm	C/mm

Für $r = \infty$ ist die Schaltung der Abb. 118 nicht anwendbar. Man nimmt diesen Wert von $\mathfrak{C}_b$ nach einer anderen Schaltung auf (Abb. 119), damit wird der Kondensator C durch Vermittelung des Umschalters geladen und durch das Galvanometer wieder entladen. Die Kondensatorspannung ist:

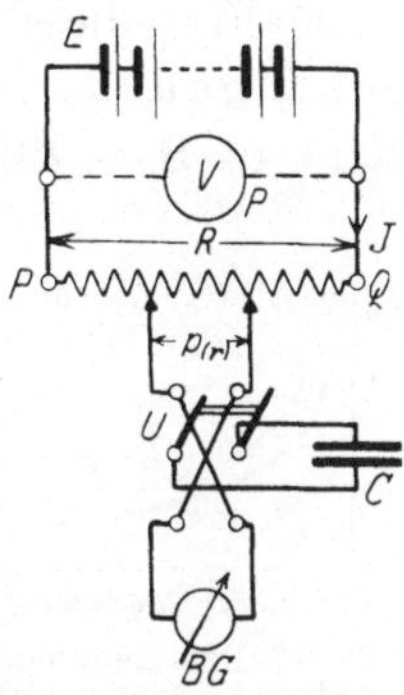

$$p = J \cdot r = \frac{P}{R} \cdot r \; \text{Volt}$$

und die auf dem Kondensator befindliche Elektrizitätsmenge in Coulomb:

$$Q = C \cdot p = \mathfrak{C}_b \cdot \alpha,$$

Abb. 119. Konstantenbestimmung bei $R = \infty$.

wobei C die Kapazität des Kondensators in μF ist und damit

$$\mathfrak{C}_b = \frac{pC}{\alpha \cdot 10^6} \; \text{(in C/mm)} \tag{5c}$$

ist.

2. Bestimmung der Dämpfungskonstanten k und der (gedämpften) Schwingungsdauer T. Nach Schaltung 120 werden Dauerausschläge erzeugt und nachher das Galvanometer auf r umgeschaltet. Das bewegliche Organ pendelt dann infolge seiner Trägheit mehrmals hin und her (Abb. 121).

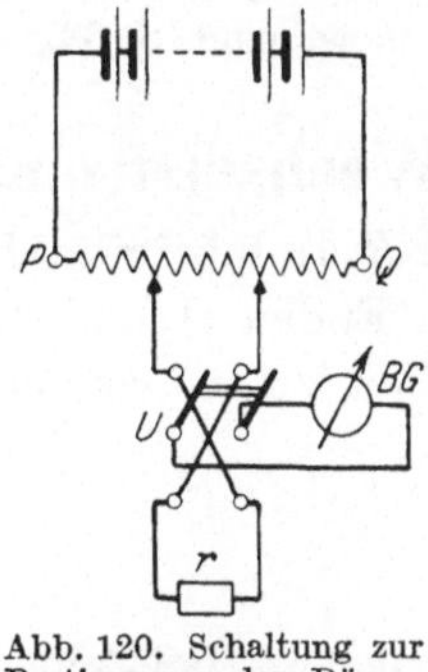

Die Elongationen a von der Nullinie der Skala aus werden notiert.

Die Dämpfungskonstante k, d. h. das Verhältnis zweier aufeinanderfolgenden Halbschwingungen α, wird dann:

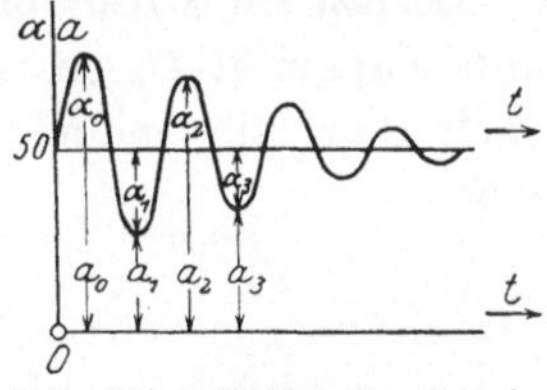

Abb. 120. Schaltung zur Bestimmung der Dämpfungskonstanten und Schwingungsdauer.

Abb. 121. Gedämpfte Schwingung des ballistischen Galvanometers.

$$k = \frac{\alpha_1 + \alpha_2}{\alpha_2 + \alpha_3} = \frac{a_2 - a_1}{a_2 - a_3} = \frac{\alpha_1}{\alpha_2} = \frac{\alpha_2}{\alpha_3} = \frac{\alpha_3}{\alpha_4} = \cdots \tag{6}$$

3. Versuchsausführung. a) Die ballistische Konstante $\mathfrak{C}_b$ ist bei 2 Werten J (z. B. 0,75 A und 1,5 A) für verschiedene Werte von r (bis ca. $10000\,\Omega$ und $r = \infty$) zu bestimmen und über r aufzutragen. Abb. 122. Achtung: Skalenabstand während der Messung konstant halten!

Tabelle.

Nr.	J	Φ	r	α	$\mathfrak{C}_b$
—	A	M	Ω	mm	C/mm

b) Die Dämpfungskonstante k ist für verschiedene Werte von $r (< \infty)$ zu ermitteln und nach Abb. 122 graphisch über r aufzutragen

c) Für dieselben Dämpfungswiderstände r ist die (gedämpfte) Schwingungsdauer T (einer Halbschwingung) aus der Beobachtung von n (z. B. $= 10$) Durchgängen durch die Nullage und der Zeitmessung mit einer Stoppuhr zu ermitteln und ebenfalls über r aufzutragen.

Anmerkung: Bezeichnet $\mathfrak{E}$ die Dauerstromkonstante in A/mm, $\ln k = \lambda$ das sogenannte „logarithmische Dekrement", so läßt sich theoretisch zeigen[1]), daß die Elektrizitätsmenge Q proportional dem ersten (Maximinal-)Ausschlag α_m des ballistischen Galvanometers ist nach Gl. (7):

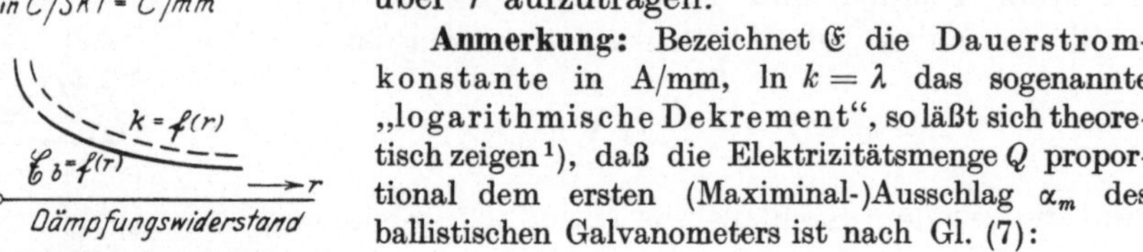

Abb. 122. Dämpfungsfaktor und ballistische Konstante abhängig vom Dämpfungswiderstand.

$$Q = \mathfrak{E} \cdot \frac{T}{\sqrt{\pi^2 + \lambda^3}} \cdot k^{\frac{1}{\pi} \arctan \frac{\pi}{\lambda}} \cdot \alpha_m \text{ (Coulomb)}, \quad (7)$$

wobei

$$\mathfrak{E}_b = \mathfrak{E} \cdot \frac{T}{\sqrt{\pi^2 + \lambda^2}} k^{\frac{1}{\pi} \arctan \frac{\pi}{\lambda}}$$

die ballistische Empfindlichkeit und $\mathfrak{E}$ die Stromempfindlichkeit (für Dauerstrom s. S. 15) ist, so daß sich die Elektrizitätsmenge nach Gl. (8) berechnet zu:

$$Q = \mathfrak{E}_b \cdot \alpha_m \quad \text{(Coulomb)}. \quad (8)$$

In der Praxis ermittelt man die ballistische Konstante meist nach S. 68.

Das vollständige Ohmsche Gesetz für Wechselstrom.

Besitzt ein Stromabnehmer Ohmschen Widerstand R, Induktivität L und Kapazität C, so ist die Spannung P an seinen Enden (1 und 3) nach dem allgemeinen Ohmschen Gesetz bekanntlich zu berechnen aus:

$$P = J\sqrt{R^2 + \left(L\omega - \frac{1}{C\omega}\right)^2}, \quad (1)$$

wenn die drei Widerstände R, $L\omega$ und $\frac{1}{C\omega}$ in Serie liegen, wie bei Schaltung Abb. 123. Darin ist T ein Transformator, dem Wechselstrom ver-

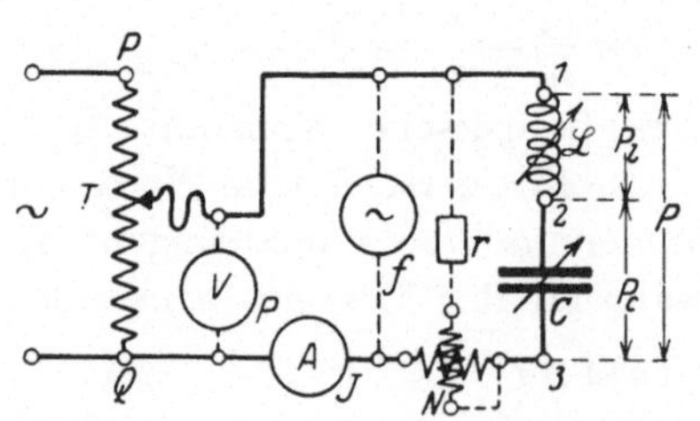

Abb. 123. Schaltung zur Aufnahme der Resonanzkurve.

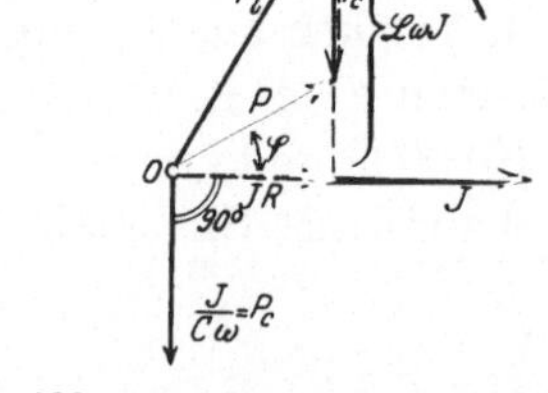

Abb. 124. Spannungsdiagramm.

änderlicher Frequenz f zugeführt wird. Die Spannung P_i an den Enden der Drosselspule (hier **ohne Eisen**) setzt sich aus dem Ohmschen Span-

---

[1]) Siehe **Kohlrausch**: Lehrb. d. prakt. Physik.

nungsabfall JR und der Blindspannung $L\omega J$ zusammen, wobei $\omega = 2\pi f$ ist und f die Frequenz des Wechselstromes bedeutet. Einen idealen Kondensator vorausgesetzt, eilt die Spannung $P_c = \dfrac{J}{C\omega}$ an seinen Enden dem Strom um 90^0 nach.

Trägt man sie vom Endpunkt von P_l aus nach unten an, so erhält man in der geometrischen Summe P aus P_l und P_c die Klemmenspannung P an den Enden A und B des Stromabnehmers.

Ändert man bei konstanter Klemmenspannung P die Frequenz $f = \dfrac{\omega}{2\pi}$, indem man die Drehzahl des Stromerzeugers variiert, so gibt es eine ganz bestimmte Frequenz f_r (die Resonanzfrequenz), bei der der Strom J ein Maximum wird, obwohl sich an R, L und C nichts geändert hat. Dieser Fall tritt ein, wenn in Gl. (1) für den Resonanzfall:

$$L\omega = \frac{1}{C\omega} \qquad (2)$$

wird, d. h. für

$$\omega^2 = (2\pi f)^2 = \frac{1}{LC},$$

d. h. für

$$f = \frac{1}{2\pi}\frac{1}{\sqrt{LC}} \quad \begin{array}{l}(L \text{ in Henry, } C \text{ in Farad;}\\ 1\,\mathrm{F} = 10^6\,\mu\mathrm{F})\end{array}$$

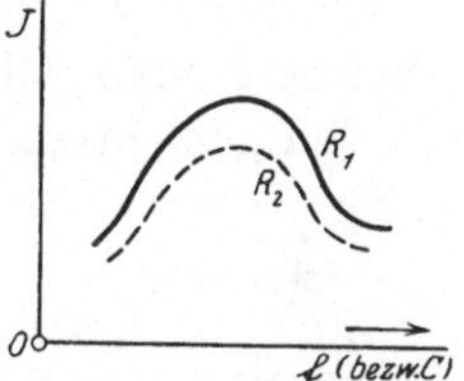

Abb. 125. Resonanzkurven für verschiedene Dämpfungen.

nach Gl. (1) ist dann $P = JR$ wie bei Gleichstrom. Die Wirkungen von L und C heben sich auf.

Versuchsausführung. Um den Versuch bei Niederfrequenz ausführen zu können, wird eine größere Induktivität $L = $ ca. $0{,}18\,\mathrm{H}$ mit einigen Blockkondensatoren (die zu je $2\,\mu\mathrm{F}$ parallel liegen) hintereinandergeschaltet. Soll bei $50 \sim s^{-1}$ Resonanz eintreten, so brauchen wir eine Kapazität von

$$C = \frac{1}{L\omega^2} = \frac{1}{0{,}18 \cdot 314^2} = 56\,\mu\mathrm{F}.$$

Es sind zwei Versuche auszuführen:

1. Bei konstanter Frequenz $f = 50\,s^{-1}$ und konstanter Spannung $P = 20\text{—}30\,\mathrm{V}$, ist die Resonanzkurve bei konstanter Induktivität $L = 0{,}18\,\mathrm{H}$ bei $R = 3\,\Omega$ durch Änderung der Kapazität zu ermitteln und $J = f(C)$ aufzutragen (Tabelle 1).

Tabelle 1.

Nr.	C	J	P	P_l	P_c
—	$\mu\mathrm{F}$	A	V	V	V

2. Die Periodenzahl ist zwischen $40\,s^{-1}$ und $60\,s^{-1}$ zu ändern und dabei P und J zu messen a) bei $R = 3\ \Omega$, b) bei $R = 6\ \Omega$, um den dämpfenden Einfluß des Wirkwiderstandes R zu zeigen. Danach ist J über f aufzutragen (Abb. 125, Tabelle 2).

Tabelle 2.

Nr.	f	J	P	P_l	P_c	N	R
—	s^{-1}	A	V	V	V	W	Ω

Anmerkung: Die Teilspannungen P_l und P_c sind mit dem statischen Voltmeter zu messen. Das Wattmeter in der Schaltung Abb. 123, hat u. a. den Zweck, den Winkel φ, Abb. 124, zu ermitteln $\left(\cos\varphi = \dfrac{N}{P\cdot J}\right)$ und damit die relative Lage des Spannungsdreiecks in der Koordinatenebene.

Dividiert man alle Spannungslängen im Diagramm (Abb. 124) durch den gemeinsamen Strom J, so erhält man das Widerstandsdiagramm (Abb. 126). Wie man sieht, tritt bei dem ersten Versuch für konstante Werte von R und L der Resonanzfall bei Variation von C dann ein, wenn der Endpunkt B des kapazitiven Widerstandes $\mathfrak{R}_c$ auf die reelle Achse auftrifft, d. h., wenn eben $L\omega = \dfrac{1}{C\omega}$ ist. In Abb. 126 ist dann das Lot AF der geometrische Ort für den Endpunkt B des Strahles $\mathfrak{R}$ des Gesamtwiderstandes, und J wird ein Maximum, wenn $\mathfrak{R} = R = OC$ ein Minimum geworden ist.

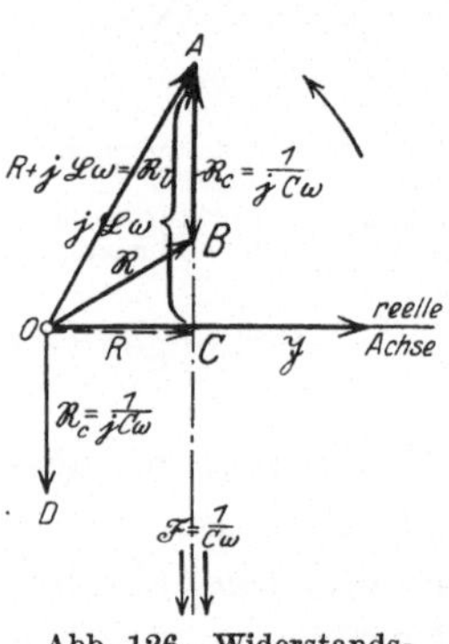

Abb. 126. Widerstandsdiagramm.

Es ist ein Spannungsdiagramm aus der Versuchsreihe 1 und ein Widerstandsdiagramm aus der Versuchsreihe 2 zu zeichnen.

Das neutrale Relais.

Reicht der Betägigungsstrom einer Fernmeldeanlage nicht mehr aus, um den Melder in Tätigkeit zu setzen, so schaltet man ein Relais in die Leitung ein. Es gibt neutrale und polarisierte Relais. Bei dem neutralen Relais in Abb. 127 u. 128 ist E ein Elektromagnet mit weichem unmagnetischen Eisenkern, dessen Wicklung von dem Fernmeldestrom i gespeist wird. Fließt der Strom i in der Leitung L, so zieht der Elektromagnet den Anker a an und schließt dabei den Arbeitsstromkontakt A. Wird die Leitung L wieder stromlos, so zieht die Feder F den Anker wieder zurück und der Hebel H legt sich an den Ruhekontakt R.

Durch Ein- und Ausschalten des Fernstromkreises i kann ein stärkerer Strom J weitergeleitet oder eine kräftige Meldeeinrichtung betätigt werden.

Man unterscheidet für das Relais **Arbeitsstrombetrieb** und **Ruhestrombetrieb**. Im ersten Falle wird der Strom J bei A weitergeleitet und der Kontakt beim Anziehen des Ankers a geschlossen, wenn der Fernmeldestrom i eingeschaltet wird. Bei Ruhestrombetrieb dagegen wird der Strom J bei dem Ruhekontakt R abgeleitet, der Fernstrom i ist dauernd eingeschaltet, H angezogen und der Stromkreis J wird bei Unterbrechung des Fernmeldestromes i geschlossen.

Versuchsausführung für beide Fälle, d. h. für:

    a) **Anziehen des Ankers,**

    b) **Abfallen des Ankers** ist das Relais zu untersuchen.

    a) **Anziehen des Ankers.** Vor dem Versuch ist das Relais zu entmagnetisieren. Das geschieht durch dauerndes Umschalten des Stromes i bei U und gleichzeitige Vergrößerung des Vorwiderstandes R, darauf wird die Feder F durch Drehen der Schraube S so eingestellt, daß der Hebel H zwischen den Kontakten R

Abb. 127. Neutrales Relais.

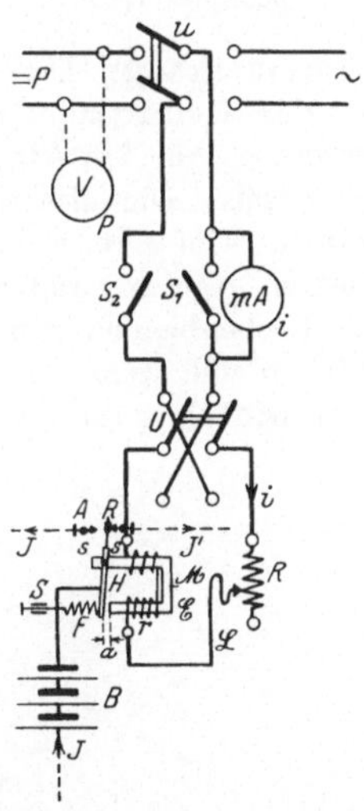

Abb. 128. Schaltung zur Untersuchung des neutralen Relais.

und A gerade schwebt. Bei dieser Federstellung wird die Kontaktschraube R so weit gesenkt, daß der Luftspalt a zwischen Anker H und Magnet M 1 mm bzw. 0,2 mm beträgt (Blattlehre).

Nun wird R eingeschaltet und so lange verringert, bis der Anker anzieht; der Strom i, den der Magnet braucht, um gerade anzusprechen, wird abgelesen; das ist für verschiedene Federspannungen F (Umdrehungen der Schraube S) zu wiederholen, wobei der Kontakt R stehen bleibt, S gedreht wird und i über F aufgetragen wird (Abb. 129).

Der Strom i wird am besten errechnet.

Es ist

$$i = \frac{P}{r + R},$$

wobei P die Spannung, r den konstanten Widerstand des Relais, R den ablesbaren Vorwiderstand in Ω bedeutet. Ferner ist: $F = s \cdot U$, wobei $s = $ spec. Dehnung, $F = $ Federspannung in g, $U = $ Umdrehungen der Schraube S bedeutet.

b) **Abfallen des Ankers.** Vor dem Versuch braucht hier nicht entmagnetisiert zu werden. Bei jedem Versuchspunkt wird maximal magnetisiert, indem R faßt kurz geschlossen wird. Dann schwächt man den Strom und liest i genau beim Abfallen des Ankers ab. Dabei spielt auch die Geschwindigkeit des Einstellens von R eine große Rolle (gleichmäßig langsam einstellen!). Es ist i über F aufzutragen (Abb. 129).

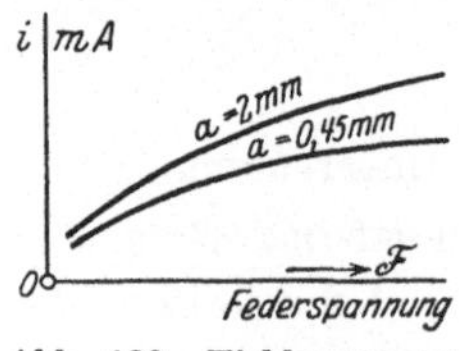

Abb. 129. Eichkurven zum neutralen Relais.

Anmerkung: Der Kontakt ist um so besser, je größer der Kontaktdruck und der Kontakthub ist. Die Abhängigkeit des Kontaktdruckes bzw. der Federspannung von der Amperewindungszahl bildet daher ein Maß für die Güte des Relais. Die elektrische Zugkraft wird größer mit Verringerung des Luftspaltes. Eine Grenze hierfür ist durch die Möglichkeit, a klein genug machen zu können, gegeben; andererseits durch den auftretenden remanenten Magnetismus. Ein Klebenbleiben muß vermieden werden, besonders in Fällen, wo das Relais abfallen soll, wenn der Strom i noch nicht ganz Null ist. Bei kleiner Federspannung wird hier die Amperewindungszahl ev. negativ! (Relais nicht erschüttern!)

Tabelle.

Nr.	a	U	F	r	i
—	mm	—	g	Ω	mA

Das polarisierte Relais
(ohne Feder, Schnelltelegraphenrelais).

Im Schnelltelegraphenbetrieb ist es notwendig, positive und negative Stromstöße am Empfänger in ihrer Größe und Dauer gegeneinander abzugleichen. Dies kann durch das Schnelltelegraphenrelais (Abb. 130 u. 131) erreicht werden. Als polarisiertes Relais besitzt es einen kräftigen Dauermagneten. Ein Pol desselben ist mit der beweglichen Zunge Z (dem Anker) magnetisch verbunden. Der zweite Pol besteht aus zwei Teilen $\mathfrak{P}_1$ und $\mathfrak{P}_2$ (Abb. 131), welche je eine Wicklung tragen, die so geschaltet sind, daß der Strom den Kraftfluß in dem einen Schenkel verstärkt in dem andern schwächt. Die Zunge bewegt sich zu dem stärkeren Pol hin.

Normalerweise arbeitet das Relais doppelseitig, d. h. der Anker (die Zunge) bleibt im stromlosen Zustande des Elektromagneten sowohl an dem einen oder auch an dem anderen Pol liegen. Ein positiver Strom treibt dann die Zunge in der einen Richtung, ein negativer in der entgegengesetzten.

Die Anziehungskraft und der Kontaktdruck steigt mit wachsendem Hub h und bei Verkleinerung des Polabstandes a. Damit wächst auch einerseits der zum Umklappen der Zunge erforderliche Strom. Bei kleinerem Polabstand a ist andererseits wegen der günstigen magnetischen Verhältnisse die zum Anzug notwendige Stromstärke geringer.

Die Pole lassen sich durch Herausschrauben einzeln in ihrer Achsenrichtung verschieben. Sie haben für doppelseitiges Arbeiten die richtige gegenseitige symmetrische Lage, wenn das Umklappen der Zunge nach beiden Seiten bei derselben sogenannten Grenzstromstärke erfolgt.

Abb. 130. Polarisiertes Relais (ohne Feder).

Bei einseitigen Arbeiten, bei unsymmetrischer Stellung der Pole, wobei der Anker bei Stromunterbrechung von selbst (ohne Umschaltung) umklappt, haben die Pole die richtige Lage, wenn der Anker bei Stromunterbrechung gerade eben nicht mehr kleben bleibt.

Versuchsausführung. Die Polschrauben $\mathfrak{P}$ (Abb. 131) werden dicht an die Zunge gepreßt und dabei mit einer Schubleere der äußere Abstand A bestimmt. Während des Versuches verändert man dann den äußeren Abstand A auf den Betrag A' und erhält damit den zugehörenden inneren Polabstand a. Es ist:

$$a = A' - A.$$

Der Kontakthub h zwischen den Kontakten K_1 und K_2 wird für drei Versuche nacheinander mit Blechleeren auf 1 mm bzw. 0,2 mm und weniger eingestellt. Nach Bestimmung des äußeren kleinsten Polabstandes A und Einstellung des Kontakthubes h für den Versuch werden die Polschrauben $\mathfrak{P}$ zunächst nach links bzw. rechts so weit herausgedreht,

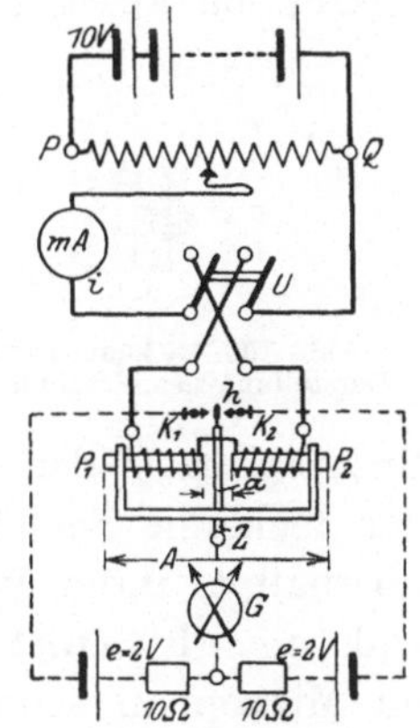

Abb. 131. Schaltung zur Untersuchung des polarisierten Relais.

daß die Zunge beim Anschlagen an die Kontakte die Polflächen noch nicht berührt.

1. Für (normale) doppelseitige Arbeitsweise muß dann die Zunge im stromlosen Zustande der Spulen beliebig rechts oder links liegen bleiben; andernfalls ist der zu weit abstehende Pol zu nähern. Wird dann in Umschalterstellung I der Anker nach dem Kontakt K_1 gezogen, weil $\mathfrak{P}_1$ stärker magnetisiert ist, so wird der Grenzstrom i_1 abgelesen, bei dem der Anker eben angezogen (bzw. losgelassen) wird. In Umschaltstellung II wird nun der Strom i abgelesen, bei dem $\mathfrak{P}_2$ stärker magnetisch ist und die Zunge sich soeben an K_2 legt (bzw. davon abfällt), dies ist bei verschiedenen äußeren Polabständen A' zu wiederholen, und $i = \dfrac{i_1 + i_2}{2}$ über a aufzutragen (Abb. 132).

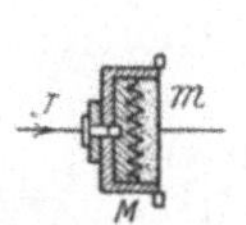

Abb. 132. Eichkurven zum polarisierten Relais.

2. Für einseitige Arbeitsweise wird A' unsymmetrisch eingestellt und der Strom gesucht, bei dem der Anker bei Unterbrechung von selbst umklappt (sich soeben gerade abhebt), der weiter abstehende Pol wird dann nach und nach immer weiter zurückgezogen, dazu i abgelesen, und i über a aufgetragen, der Versuch ist für die entgegengesetzte Stromrichtung sinngemäß zu wiederholen.

Das Mikrophon.

Das Mikrophon M (Abb. 133) besteht aus einer nach vorn durch eine Membran m abgeschlossenen Metallkapsel, in deren Inneren Kohlekörner locker geschichtet sind. Die Membrane ist von der übrigen Mikrophonkapsel isoliert, so daß der durch das Mikrophon gehende

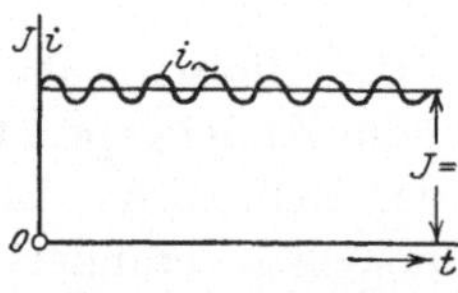

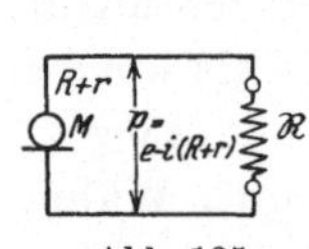

Abb. 133. Schematische Darstellung des Mikrophons.   Abb. 134. Überlagerter Sprechwechselstrom.   Abb. 135.

Speisestrom J den Weg über die Kohlekörner nehmen muß. Infolge der lockeren Schichtung und der besonderen Fähigkeit der Kohle überhaupt, ihren Widerstand beim Zusammendrücken stark zu verändern, schwankt der mittlere Widerstand R des Stromwegs im Mikrophon schon bei geringfügigen Erschütterungen, z. B. auch wenn gegen die Membrane gesprochen wird, die dadurch im Rhythmus der Sprache in Schwingungen gerät und die Kohlekörner abwechselnd mehr oder weniger zusammendrückt, um einen gewissen Betrag r, der von der Energie der Schallwellen und von der Empfindlichkeit des Mikrophons abhängt. Man unterscheidet OB- und ZB-Mikrophone, d. h. solche für Anlagen mit Orts- und solche mit Zentralbatterie.

Das OB-Mikrophon hat einen kleineren, das ZB-Mikrophon einen höheren Widerstand.

a) Der Gleichstromwiderstand R des Mikrophons sinkt mit dem Strom, da der Widerstand der Kohle mit der Erwärmung bekanntlich abnimmt.

b) Beim Besprechen des Mikrophons entstehen gemäß den Schwankungen des Widerstandes R Schwankungen des Speisestromes, den man aus einem konstanten Speisestrom J und dem darüber gelagerten Sprechwechselstrom i zusammengesetzt denkt (Abb. 134). Ist der äußere Wechselstromwiderstand des Stromkreises, an welchen das zu untersuchende Mikrophon geschlossen ist $\Re$, der innere Widerstand des Mikrophons $R + r$, so gilt nach Abb. 135 für den Sprechwechselstrom:

$p = i\,\Re =$ Spannungsabfall im äußeren Widerstande $\Re$,

$i\,(R + r) =$ Spannungsabfall im Mikrophon,

$e = J \cdot r =$ treibende Spannungsschwankung, die den Strom i erzeugt. Also nach dem Ohmschen Gesetz die Klemmenspannung am Mikrophon:

$$i \cdot \Re = e - i\,(R + r) = Jr - i\,(R + r) = p, \qquad (1)$$

d. h. aber: Mit Jr ist die Klemmenspannung p und daher der Sprechwechselstrom i vom Speisestrom abhängig.

Versuchsausführung a). 1. In Schaltung nach Abb. 136 ist der Gleichstromwiderstand R eines OB- und eines ZB-Mikrophons in Abhängigkeit

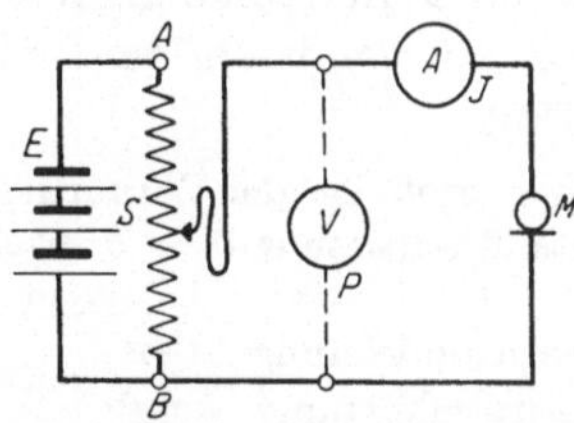

Abb. 136. Bestimmung des Mikrophonwiderstandes R nach dem Ohmschen Gesetz.

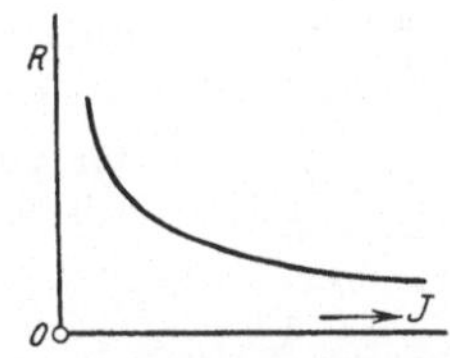

Abb. 137. Der Mikrophonwiderstand R abhängig von der Gleichstromstärke J.

vom Speisestrom J zu ermitteln und dabei alle Erschütterungen möglichst zu vermeiden.

$$R = \frac{P}{J} \qquad (2)$$

2. Vor und nach Erschütterung des Mikrophons ist der kleinste, der größte und ein mittlerer Wert nochmals zu bestimmen.

3. Dasselbe ohne und nach Schallerregung.

b) Die beim Besprechen des Mikrophons auftretende, nach außen wirksame, Sprechwechselspannung p (Gl. 1) ist in Schaltung nach Abb. 138 durch Vergleichen mit einer bekannten Wechselspannung p_1 nach dem Gehör mit dem Telephon zu bestimmen.

Die Drossel D soll das Übertreten des Sprechwechselstromes i in der Batterie verhindern, der Kondensator das Übertreten des Speisegleichstromes J in das Telephon T_2. Das Mikrophon M ist mit dem Telephon T_1 zum Schallabschluß nach außen in einen abgeschlossenen Kasten eingebaut und wird von T_1 erregt, wobei T_1 von der Wechselspannung z. B. $e_1 = 1$ V ($\omega = 5000$) gespeist wird. Im Mikrophon entsteht dementsprechend ein Wechselstrom i und in Umschalterstellung U_a am Prüftelephon T_2 eine Spannung p, welche durch Umlegen des Schalters U auf Stellung b mit p_1 verglichen werden kann.

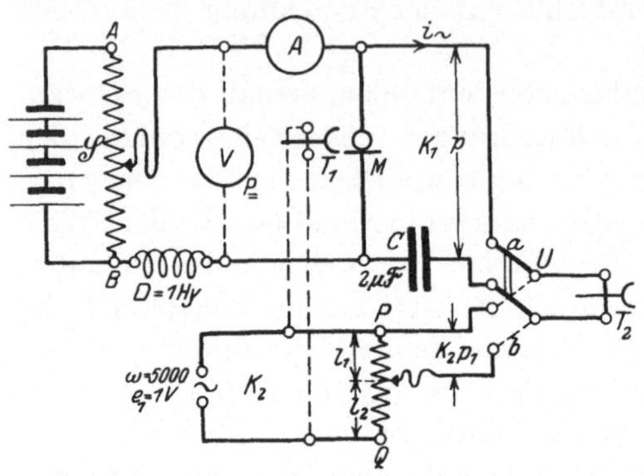

Abb. 138. Schaltung zur Untersuchung des Mikrophons.

Bei gleicher Lautstärke ist

$$p = p_1 = e_1 \frac{l_1}{l_1 + l_2}, \tag{3}$$

wobei e_1 z. B. $= 1$ V ist und l_1 und l_2 die Längen der Schieberstellung bzw. die entsprechenden Widerstände bedeuten.

Für das OB- und das ZB-Mikrophon ist p in Abhängigkeit vom Speise-Gleichstrom J zu ermitteln und über J aufzutragen (Abb. 139).

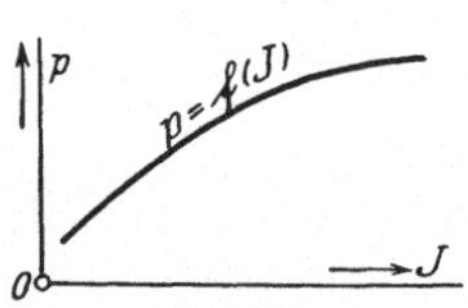

Abb. 139.

Übungsfragen: Wie groß ist der Wirkungsgrad η für günstigste Widerstandsanpassung $\Re = R$ nach der Gleichung

$$\eta = \frac{\text{Wechselstromleistung}}{\text{Gleichstromleistung}} = \frac{p^2}{4\,P^2}$$

2. Entwirf die Stromlaufzeichnung für die Verbindung zweier Teilnehmer mit:
   a) Ortsbatteriesystem,
   b) Zentralbatteriesystem.

Das Telephon.

Das Telephon besteht im wesentlichen aus einem kräftigen Hufeisenmagneten H mit kleinen aufgesetzten Polschuhen, die eine Wechselstromwicklung tragen (Abb. 143). Infolge des Sprechwechselstromes i werden die Pole abwechselnd geschwächt, und verstärkt und dadurch kommt die vor den Polen liegende Eisenmembrane M in Schwingungen. die der Tonfrequenz f des erregenden Wechselstromes i entsprechen.

Durch den konstanten Magnetismus $\mathfrak{B}_0$ des Hufeisenmagneten wird der Membrane eine gewisse Anfangsdurchbiegung erteilt. Wird nun der

Sprechwechselstrom überlagert, so schwankt der Magnetismus der Polschuhe um einen konstanten Punkt K der Dauermagnetisierung

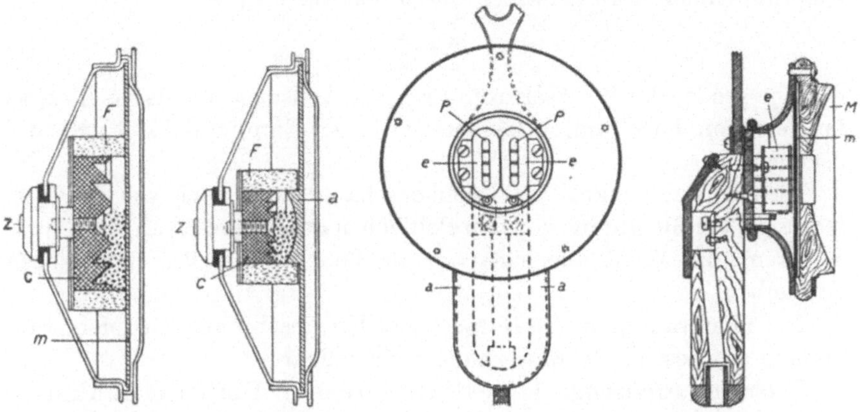

Abb. 140. Ausführungsformen des OB-
u. ZB-Mikrophons (S. & H.).

Abb. 141. Das Telephon (S. & H.).

herum, etwa in einer kleinen Hysteresisschleife h (Abb. 142). Die Kraft K der Anziehung der Membrane ist dann gegeben nach Gl. (1):

$$K \sim (\mathfrak{B}_0 + \mathfrak{B}_i)^2 \sim \mathfrak{B}_0^2 + 2\,\mathfrak{B}_o\,\mathfrak{B}_i + \mathfrak{B}_i^2 \tag{1}$$

Hierin ist das letzte Glied $\mathfrak{B}_i^2$, verglichen mit den ersten beiden, meist vernachlässigbar klein ($i = k \cdot 10^{-6}$ A) und man darf schreiben:

$$K \sim \mathfrak{B}_0^2 + 2\,\mathfrak{B}_0\,\mathfrak{B}_i \tag{2}$$

Dem ersten Glied $\mathfrak{B}_0^2$ entspricht dabei die konstante Durchbiegung der Membrane und dem zweiten Glied $2\,\mathfrak{B}_0\,\mathfrak{B}_i$ die Schwingungsweite der Vibration. Wie man sieht, ist diese von der Dauermagnetisierung $\mathfrak{B}_0$ abhängig und ihr proportional; je größer $\mathfrak{B}_0$ um so stärker der Ton.

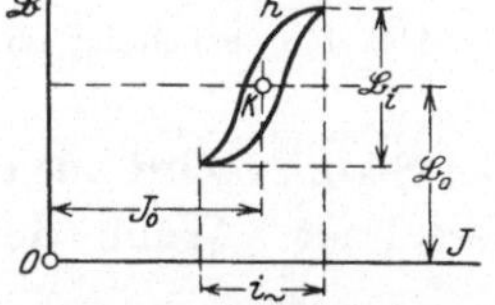

Abb. 142. Magnetisierung durch den Sprechwechselstrom bei konstanter Vormagnetisierung $\mathfrak{B}_0$.

Bei $\mathfrak{B}_0 = 0$ entsteht fast gar kein Ton, denn das zweite Glied $2\,\mathfrak{B}_0\,\mathfrak{B}_i$ fehlt dann ganz. Die Vormagnetisierung durch den Stahlmagneten ist also unbedingt erforderlich.

Auch würde beim Fehlen derselben (bei $\mathfrak{B}_0 = 0$) entsprechend dem dritten Glied $\mathfrak{B}_i^2$ Gl. (1):

$$\mathfrak{B}_i^2 = \mathfrak{B}_{i\,\mathrm{max}}^2 \sin^2 \omega t = {}^1/_2\, \mathfrak{B}_{i\,\mathrm{max}}^2\,(1 - \cos 2\omega t) \tag{3}$$

die Membrane, wenn auch schwächer, im Rhythmus der doppelten Frequenz $2\,f$ (entsprechend $2\,\omega$) schwingen und daher einen falschen Ton der doppelten Schwingungszahl ertönen lassen und die Sprache verzerren.

Um das Telephon kennen zu lernen, bestimmen wir seine Empfindlichkeit, ersetzen den Stahlmagneten H durch einen Elektromagneten mit der Wickelung W und führen derselben den Magnetisierungsstrom J zu. Die einer bestimmten Vormagnetisierung ($\mathfrak{B}_0$) entsprechende Empfindlichkeit wird gemessen durch den Wert:

$$\mathfrak{E} = \frac{1}{i} \qquad (4)$$

d. h., je größer der Wechselstrom i ist, bei dem man gerade noch etwas im Telephon hört, um so kleiner ist dessen Empfindlichkeit und umgekehrt.

Die Empfindlichkeit des Telephons hängt auch noch von der Entfernung d der Membrane von den Polflächen des Magneten ab; sie nimmt zu, wenn die Membrane näher an die Pole heranrückt, ohne kleben zu bleiben.

Die Membrane ist durch Heraus- oder Hineinschrauben der Membranfassung auf bestimmte Entfernung d einstellbar.

Versuchsausführung. 1. Bestimmung der Empfindlichkeit $\mathfrak{E}$ für verschiedene Vormagnetisierungen J ($\mathfrak{B}_0$) für konstanten Membranabstand d: a) für $d = 1{,}5$ mm, b) $d = 3$ mm.

Wie bei der Aufnahme einer Hysteresisschleife ändert man J in einem vollständigen Zyklus, von 0 bis $+ J_m$ zurück zu 0 über $- J_m$ zurück über 0 bis $+ J_m$.

Dabei bestimmt man den Strom $i_{\min}$, bei welchem man im Telephon soeben nichts mehr hört (Abb. 143). Es ist dann nach Gl. (4):

$$\mathfrak{E} = \frac{1}{i}.$$

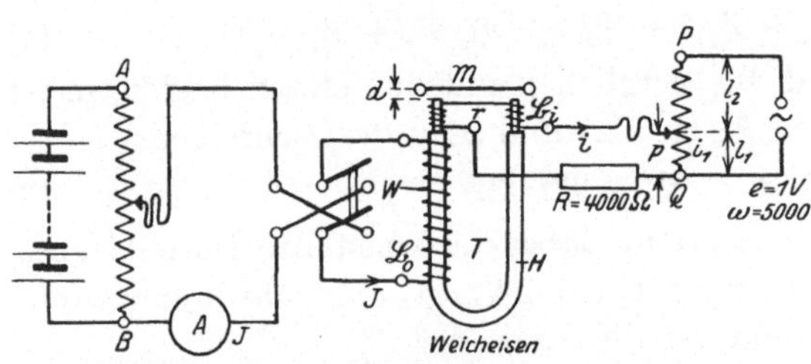

Abb. 143. Schaltung zur Untersuchung des Telephons.

Der Strom i wird aus der Spannung e (z. B. $= 1$ V) und den Widerständen berechnet. Wenn der Widerstand r der Wechselstromwicklung des Telephons gegen den Vorwiderstand $R = 4000\,\Omega$ zu vernachlässigen ist, und wenn der Wechselstrom i im Telephon gegen den Strom i_1 im Spannungsteiler klein gehalten wird (Spannungsteiler z. B. $= 1000\,\Omega$), so ändert sich die Spannung p am Spannungsteiler proportional mit der Schieberstellung l. Es gilt:

$$i = \frac{e}{R} \cdot \frac{l_1}{l_1 + l_2}. \qquad (5)$$

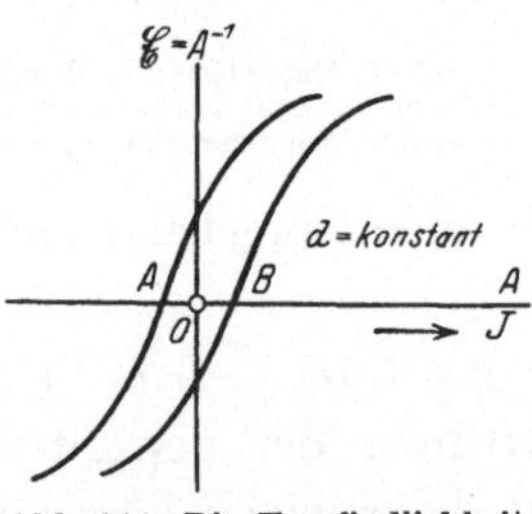

Abb. 144. Die Empfindlichkeit des Telephons abhängig von der Vormagnetisierung.

Für die Punkte A und B (Abb. 144) ist die Empfindlichkeit Null (für $\mathfrak{B}_0 = 0$); auf sie ist beim Versuch besonders zu achten, sie sind vom Koordinatenanfang 0 gleichweit entfernt.

Die Empfindlichkeit $\mathfrak{E} = \dfrac{1}{i}$ ist für $d = 1{,}5\,\text{mm}$ bzw. $3\,\text{mm}$ über J aufzutragen (Abb. 144).

Tabelle.

Nr.	J	l_1	l_2	i	$\mathfrak{E}$
—	A	mm	mm	A	A^{-1}

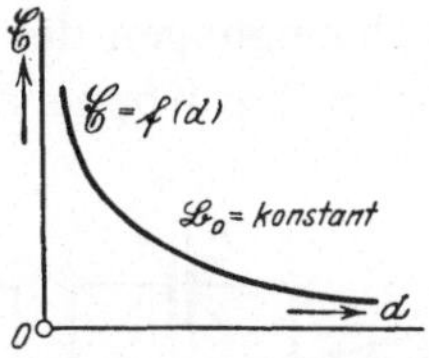

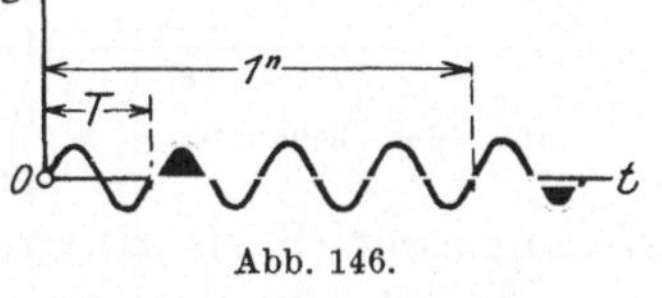

Abb. 145. Die Empfindlichkeit des Telephons abhängig vom Membranabstand.

2. Bestimmung der Empfindlichkeit, abhängig vom Membranabstand d. Bei konstanter Vormagnetisierung $\mathfrak{B}_0$ (z. B. bei $J = 0{,}5$ A) werden dem Membranabstand d verschiedene Werte gegeben und dabei i jedesmal so einreguliert, daß am Telephon soeben nichts mehr gehört wird.

Es ist wieder $\mathfrak{E} = i$ über d graphisch aufzutragen.

Der Wellenmesser[1]).

Da, wo man in der Starkstromtechnik die **Frequenz f des Wechselstromes**, d. h. die Anzahl der Perioden in der Sekunde betrachtet, mußte man in der Hochfrequenztechnik von vorherein ein anderes Maß einführen, nämlich die **Wellenlänge λ**. Der Grund dafür ist in der Tatsache zu suchen, daß die Ziffern der Periodenzahlen in der Hochfrequenztechnik ($k \cdot 10^6 \sim s^{-1}$) sehr hoch sind und die Rechnung damit unbequem sein würde; ebenso wie es in der Starkstromtechnik bei den üblichen kleinen Periodenzahlen ($16\,^2/_3$, 25, 50 $\sim s^{-1}$) sehr unbequem sein würde mit den zugehörenden hohen Meterzahlen für die Wellenlänge zu rechnen.

Aus der allgemeinen Elektrotechnik ist für die Zeitdauer einer Periode die Beziehung bekannt:

$$T = \frac{1}{f} \qquad (1)$$

und für den Weg einer Welle aus der Physik $s = c \cdot T$ (Weg = Geschwindigkeit $\times$ Zeit). Für die elektromagnetische

Abb. 146.

Welle ist der Weg die Wellenlänge λ in m, die Zeit T die einer Periode (in s) und $c = 3 \cdot 10^8\,\text{m}\; s^{-1}$ die Geschwindigkeit der Fortpflanzung der Welle:

$$\lambda_\mathrm{m} = c\,T = \frac{c}{f} = \frac{3 \cdot 10^8}{f}. \qquad (2)$$

Die Wellenlänge λ wird in der Hochfrequenztechnik fast ausschließlich dadurch gemessen, daß ein Schwingungskreis B (Abb. 147) mit

---

[1]) Vgl. Tonfrequenzmessung.

Gruhn, Übungen. 6

Selbstinduktion L_2 und Kapazität C_2 in genügender Nähe eines zu untersuchenden Schwingungskreises A so aufgestellt wird, daß sich die Schwingungen des Kreises A auf den Kreis B übertragen (z. B. durch induktive Koppelung). Schwingt der Kreis A mit einer Wellenlänge λ_1,

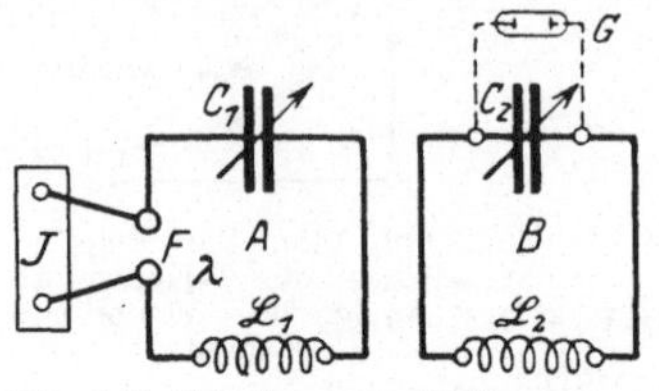

Abb. 147. Schaltung zur Wellenmessereichung.

so braucht man nur den Kreis B auf dieselbe Wellenlänge abzustimmen, z. B. durch Drehen am Drehkondensator C_2. Sobald die Abstimmung erreicht ist, leuchtet eine, z. B. an C_2 angelegte Glimmlichtröhre lebhaft auf (Resonanz!), weil dann die Eigenschwingungszahl λ_2 des Kreises B dieselbe ist wie die λ_1 des Kreises A. (Vgl. den Zungenfrequenzmesser als Analogon.)

Diese Eigenschwingungszahl λ_2 des Kreises B läßt sich aber aus der Induktivität L_2 und der Kapazität C_2 berechnen. Nach der Theorie der Wechselströme ist:

$$\lambda_{\mathrm{cm}} = 2\pi \sqrt{L_{\mathrm{cm}} \cdot C_{\mathrm{cm}}} \quad \text{oder} \quad \lambda_{\mathrm{m}} = \frac{2\pi}{100} \sqrt{L_{\mathrm{cm}} \cdot C_{\mathrm{cm}}} \tag{3}$$

$$(1\,\mathrm{H} = 10^9\,\mathrm{cm};\ 1\,\mathrm{F} = 10^6\,\mu\mathrm{F} = 9 \cdot 10^{11}\,\mathrm{cm}).$$

Ist nun B ein bereits geeichter Wellenmesser, der die Wellenlänge λ (in m) an der Skala (der Stellung des Drehkondensators) oder auf einer beigefügten Eichkurve abzulesen gestattet, so kann auch **der Kreis A als Wellenmesser geeicht** werden. Man schließt ihn mit der Funkenstrecke F an das Induktorium J an, stellt C_1 der Reihe nach auf runde Skalenwerte ein und dreht jedesmal am Kondensator C_2 des

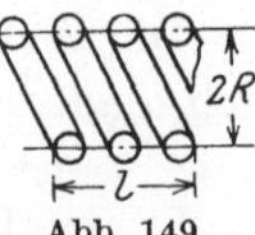

Abb. 148. Eichkurven.

Wellenmessers so lange, bis die Glimmlichtröhre G hell aufleuchtet, was um so schärfer gelingt, wenn man lose koppelt.

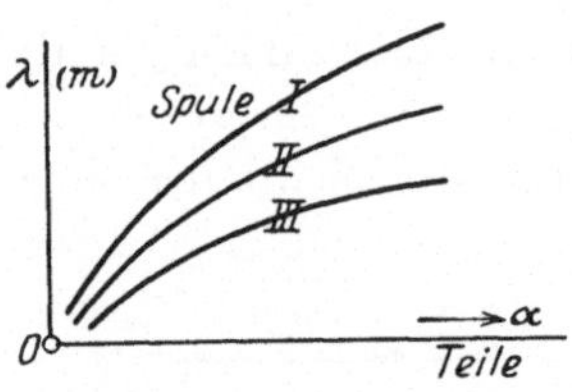

Versuchsausführung. 1. Für drei verschiedene (eisenfreie), in ihren Dimensionen bekannte Spulen L_1 ist die Wellenlänge λ_1 des Kreises A für verschiedene Einstellungen α des Drehkondensators C_1 mit dem Wellenmesser (Kreis B) zu bestimmen und λ_1 über α aufzutragen.

2. Aus der Wellenlänge λ_1 und der bekannten Kapazität des verwendeten Drehkondensators C_1 ist die Induktivität L_1 der drei Spulen zu berechnen. Es ist:

$$L_x\,(\mathrm{cm}) = \frac{1}{C_{\mathrm{cm}}} \cdot \left(\frac{\lambda_{\mathrm{cm}}}{2\pi}\right)^2. \tag{4}$$

3. Dieselben Induktivitäten sind aus den bekannten Dimensionen der Spule zu berechnen. Es gilt für n Windungen für kurze Spulen:

$$L = 4\pi R n^2 \left(\ln 8 \frac{R}{l} - \frac{1}{2}\right) \text{ Henry} \quad \text{(vgl. Abb. 149).}$$

Abb. 149.

Messung der Induktivität mit dem Wellenmesser.

Zur Bestimmung der Induktivität L kann man diese mit einer bekannten Kapazität C zu einem Schwingungskreise vereinigen (Abb. 150) und parallel zum Kondensator C die Batterie P vor den Summer s legen (Kreis A).

Nähert man die Kopplungsspule S eines Wellenmessers B der zu messenden Induktivität L, so werden die vom Summerkreise A erzeugten Schwingungen durch induktive Kopplung (Transformatorwirkung) auf den Wellenmesser B übertragen.

Da die Wellen vom Summer mit Niederspannung erzeugt werden, kann zu ihrer Wahrnehmung ein Telephon T in Verbindung mit einem Detektor D verwendet werden.

Die Detektoren lassen den Strom in einer Richtung besser durch als in der entgegengesetzten; deshalb werden die bei jeder Unter-

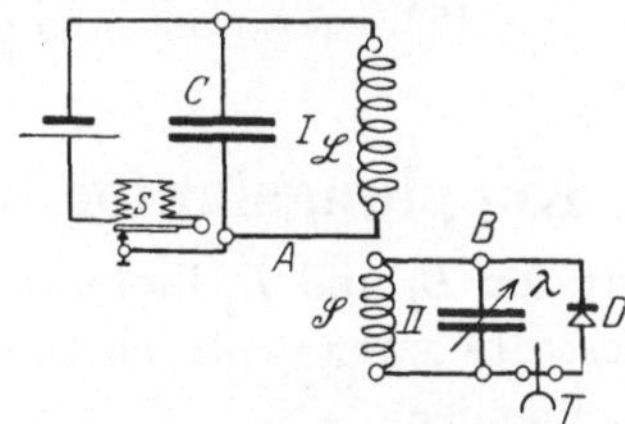

Abb. 150. Schaltung zur Induktivitätsmessung.

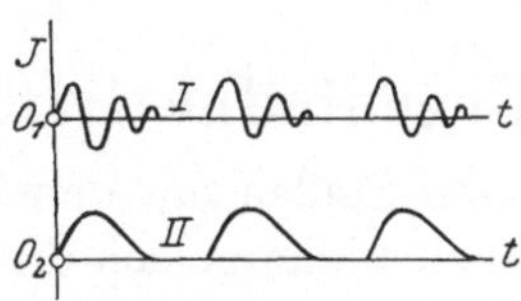

Abb. 151.

brechung des Summers in Schwingungskreise I erzeugten Schwingungen (I Abb. 151), die wegen ihrer hohen Frequenz vom Telephon nicht aufgenommen werden können, weil die Membrane nicht so schnell mitschwingen kann, vom Detektor als Stromstöße (II Abb. 151) durch das Telephon mit hindurch gelassen, welches nun im Rhythmus (d. h. mit der Anzahl) dieser Stromstöße schwingt.

Die Amplitude der Schwingungen (der Stromstöße) ist dann am größten, wenn zwischen Kreis I und dem Wellenmesser B Resonanz besteht, d. h., wenn die Eigenfrequenz des Kreises I mit der des Wellenmesserkreises übereinstimmt.

Für die am Wellenmesser abgelesene Wellenlänge λ ist dann:

$$\lambda_{\mathrm{cm}} = 2\pi \sqrt{L_{\mathrm{cm}} C_{\mathrm{cm}}} \quad \text{oder:} \quad L_{\mathrm{cm}} = \frac{\lambda_{\mathrm{cm}}^2}{4\pi^2 C_{\mathrm{cm}}} \tag{1}$$

$$1\,\mathrm{H} = 10^9\,\mathrm{cm}, \quad 1\,\mathrm{F} = 10^6\,\mu\mathrm{F} = 9 \cdot 10^{11}\,\mathrm{cm}.$$

Anmerkung: Der Widerstand des Detektors ist so groß, daß er, ohne die Schwingungen zu stark zu dämpfen, parallel an den Kondensator gelegt werden kann. Zum Telephon T wird ein kleiner Kondensator parallel angeschlossen, damit die hochfrequenten Schwingungen am Telephon vorbei können (ein zu großer würde auch die Tonfrequenz der Stromstöße [II, Abb. 151] vorbeiführen), übrigens genügt zur Vorbeileitung der Hochfrequenz am Telephon meist auch die Eigenkapazität seines Zuführungskabels.

6*

Versuchsausführung. Die Induktivität L einer Spule mit verschieden einstellbarer Windungszahl w ist mit dem Wellenmesser nach Gl. (1) zu bestimmen und L über w aufzutragen (Abb. 152).

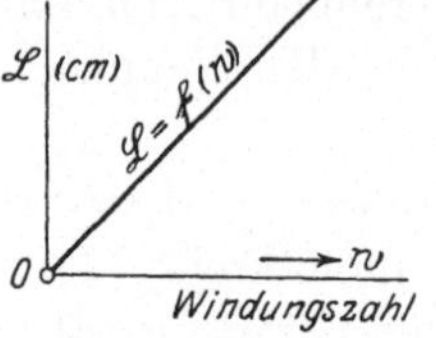

Abb. 152. Die Induktivität abhängig von der Windungszahl.

Tabelle.

Nr.	w	α	λ	L
—	—	Teile	cm	cm

Anmerkung: Bei gerade ausgestreckten Leitern schätzt man die Induktivität auf den zehnfachen Betrag (ihre Kapazität gleich ein Zehntel) ihrer Länge in cm. Beim Anschluß einer Spule mit wenig Windungen (oder bei kleinen Kondensatoren) ist daher die Induktivität (und die Kapazität) der Zuleitung zu beachten und sind möglichst kurze und gerade Leitungen zu wählen.

Übungsfrage: Warum weicht die Linie (Abb. 152) meist etwas von der Geraden ab und an welcher Stelle?

Gegeninduktivität und Kopplungsfaktor.

Sind zwei Spulen mit den Induktivitäten L_1 und L_2 hintereinander geschaltet, so addieren sich diese; die gesamte **wirksame Induktivität** ist bei genügender Entfernung voneinander

$$L = L_1 + L_2. \tag{1}$$

Befinden sich die Spulen aber nahe genug beieinander, so schneiden die Kraftlinien der einen die Windungen der andern und umgekehrt.

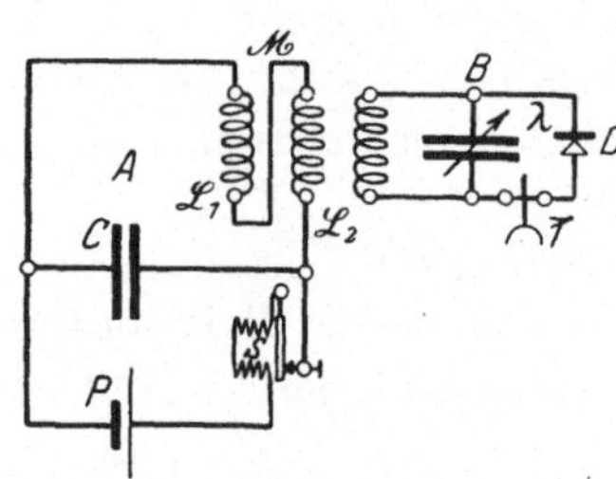

Abb. 153. Schaltung zur Bestimmung des Kopplungsfaktors.

Die Theorie der Wechselströme zeigt, daß die gegenseitigen Beeinflussungen der beiden Spulen aufeinander gleich sind. Zu den Selbstinduktionen L tritt noch der Wert der Gegeninduktionen $2\,M$, so daß die wirksame Gesamtinduktivität dann wird

$$L = L_1 + L_2 \pm 2\,M, \tag{2}$$

wobei

$$M < \sqrt{L_1 \cdot L_2}.$$

Man setzt: $M = k\,\sqrt{L_1 \cdot L_2}$. Hierin ist k der sogenannte **Kopplungsfaktor** und stets kleiner als 1.

Es ist

$$k = \frac{M}{\sqrt{L_1 \cdot L_2}}. \tag{3}$$

Die Gegeninduktivität M kann positiv oder negativ sein, je nachdem sich die Felder in den beiden Spulen gegenseitig verstärken oder schwächen. Vertauscht man die Anschlüsse einer der beiden

Spulen miteinander, so wird aus einer Verstärkung eine gleich große Schwächung bzw. umgekehrt (s. die beiden Vorzeichen vor dem Glied $2\,M$ in Gl. (2)).

Dieser Umstand wird benutzt, um M zu messen: Man mißt nach S. 83 (Abb. 150) die einzelnen Induktivitäten L_1 und L_2, schaltet sie dann in Reihe und bestimmt die resultierende Induktivität L_a, vertauscht danach die Anschlüsse einer der Spulen und mißt so die wirksame Induktivität L_b.

Man hat dann:
$$\left.\begin{aligned}L_a &= L_1 + L_2 + 2\,M\\ L_b &= L_1 + L_2 - 2\,M\end{aligned}\right\} -$$

Hieraus entsteht durch Subtraktion:

$$L_a - L_b = 4\,M$$

oder
$$M = \frac{L_a - L_b}{4} \tag{4}$$

Versuchsausführung. Mit der Gleichung $L_{\,\mathrm{cm}} = \dfrac{\lambda^2\ \mathrm{cm}^2}{4\pi^2\,C_{\,\mathrm{cm}}}$ bestimmt man in der Summerschaltung (Abb. 153) mit dem Wellenmesser B (s. S. 83) und der bekannten Kapazität C die Induktivitäten L_1 und L_2 erst einzeln und dann bei Serienschaltung von L_1 und L_2 die wirksamen Induktivitäten L_a und L_b für verschiedene Entfernungen a der beiden Spulen voneinander. M und k sind über a aufzutragen:

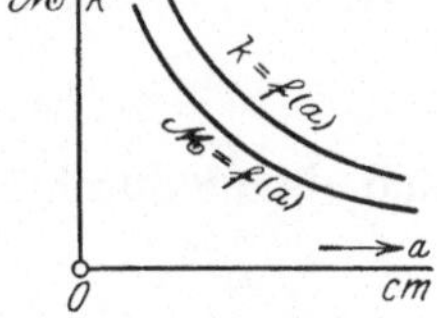

Tabelle.

Nr.	a	λ	L_a	a	λ	L_b	M	k
—	cm	cm	cm	cm	cm	cm	cm	—

Abb. 154. Gegeninduktivität M und Kopplungsfaktor k abhängig vom Spulenabstand a.

Kapazitätsmessung mit der Hochspannungsbrücke
(mit der Glimmlichtröhre).

Schaltet man den bekannten Kondensator C_n, den zu messenden Kondensator C_x mit zwei gleichen (eisenfreien) Induktivitäten L_1 und L_2 in der Anordnung einer Wheatstoneschen Brücke (Abb. 156) zusammen und speist die Anordnung bei A und B

Abb. 155. Funkeninduktor von Max Kohl, Chemnitz.

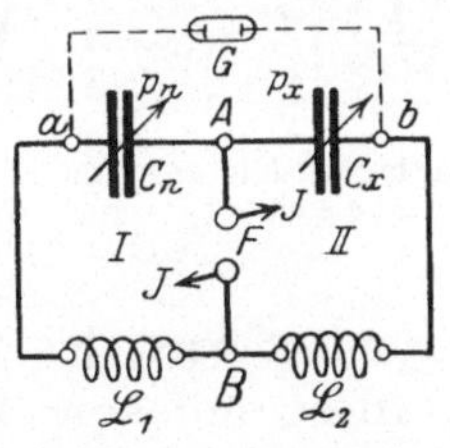
Abb. 156. Brückenschaltung.

an der Funkenstrecke F von der Hochspannungsseite eines Induktors F, so sind die Schwingungskreise I und II parallel geschaltet. Eine bei a und b die Kondensatoren überbrückende Glimmlichtlampe erhält in jedem Augenblick die Differenz der Kondensatorspannungen p_n und p_x. Die Lampe erlischt demnach, wenn die Spannung p_x gleichgroß und phasengleich p_n ist, das ist aber bei $L_1 = L_2$ nur der Fall für:

$$C_n = C_x.$$

Nach dem Prinzip der Wheatstoneschen Brücke ist:

$$\frac{\dfrac{1}{C_n \omega}}{\dfrac{1}{C_x \omega}} = \frac{L_1 \omega}{L_2 \omega} \quad \text{oder} \quad C_x \omega = C_n \omega \cdot \frac{L_1 \omega}{L_2 \omega},$$

d. h.

$$\boldsymbol{C_x = C_n \cdot \frac{L_1}{L_2}.}$$

Eine Kontrollmessung erhält man durch Vertauschen von L_1 und L_2. Hat man dabei zwei Kondensatoreinstellungen C_{n_1} und C_{n_2} erhalten, so ist

$$C_{x_1} = C_{n_1} \cdot \frac{L_a}{L_a}, \qquad C_{x_2} = C_{n_2} \cdot \frac{L_b}{L_a}$$

und damit durch Multiplikation

$$C_x = \sqrt{C_{n_1} \cdot C_{n_2}}$$

und

$$\frac{L_a}{L_b} = \sqrt{\frac{C_{n_2}}{C_{n_1}}}.$$

Anmerkung: Die Glimmlichtröhre verhält sich ähnlich wie die bekannten Nullvoltmeter beim Parallelschalten von Wechselstrommaschinen; das Nullvoltmeter zeigt ebenfalls nur bei Synchronismus Null, d, h. wenn die beiden parallel zu schaltenden Wechselspannungen gleichgroß und phasengleich sind, andernfalls eine geometrische Differenzspannung am Voltmeter auftritt, die einen mehr oder weniger großen Ausschlag derselben zur Folge hat. Hier handelt es sich um **ungedämpfte,** bei unserm Versuch dagegen um **gedämpfte** Schwingungen (Abb. 157).

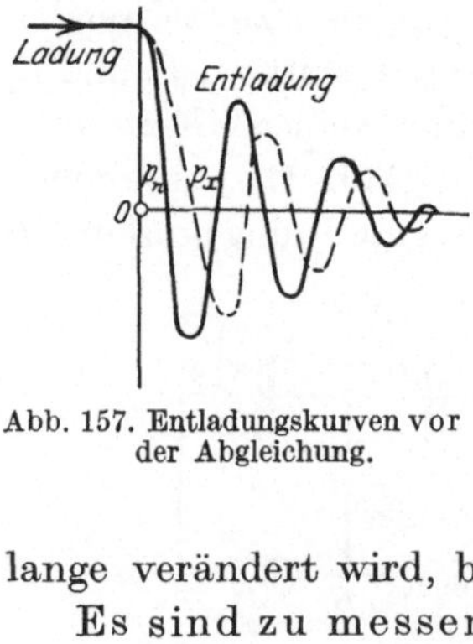

Abb. 157. Entladungskurven vor der Abgleichung.

Versuchsausführung. Die zu untersuchende Kapazität C_x wird dadurch bestimmt, daß der Kondensator (bekannter Kapazität) so lange verändert wird, bis die Glimmlichtröhre erlischt.

Es sind zu messen: 1. Die Kapazitäten zweier Leidener Flaschen a) einzeln, b) in Serie, c) parallel.

2. Durch Versuch ist der Einfluß einiger in L_1 oder L_2 getauchter Metallkerne zu ermitteln (Eisen, Kupfer, Messingkerne: voll bzw. hohl).

Anmerkung: Bei gerade ausgestreckten Leitern schätzt man die Kapazität auf den zehnten Teil ihrer Länge in cm (ihre Induktivität auf den zehnfachen Betrag!). Bei dem Anschluß der Apparate ist darauf zu achten, und es sind möglichst kurze, gerade Leitungen zu wählen. Blanke Drähte genügen, da bei hohen Spannungen die Isolation doch beschädigt wird.

2. L_1 und L_2 dürfen sich nicht gegenseitig beeinflussen.

3. Da der Ohmsche Widerstand der Primärspule des Induktors gering ist, darf sie nur eingeschaltet bleiben, solange der Unterbrecher arbeitet, andernfalls die Akkumulatoren, an die der Induktor geschlossen ist, Schaden erleiden.

Der Induktor arbeitet ruhiger bei kleinerer Belastung, diese ist daher gerade nur so groß zu wählen, als für die Glimmlichtröhre eben gerade nötig ist.

Die Charakteristik der Elektronenröhre.

Legt man den Heizdraht H (Abb. 159) einer einfachen Elektronenröhre an eine Heizbatterie E_h an und reguliert am Heizwiderstand r so lange, bis der Heizstrom J_h den Glühfaden H zur Hellrotglut (ca. 1700°) erhitzt, so treten aus der glühenden Kathode H (negative Elektrizitätsatome) „Elektronen" aus, wenn das Vakuum in der Röhre hinreichend groß ist. Der Vorgang ist mit dem Verdampfen, z. B. des Wassers bei 100° C zu vergleichen.

Solange die Anodenspannung P_a noch nicht an die Anode A gelegt ist (das Gitter ist bei dem vorliegenden Versuch mit A verbunden), bleiben die meisten der aus dem Heizdraht herausgeflogenen Elek-

Abb. 158. Elektronenröhre S.&H.Typ RE86, $Ja=0,22$A, $Pa=50—100$V, $S=0,4$m A/V, $R_i = 25000\ \Omega$.

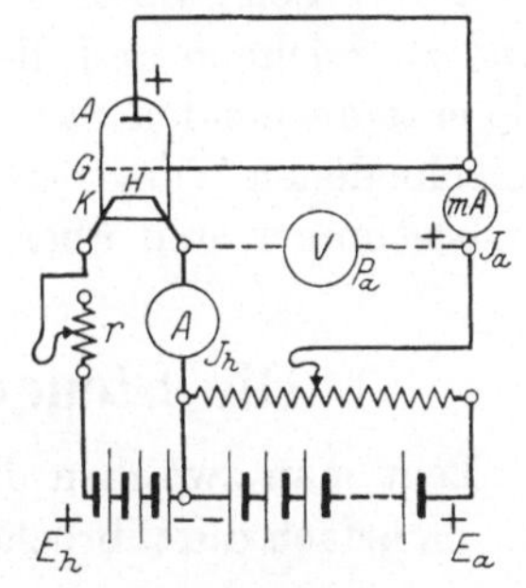

Abb. 159. Schaltung zur Aufnahme der $(Ja\,Pa)$-Charakteristik.

tronen in der Nähe desselben und verhindern durch zu große Ansammlung (Elektronenwolke) den weiteren Austritt neuer Elektronen (Raumladungswirkung).

Legt man aber die Anodenbatterie mit ihrem positiven Pol an die Anode, so werden die Elektronen wegen ihrer negativen Ladung von der Kathode abgezogen. Es entsteht ein sogenannter Elektronenstrom J_a, der Anodenstrom. Er kann mit dem Drehspul-Milliamperemeter gemessen werden (Pole beachten! der Elektronenstrom bringt das Drehspulinstrument bei scheinbar umgekehrter Stromrichtung — als sonst bei Gleichstrom — zum Ausschlag). Bei konstantem Heizstrom J_h (konstanter Temperatur) steigt der Anodenstrom J_a mit größer werdender Anodenspannung P_a erst langsam, dann schneller an, bis er etwa bei einer Spannung (P_s) konstant bleibt, auch wenn man die Anodenspannung weiter steigert. Man bezeichnet die obere Grenze des Anodenstroms als Sättigungsstrom (J_s) (wenn alle aus der Kathode tretenden Elektronen zur Anode gelangen), die Spannung P_s als Sättigungsspannung.

Versuchsausführung. 1. Es ist die Anodenstromstärke J_a in ihrer Abhängigkeit von der Anodenspannung P_a für verschiedene konstant zu haltende Werte des Heizstroms J_h durch Versuch zu ermitteln und

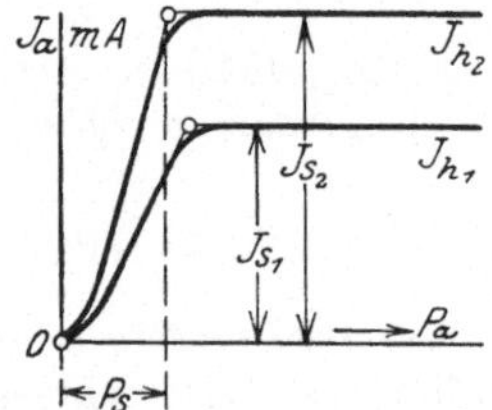

Abb. 160. Die J_a, P_a-Charakteristik.

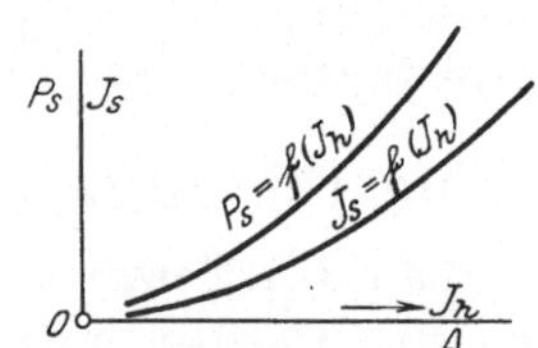

Abb. 161. Sättigungsstrom und Sättigungsspannung abhängig vom Heizstrom.

über P_a aufzutragen, d. h. die (J_a, P_a)-Charakteristik zu zeichnen (Abb. 160). Vergleiche dazu die (J_a, P_g)-Charakteristik bei der Steuerung der Elektronenröhre (s. u.).

2. Die Schnittpunkte der verschiedenen Charakteristiken (Abb. 160) sind zu zeichnen und die zugehörenden Sättigungsspannungen P_s sowie die entsprechenden Sättigungsströme J_s in ihrer Abhängigkeit von den verschiedenen Werten des verwendeten Heizstromes aus der Zeichnung zu bestimmen und über J_h aufzutragen (Abb. 161).

Die Steuerung der Elektronenröhre.

Legt man zwischen die Anode A und den Heizdraht, die Kathode, ein mehrfach durchbrochenes Metallstück, das sogenannte Gitter (z. B.

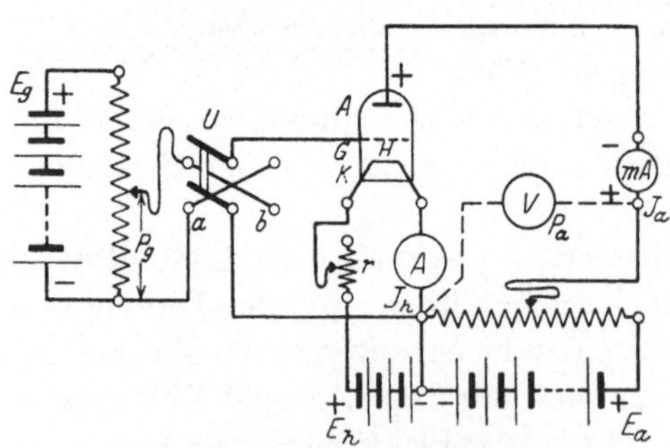

Abb. 162. Schaltung zur Aufnahme der (J_a, P_g)-Charakteristik.

ein siebartiges Blech oder eine Spirale oder anderes mehr), so prallen die aus der Kathode heraustretenden Elektronen zum Teil auf das Gitter, zum Teil fliegen sie durch die Zwischenräume derselben hindurch nach der Anode.

Wird das Gitter an eine Batterie (die Gitterbatterie

E_g) geschlossen (Abb. 162), so kommt es darauf an, ob am Gitter der positive oder der negative Pol der Gitterbatterie liegt. Im ersten Falle unterstützt die positive Ladung des Gitters das Zustandekommen des Elektronenstromes, im zweiten Falle hindert das negative Potential den Elektronenstrom ganz oder teilweise in seiner Entstehung. In beiden Fällen hängt außerdem die Stärke des Anodenstromes J_a von der Konstruktion des Gitters und der Entfernung der Elektroden (Anode und Kathode) vom Gitter ab. Man drückt das durch die Beziehung aus:

$$J_a = f\,(P_g + D\,P_a).^1) \tag{1}$$

Hierin ist P_g die Gitterspannung, D der sogenannte Durchgriff: das soll heißen das Maß für das Durchgreifen der Anodenspannung durch das Gitter hindurch, er hängt von der Lochweite des Gitters ab und ist an Hand der Charakteristik (Abb. 163) gegeben durch die Beziehung:

$$D = -\frac{d\,P_g}{d\,P_a} = \frac{\text{Zunahme der Gitterspannung}}{\text{Zunahme der Anodenspannung}}.$$

Schaltet man den Umschalter U in Abb. 162 abwechselnd um nach a und b, so erhält das Gitter abwechselnd positives und negatives Potential, und der Anodenstrom J_a wird abwechselnd verstärkt und gschwächt.

Es genügen schon sehr geringe Schwankungen des Gitterpotentials, um den Anodenstrom zum abwechselnden Anwachsen und Abnehmen zu bringen, z. B. die Schwankungen eines Sprechwechselstromes.

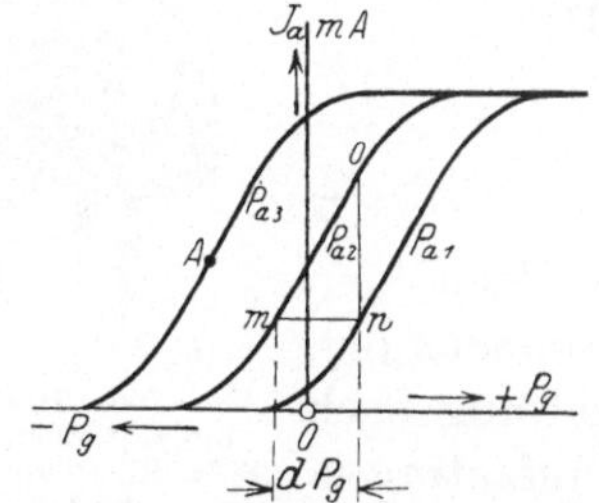

Abb. 163. Die (J_a, P_g)-Charakteristik.

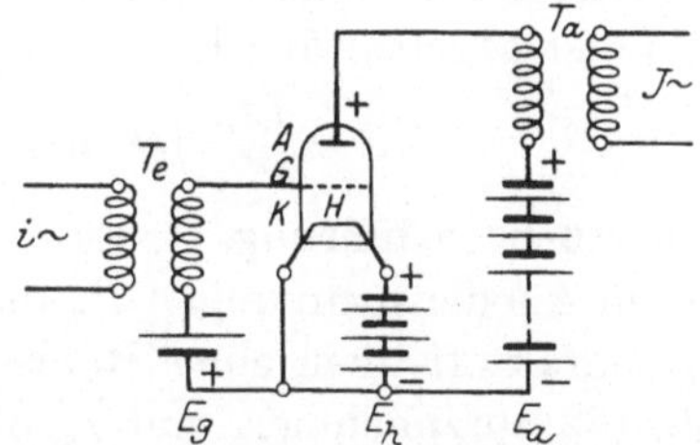

Abb. 164. Einfache Verstärkerschaltung.

Die Elektronenröhre eignet sich daher sehr gut als (trägheitsloses) Relais. Sie wird verwendet, um schwache Wechselströme zu verstärken. In Abb. 164 ist eine einfache Verstärkerschaltung angegeben.

Der schwache Wechselstrom i wird durch die Vermittlung der Röhre auf J verstärkt. Ein Eingangs- und Ausgangstransformator T_e, T_a trennen die Wechselstromleitungen von den Batterien der Röhre ab und übersetzen noch die Spannungen vor und hinter der Röhre. Der Transformator kann aber auch noch einen besonderen Zweck erfüllen, den der sogenannten Widerstandsanpassung (s. d.).

---

^{1}) Vgl. Barkhausen: Elektr. Röhren I. S. 61.

Die besondere Bedeutung der kleinen Gitterbatterie e_g wird durch den vorliegenden Versuch erkannt werden.

Abb. 163 zeigt nämlich die Veränderung des Anodenstromes in seiner Abhängigkeit von Schwankungen der Gitterspannung P_g, die sogenannte (J_a, P_g)-Charakteristik, und zwar für drei konstante Anodenspannungen P_a. Eine Erhöhung der Anodenspannung verschiebt die Charakteristik in Richtung der negativen Abszisse, der Gitterspannung P_g.

Die Verstärkung der Röhre ist um so größer, je steiler die Charakteristik ist, und im Betriebe wählt man die Spannungen P_a und P_g so, daß die Röhre an einer möglichst steilen Stelle (A Abb. 163) arbeitet (am Arbeitspunkt!), um den herum dann die Gitterspannung P und damit der Anodenstrom J_a schwanken.

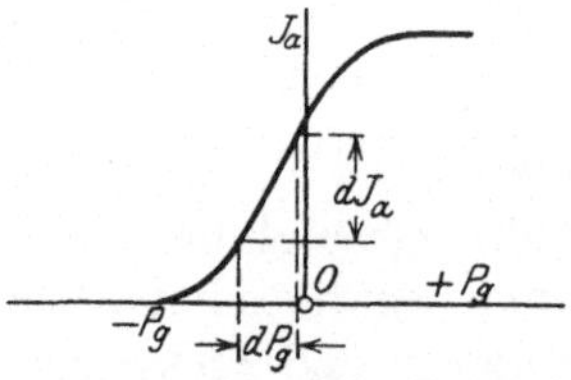

Man darf dabei nicht vergessen, daß die Größe des Anodenstromes J_a auch sehr vom Heizstrom J_h abhängt! (s. Versuch S. 68).

Abb. 165. Berechnung der Steilheit aus der Charakteristik.

Das Verhältnis des Zuwachses des Anodenstromes dJ_a zur Änderung der Gitterspannung dP_g heißt: Die „Steilheit" der Charakteristik (Abb. 165).

Sie ist gegeben durch:

$$S = \frac{dJ_a}{dP_g} \quad \text{(in m A/V)}. \tag{2}$$

Versuchsausführung. 1. Es sind bei einigen konstanten Anodenspannungen P_a die zugehörenden (J_a, P_g)-Charakteristiken einer Röhre in Schaltung nach Abb. 162 aufzunehmen und J_a über P_g aufzutragen.

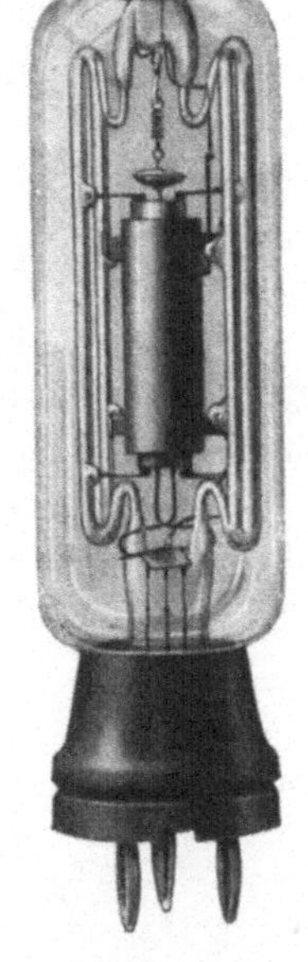

Abb. 166. Hochvakuum-Kathodenröhre S. & H., Typ VS 27. $Jh = 3$ A, $Ja = 90$ mA, Pa 600—1000 V, $Ri = 10000$ Ω, S 1, 1 mAV.

2. Bezeichnet man die wagrechte Entfernung zweier Versuchskurven (Abb. 163) voneinander, den Zuwachs der Anodenspannung mit dP_a (in Abb. 163 die Strecke mn), so ist für eine entsprechende Zunahme der Gitterspannung dP_g (darunter auf der Abszisse abzulesen!) der Durchgriff D zu berechnen aus:

$$D = -\frac{dP_g}{dP_a}$$

z. B.

$$\frac{1,8\,\text{V}}{120\,\text{V} - 100\,\text{V}} = 0.09 = \text{ca. } 0,1 = 10^0/_0!$$

(für einen bestimmten Anodenstrom J_a).

3. Der günstigste Arbeitspunkt A ist zu bestimmen und dafür die Steilheit

$$S = \frac{dJ_a}{dP_g} \text{ in } mA/V$$

z. B. aus Abb. 163 $= \frac{On}{mn} = \frac{0{,}13 \cdot 10^{-3}\,A}{1\,V} = 1{,}3 \cdot (10^{-4})\,A/V$

(für eine bestimmte Anodenspannung P_a).

4. Der innere Widerstand der Röhre ist wie folgt zu berechnen:

$$R_i = \frac{dP_a}{dJ_a} = \frac{1}{D \cdot S} = \frac{1}{0{,}1 \cdot 1{,}3 \cdot 10^{-4}} = 0{,}77 \cdot 10^5\,\Omega\,.$$

5. Wie groß wird bei einer Gitterwechselspannung $P_g = 0{,}5$ V und einem äußeren Widerstande $R_a = 0$, sowie bei $R_i = R_a$ der Anodenstrom J_a?[1])

$$J_a = \frac{P_g}{D \cdot (R_i + R_a)} \text{ für } R_i = 0; \quad J_a = \frac{P_g}{D \cdot R_a} = \frac{0{,}5}{0{,}1 \cdot 0{,}77 \cdot 10^5} = 6{,}5 \cdot 10^{-2}\,mA;$$

$$\text{für } R_i = R_a = 0{,}77 \cdot 10^5\,\Omega; \quad J_a = \frac{0{,}5}{0{,}1\,(2 \cdot 0{,}77 \cdot 10^5)} = 3{,}25 \cdot 10^{-5}\,A\,.$$

Die maximal abzugebende Wechselstromleistung ist:

$$N_{max} = \frac{P_g^2}{4D^2 \cdot R_i} = \frac{0{,}5^2}{4 \cdot 0{,}1^2 \cdot 0{,}77 \cdot 10^5} = 8{,}1 \cdot 10^{-5}\,W\,.$$

Verstärkungsgrad.

In Abb. 168 ist eine einfache Verstärkerschaltung angegeben, deren Verstärkungsgrad durch Versuch ermittelt werden soll. $A—B$ ist ein Brückendraht, dessen Enden Wechselstrom zugeführt wird (z.B. 2 V, $\omega = 5000$) und die auf der anderen Seite mit den Anschlußklemmen I und II verbunden sind. Der Schleifkontakt s auf der Brücke AB ist mit Klemme III verbunden. Zwischen I und II liegt die volle Spannung P, die über die Leitung F dem Telephon T unmittelbar zugeführt wird; zwischen II und III liegt die Primärspule des Eingangstransformators T_e, die den unverstärkten Strom an der Teillänge l des Brückendrahtes abnimmt und ihn verstärkt an den Sekundärklemmen b des Ausgangstransforma-

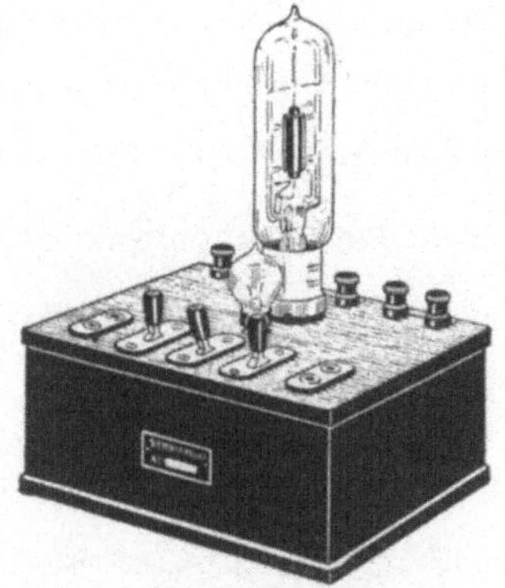

Abb. 167. Einrohrverstärker (S. & H.)
mit Regelwiderstand.

tors T_a in der Umschaltstellung u_b an das Telephon T abgibt.

Offenbar braucht man nur eine kleinere Teilspannung p an der Teillänge l einzustellen, um beim abwechselnden Umschalten bei u von a

---

[1]) Vgl. Barkhausen: Elektr. Röhren I. S. 61.

auf b im Telephon auf gleiche Lautstärke mit dem Ton der unverstärkten Vollspannung P zu kommen.

Der Verstärkungsgrad hängt bei konstanter Heizung von der Größe der Anodenspannung P_a und der angelegten Gitterspannung P_g ab.

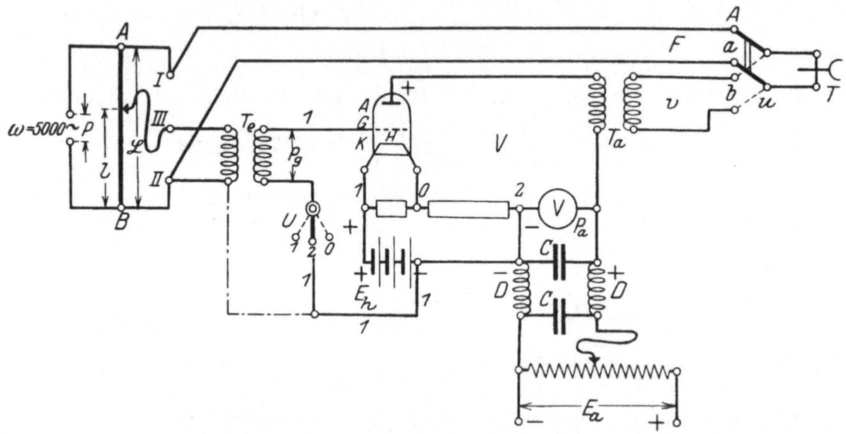

Abb. 168. Schaltung zur Bestimmung des Verstärkungsgrades eines einfachen Verstärkers[1].

Die Anodenspannung P_a kann am Spannungsteiler R veränderlich eingestellt und die Gittervorspannung P_g mit Hilfe des Umschalters U abwechselnd auf einen positiven, einen negativen Wert und auf Null eingestellt werden.

Der Verstärkungsgrad V wird dadurch bestimmt, daß man das Verhältnis $\dfrac{P}{p} = V$ der Spannungen am Brückendraht feststellt, wo beim Umschalten an u von a auf b gleiche Lautstärke im Telephon wahrnehmbar ist. Das Verhältnis $\dfrac{P}{p}$ am Brückendraht ist gegeben nach dem Spannungsteilergesetz als das Verhältnis der Längen $\dfrac{L}{l}$; es ist also $p = P \cdot \dfrac{l}{L}$ und damit wird

$$V = \frac{P}{p} = \frac{P}{P} \cdot \frac{L}{l} = \frac{L}{l} \quad \text{also:} \quad V = \frac{L}{l}, \tag{1}$$

d. h. der Verstärkungsgrad wird durch das Verhältnis der Länge L und l am Brückendraht gefunden.

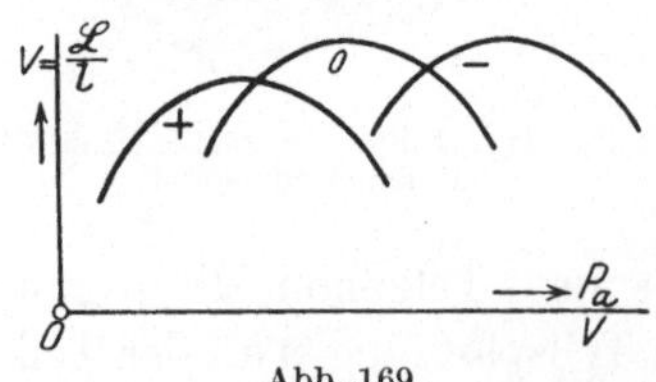

Abb. 169.

Versuchsausführung. Für drei Gitterspannungen (an U_+, U_-, U_0) ist der Verstärkungsgrad V in seiner Abhängigkeit von der Anodenspannung P_a festzustellen und über P_a aufzutragen.

---

[1] Die Drosseln D in Verbindung mit den Kondensatoren C verhindern (als Siebkette) das Eintreten von Wechselströmen in die Anodenbatterien E_a s. Anhang.

Selbsterregung der Röhre.

Die Elektronenröhre erzeugt von selbst ungedämpfte Schwingungen, wenn man dafür sorgt, daß Schwankungen des Anodenstromes J_a (z. B. durch Übertragung von der Induktionsrolle L_1 auf die Rolle L_2) durch Rückkopplung, wie man sagt, auf den Gitterkreis einwirken können, so daß dadurch die Schwankungen des Anodenstromes verstärkt werden. (Vergleiche Versuch S. 93: „Die Steuerung der Elektronenröhre".) Der Vorgang ist dem der Selbsterregung der Gleichstromgeneratoren (dort auf Grund des geringen remanenten Magnetismus) vergleichbar. Der Schwingungskreis K_1 hat den Zweck, die Röhre auf bestimmte Frequenzen abstimmen zu können.

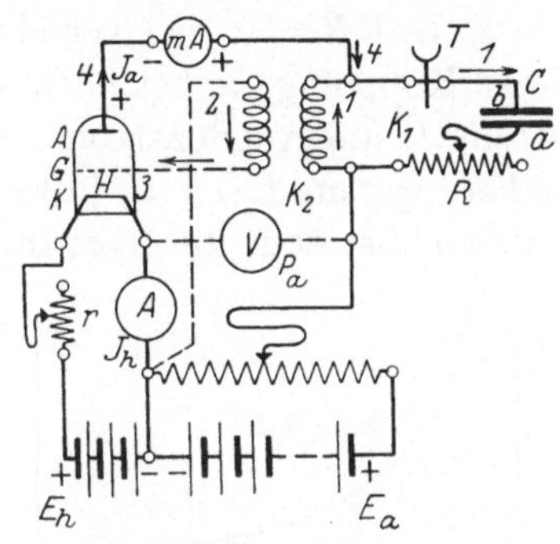

Abb. 170. Selbsterregerschaltung mit Meißnerscher Rückkoppelung.

Heizt man die Kathode H, so erhält man beim Anlegen der Anodenbatterie E_a (Pole beachten!) auf der Belegung a des Kondensators C positive, auf der Belegung b negative Ladung (durch den Anodenstrom.) Infolge der Selbstinduktion L_1 entlädt sich der Kondensator C sofort oszillatorisch. Kreis K_1 schwingt mit der Frequenz

$$f = \frac{1}{2\pi} \cdot \frac{1}{\sqrt{L \cdot C}} \, ; \quad \begin{array}{l} L \text{ in Henry} \\ C \text{ in Farad} \end{array} \cdot \tag{1}$$

Betrachtet man den Augenblick, in dem die Schwingung gerade die Richtung der Pfeile 1 hat, so hat die in L_2 induzierte Spannung die entgegengesetzte Richtung 2, d. h.: es entsteht ein Gitterladestrom 3. Dieser ladet das Gitter positiv auf und verstärkt so den Anodenstrom 4 (s. Versuch S. 89) und damit die Oszillation im Kreise 1 durch Vergrößerung der negativen Ladung der Belegung b des Kondensators C. Hierdurch wird aber wieder das Gitterpotential über $L_1 L_2$ erhöht und der Anodenstrom verstärkt usf. (bis zur Sättigungsgrenze!). Eine verkehrte Schaltung der Spule L_2 würde das Gitter verkehrt aufladen und die Oszillation nicht verstärken, sondern schwächen. Beim Versuch wird die richtige Schaltung durch Probieren gefunden.

Die Selbsterregung hängt auch ab vom Kopplungsgrade und von der Dämpfung des Schwingungskreises K_1. Bei ganz loser Kopplung und bei offenem Schwingungskreise ($R = \infty$) entstehen keine Schwingungen. Es sind die Bedingungen zu suchen, unter denen die Röhre in Schwingungen gerät.

Versuchsausführung. Der Heizstrom ist so einzustellen, daß bei größter Anodenspannung P_a (Pole beachten!) der Sättigungsstrom J_a

(Anodenstrom) z. B. $= 1$ mA wird, ferner ist der Dämpfungswiderstand R auf 0 einzustellen und L_1 mit L_2 fest zu koppeln (Anschlüsse von L_2 prüfen!).

Hat man Schwingungen im Telephon (Tonfrequenz, Gl. 1) festgestellt und dadurch die Brauchbarkeit der Versuchsanordnung geprüft, so ist:

1. Bei $R = 0$, bei verschiedenen Anodenspannungen P_a und ganz loser Kopplung, wobei noch keine Schwingungen auftreten, der Ruhestrom J_r am Anodenstrommesser abzulesen, dann langsam durch Annäherung von L_2 an L_1 fester zu koppeln und derjenige Strom J_s abzulesen, bei dem die Schwingungen gerade einsetzen. Die Gegen-

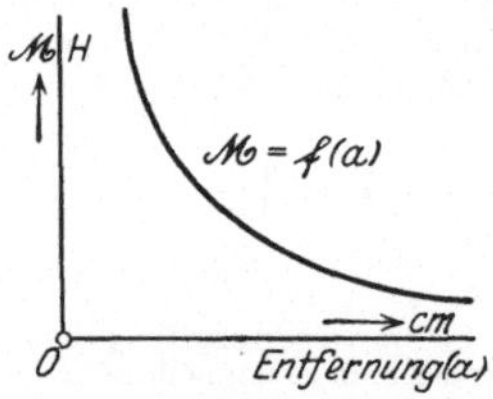

Abb. 171. Eichkurve der veränderlichen Gegeninduktivität.

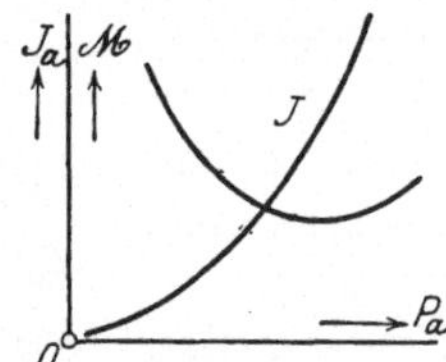

Abb. 172a. Versuchskurven.

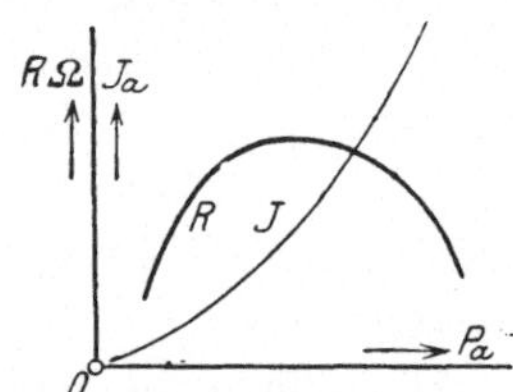

Abb. 172b. Versuchskurven.

induktivität M_s, die laut gegebener Eichkurve (Abb. 171) zu der dazu gehörenden Kopplung (Entfernung der Spulen L) gehört, ist zu notieren und sowohl M_s als auch J_r und J_s über P_a aufzutragen. Darauf geht man zurück und liest den Ruhestrom J_r nochmals ab sowie die Gegeninduktivität M_r, bei der die Schwingungen gerade aussetzen (Abb. 172a).

2. Bei ganz fester Kopplung wird bei verschiedenen Anodenspannungen P_a ein großer Dämpfungswiderstand R eingestellt, wobei die Schwingung verschwindet und dann bei konstanter fester Kopplung R so lange abgeschaltet, bis sie wieder einsetzt. Dabei wird der Ruhestrom J_r und der Strom J_s beim Einsetzen sowie der Widerstand R_s abgelesen. Nun vergrößert man den Widerstand wieder allmählich und liest nochmals den Ruhestrom J_r sowie den Widerstand R_r ab, bei dem die Schwingungen aussetzen. — Es sind J_r und J_s sowie R_s und R_r über P_a aufzutragen (Abb. 172b).

Detektoren.

Die Detektoren haben die Aufgabe, den hochfrequenten Wechselstrom in den Empfängern elektromagnetischer Wellen wahrnehmbar zu machen. Die früher dazu verwendeten Fritter (Kohärer) bestanden aus locker geschichteten Nickelfeilspänen, die durch den Hochfrequenzstrom oberflächlich verschmolzen (fritteten) und dadurch einen Meldestromkreis schlossen.

Heute benutzt man die Gleichrichterwirkung der Kristalldetektoren bzw. der Elektronenröhren, die beide den elektrischen Strom in einer Richtung besser durchlassen als in der entgegengesetzten. (Auch das Thermoelement und die Schlömilchzelle gehören zu den Detektoren.)

Die Ursache der Gleichrichterwirkung beim Kristalldetektor ist zur Zeit noch unbekannt. Seine Wirkung hängt ab vom Auflagedruck und der Lage der verwendeten Teile gegeneinander. Die beste Einstellung wird durch Probieren gefunden.

In der Elektronenröhre entsteht ein Anodenstrom nur bei positiv oder schwach negativ geladenem Gitter (s. die Steuerung der Elektronenröhre).

Um die Detektoren kennen zu lernen, nimmt man ihre Charakteristik auf, ihre Kennlinie, welche den durch den Detektor fließenden Gleichstrom J_0 in A, abhängig von der angelegten Gleichspannung P darstellt (Abb. 174).

Die Gleichrichterwirkung ist am größten, wenn die Steigung der Kurve zu beiden Seiten eines gewählten Arbeitspunktes A möglichst verschieden

Abb. 173. Telefunken-Kristalldetektor[1]).

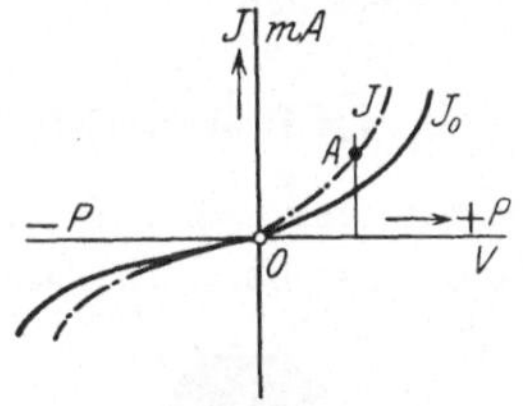

Abb. 174. Kennlinie des Detektors.

ist. Überlagert man dann dem Detektor einen Wechselstrom i, so addiert sich infolge der Gleichrichterwirkung zu dem Gleichstrom J_0 noch eine Gleichstromkomponente i_0. Die Summe $J = J_0 + i_0$ ist daher auch von der Gleichspannung P abhängig.

Versuchsausführung. 1. Für eine Verstärkerröhre und einen Kristalldetektor sind die Kennlinien aufzunehmen in Schaltung Abb. 175. Im Stromkreis A erhält der Detektor D von der Batterie E den Gleichstrom J_0. Die Spannung P kann mit U gewendet und am Spannungsteiler S verschieden eingestellt werden. J_0 wird am Milliamperemeter abgelesen, P aus der Schieberstellung des Spannungsteilers berechnet. Es ist J_0 über P aufzutragen.

2. Vom Summerkreis A_1 aus wird dem Detektor D über den Kreis B durch induktive Kopplung bei K ein schwacher Hochfrequenzstrom i

---

[1]) Áus Nesper: Der Radio-Amateur, 6. Aufl. Berlin: Julius Springer 1926.

überlagert, dessen Größe und Wellenlänge nicht verändert wird. Abgelesen wird der dadurch entstehende Summengleichstrom $J = J_0 + i_0$ am Milliamperemeter und über P aufgetragen. E sist zweckmäßig, die Ströme J_0 und J für die Versuche 1 und 2 gleich nacheinander zu bestimmen.

Anmerkung: Gleichstrom fließt nur in den Kreisen A, A_1 und B_1, Wechselstrom nur in den Kreisen B und B_1.

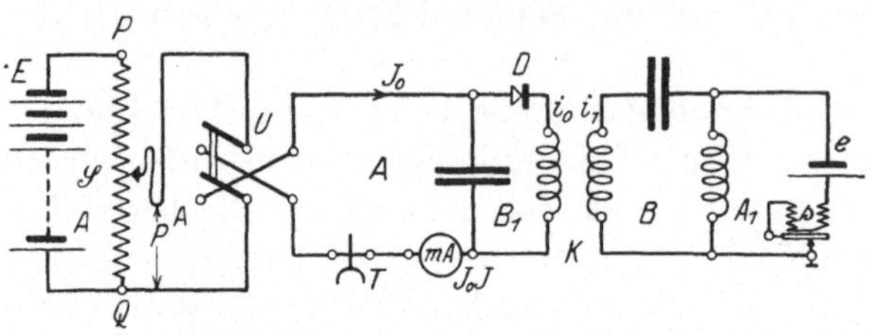

Abb. 175. Schaltung zur Aufnahme der Kennlinie eines Detektors.

Für die praktische Verwendung von Detektoren (und auch von Elektronenröhren), wird man kaum auf die gewöhnlich vorgenommenen technologischen Prüfungen verzichten, d. h. man schaltet den Detektor z. B. in den Gebrauchsstromkreis ein und sucht durch Probieren die größte Empfindlichkeit. Sehr praktisch sind Apparate (z. B. Rundfunkempfänger), bei denen nebeneinander zwei Detektoren einsteckbar sind und ein Umschalter es gestattet, schnell von dem einen auf den andern Detektor umzuschalten.

Übungsfragen. 1. In welcher Weise stellt man mit dem Telephon (Abb. 175) den überlagerten Hochfrequenzwechselstrom fest?

2. Hört man einen Ton im Telephon bei Annäherung der Koppelungsspule K an die Spule im Kreise A_1, wenn der Detektor kurz geschlossen ist? (Vorher $P = 0$ einstellen!)

Der komplexe Kompensator[1]).

Die Spannungskompensation (s. d.) und damit auch die Stromkompensation besteht darin, daß die unbekannte zu messende Spannung gegen eine bekannte Spannung geschaltet wird, so daß diese sich gegenseitig aufheben. Die erfolgte Kompensation erkennt man an der Stromlosigkeit eines empfindlichen Galvanometers, dessen Ausschlag α zu Null gemacht wird.

Bei Gleichstrom

Abb. 176. Veränderliche Gegeninduktivität von Hartmann & Braun.

---

[1]) Vgl. S. 136.

verwendet man das Drehspulgalvanometer; die Spannungen brauchen da nur der Größe nach gleich zu sein.

Bei Wechselstrom müssen die beiden Spannungen sowohl gleiche Größe als auch gleiche Phase haben. Als Nullinstrument dient ein Vibrationsgalvanometer oder ein Telephon.

Ist die unbekannte Wechselspannung $\mathfrak{P}_x$ (Abb. 177) an den Klemmen c und d zu messen, so schaltet man die regulierbare Spannung $\mathfrak{P}$ (an den Enden a und b) gegen $\mathfrak{P}_x$ und verändert die variable Gegeninduktivität M (Abb. 176 und 177) und den Ohmschen Widerstand R so lange, bis das Telephon T schweigt. Die Spannung $\mathfrak{P}$ wird dabei wegen der Voraussetzung gleicher Frequenzen ($\omega_x = \omega$) an dieselbe

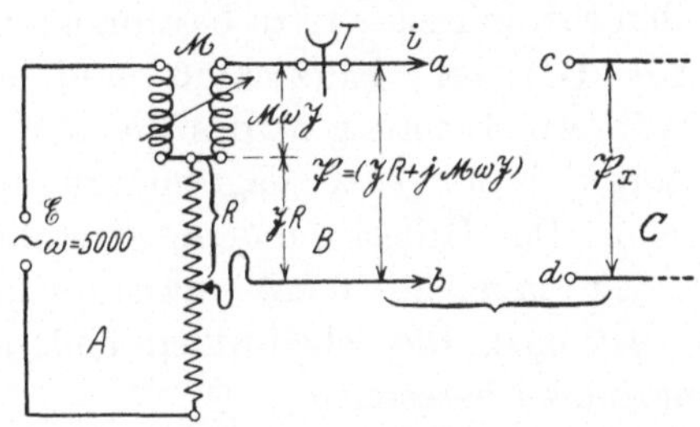

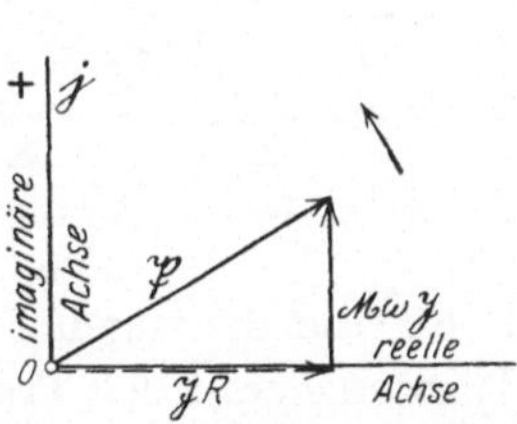

Abb. 177. Grundsätzliche Schaltung des Wechselstromkompensators.

Abb. 178. Diagramm zum Kompensator.

Wechselstromquelle geschlossen, welche auch $\mathfrak{P}_x$ erzeugt. Ist es dann immer noch nicht möglich, das Telephon zum Schwingen zu bringen, so kann das darin liegen, daß die Spannungen nicht in Gegenphase geschaltet sind (sondern sich addieren). Dann vertauscht man die Anschlüsse a und b der Spannung $\mathfrak{P}$ an den Klemmen c und d.

Schweigt das Telephon, so sind die Spannungen $\mathfrak{P}$ und $\mathfrak{P}_x$ gleichgroß und phasengleich. Bei bekannter Gegeninduktivität M und bekanntem Widerstand R läßt sich für einen bestimmten Strom J die Spannung $\mathfrak{P}$ berechnen und zeichnen (Abb. 178).

Wählen wir die aus der Wechselstromtechnik bekannte Methode der Darstellung der Vektoren durch komplexe Zahlen, so müssen wir den Ohmschen Spannungsabfall RJ in die reelle (Strom-)Achse zeichnen und die Blindspannung $jM\omega J$ senkrecht dazu. Der Endpunkt von $jM\omega J$ ist der Endpunkt der gesuchten Spannung $\mathfrak{P}$ und damit auch von $\mathfrak{P}_x$.

Während der Messung muß der Hilfsstrom J (im Kreise A Abb. 177) konstant bleiben. Er hängt aber ab von den im Stromkreise A eingeschalteten Widerständen, die konstant sind und im Augenblick der erfolgten Kompensation ist der Strom i, der im Meßstromkreise fließt, Null, wenn das Telephon schweigt. Auf die Größe des Hilfsstromes J kommt es vielfach nicht an, denn man will in der Schwachstromtechnik oft nicht die absoluten Werte der unbekannten Spannungen und Ströme, sondern nur das Verhältnis ihrer Größen zueinander und ihre gegenseitige Phasenlage kennen lernen.

Ströme werden auch hier dadurch bestimmt, daß man sie durch bekannte induktions- und kapazitätsfreie Widerstände R fließen läßt und den Spannungsabfall an den Enden durch Kompensation mißt.

Versuchsausführung. 1. In Schaltung nach Abb. 179 sind die Spannungen $\mathfrak{P}$ und die Ströme J für verschiedene Belastungen R_a (auch für $R_a = 0$ und $R_a = \infty$) des zu messenden Stromkreises C zu bestimmen und für Leerlauf, Kurzschluß und eine mittlere Belastung R_a des Transformators T_r je ein Vektordiagramm zu zeichnen. Der Hilfsstrom J im Stromkreis A ist dabei zu 10 mA anzunehmen.

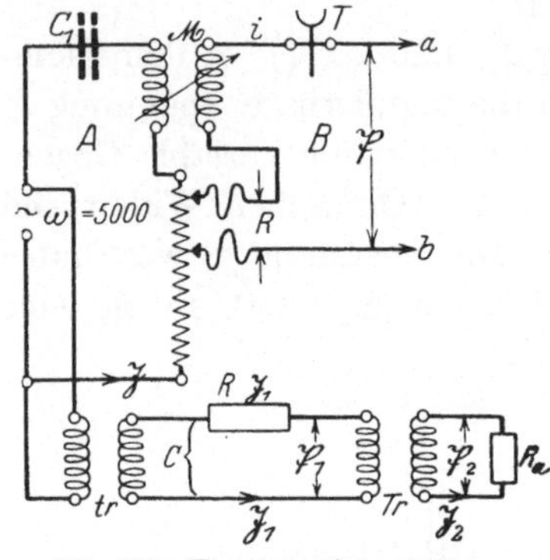

Abb. 179. Kompensationsschaltung.

2. Es sind die zugehörenden Leistungen, die Scheinwiderstände und der Wirkungsgrad des Transformators zu berechnen.

3. Wie ändern sich die Verhältnisse im Diagramm, wenn der (punktiert eingezeichnete) Kondensator C_1 eingeschaltet wird?

4. Welchen Zweck hat der Hilfstransformator t_r. Ist die Kompensation auch ohne ihn möglich?

Spulenkapazität.

Spulen haben nicht nur eine Induktivität L, sondern auch eine Kapazität C, die unter gewissen Umständen, z. B. beim Empfang elektromagnetischer Wellen, Resonanzerscheinungen bewirken können, ohne daß ein besonderer Kondensator nötig ist (Empfänger mit Spule ohne Kondensator).

Die wirksame Kapazität einlagiger Spulen kann in drei Teilkapazitäten zerlegt werden:

1. die äußere Spulenkapazität,
2. die innere Spulenkapazität,
3. die Kapazität gegen Erde.

Es treten Kapazitäten auf: 1. Zwischen den äußeren Windungen der Spule überhaupt: zwischen Punkten entgegengesetzten Potentials, die erfahrungsgemäß mit dem Durchmesser der Spule wachsen, aber von der Spulenlänge unabhängig sind (Abb. 180a).

2. Zwischen den benachbarten Windungen untereinander, die mit der Entfernung der Windungen voneinander, von der Isolation abhängen, und mit dem Spulendurchmesser wachsen (Abb. 180b).

3. Zwischen den Windungen und der Umgebung (und der Erde!) die Erdkapazität, Abb. 180c.

Die wirksame Spulenkapazität kann durch Versuch bestimmt werden:

In Abb. 181 ist S die zu untersuchende Spule mit der Induktivität L und der Spulenkapazität c_s. Schaltet man dazu den Drehkondensator C parallel, so hat der Meßkreis B die Eigenschwingungszahl:

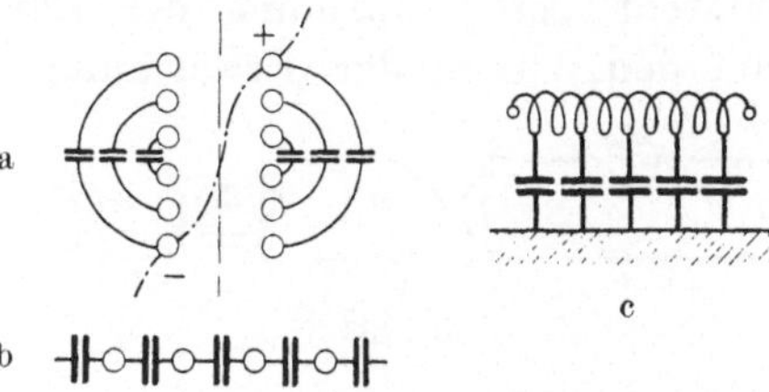

Abb. 180 a bis c. Schematische Darstellung von Teilkapazitäten.

$$\lambda = 2\pi \sqrt{L\,(c_s + C)}, \qquad (1)$$

durch Quadrieren wird:

$$\lambda^2 = 4\pi^2\,L\,(c_s + C) = k \cdot (c_s + C), \qquad (2)$$

wobei $k = 4\pi^2 L$ konstant ist.

Trägt man λ^2 über C graphisch auf, so erhält man eine grade Linie (Abb. 182). Mißt man die Wellenlänge λ, z. B. unter Zwischenschaltung des Kopplungskreises K mit dem Wellenmesser W (der mit der Meßanordnung durch den Summer s erregt wird), indem man die Resonanz

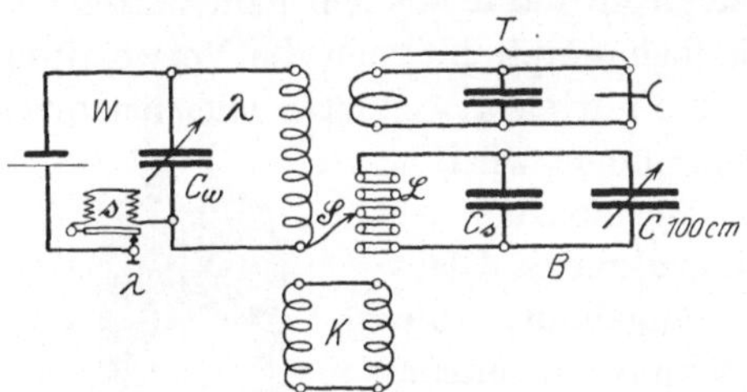

Abb. 181. Schaltung zur Messung der Spulenkapazität.

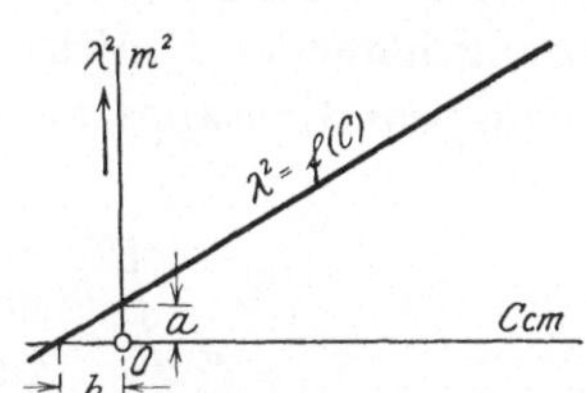

Abb. 182. Graphische Ermittelung der Spulenkapazität b.

zwischen den Kreisen B und W z. B. mit einem Tonprüfer T feststellt, so erhält man bei Einstellung verschiedener Wellenlängen durch Variation des Drehkondensators C durch Versuch die Gerade (Abb. 182). Der Abschnitt b derselben auf der negativen Abszissenachse ist c_s, denn für $C = -c_s$ ist $\lambda^2 = 0$ und die Gerade schneidet die Abszissenachse.

Versuchsausführung. Es sind die wirksamen Kapazitäten c_s einiger Spulen durch Versuch zu ermitteln.

Anmerkung: 1. Wegen der niedrigen Kapazität des Zusatzkondensators C ($C_{\mathrm{max}} = 100$ cm) ist die Kapazität der Zuleitungen möglichst kurz zu wählen und mit 2—5 cm in Rechnung zu setzen, besonders für die Nullstellung des Drehkondensators C.

2. Von der Eigenwelle des Tonprüfers ist möglichst fern zu bleiben.

Messung schwacher Wechselströme.

1. Das Thermokreuz. Schickt man durch ein Thermoelement $abcd$ (Abb. 183) (z. B. Eisen und Konstantan) einen Wechselstrom i, so entsteht bei Erwärmung der Lötstelle L eine EMK, deren Größe von dem Grade der Erwärmung abhängt, also eine Funktion des

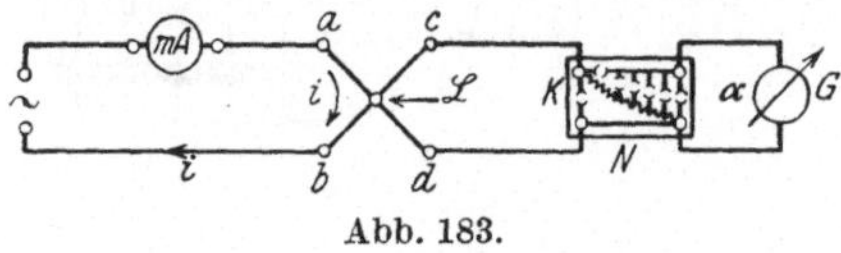

Abb. 183.

Wechselstromes ist. Verbindet man die Enden (c und d) des Thermoelements mit einem empfindlichen Galvanometer G, so zeigt dieses einen Ausschlag α, der um so größer ist, je stärker der über die Lötstelle gehende Wechselstrom i ist (Abb. 183). Die Anordnung kann mit Gleich- und auch mit Wechselstrom geeicht werden.

Siemens & Halske bauen ein Vakuum-Thermoelement[1]) mit Hitzdraht: An die Lötstelle des Thermoelements (Eisen-Konstantan) ist ein Hitzdraht aus Platin gelötet. Dieser und dadurch die Lötstelle wird durch den zu messenden Wechselstrom erwärmt und erzeugt an der Lötstelle eine Thermo-EMK. Die Klemmenspannung wird an einem empfindlichen Zeigergalvanometer (Abb. 30) abgelesen. Der zu messende Wechselstrom kann aus den Konstanten der Apparatur berechnet werden; jedoch empfiehlt sich die Verwendung einer zugehörenden Eichkurve, die mittels gewendeten Gleichstromes am Kompensationsapparat aufgenommen wird.

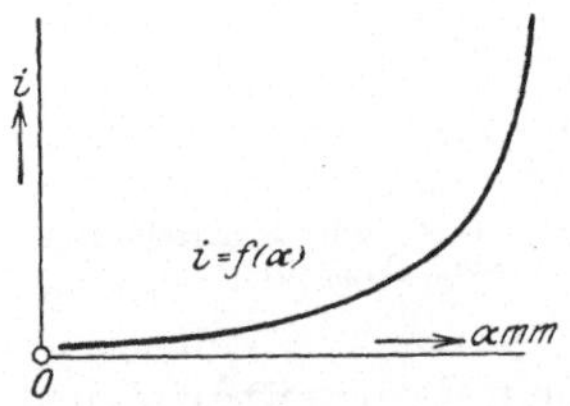

Das Thermokreuz ist in eine evakuierte Glasbirne eingebaut, die zum Schutz in einem Holzkästchen (Abb. 185) untergebracht ist. Es werden vier Typen verschiedener Empfindlichkeit hergestellt, die bei 10—50 mA Wechsel-

Abb. 184. Eichkurve des Thermogalvanometers.

Abb. 185. Thermoelement S. & H. zum Galvanometer Abb. 30.

strom zwischen 2,5—8 mV am Thermoelement schwankt.

Durch Nebenwiderstände kann das Meßbereich der Vakuum-Thermoelemente auf 2 A erweitert werden.

Bei dem Thermoelement nach Schering verwenden Hartmann und Braun dünne Manganin- und Konstantandrähte im Vakuumglas, welches zwecks Temperaturausgleich in einen mit Petroleum gefüllten Behälter eingebaut ist. Es werden zwei Typen hergestellt: ein

---

[1]) Siehe Die Technik der Elektr. Meßgeräte S. 139—140. 1922. Keinath: Das Thermokreuz.

Vielfachelement (8 mA, 17 mA), für Strommessungen und ein Doppelelement (150 mV, 17 mV) für Spannungsmessungen[1]) (Abb. 186 und 187).

2. Bolometer. Schaltet man einen Metallfaden F (z. B. den Glühfaden einer elektrischen Taschenlampe) in den einen Zweig einer mit Gleichstrom von der Batterie E (Abb. 188) gespeisten Wheatstoneschen Brücke ein, gleicht die Brücke ab, so daß das Galvanometer Null zeigt und schickt dann einen Wechselstrom i durch den Metallfaden, der denselben weiter erwärmt, und dadurch seinen Widerstand erhöht, so

Abb. 186. Zeigergalvanometer H. & B. Abb. 187. Thermoelement nach Schering (H. & B.)

wird das Gleichgewicht der vorher mit Gleichstrom abgeglichenen Brücke gestört und das Galvanometer zeigt einen dementsprechenden Ausschlag α. Dieser Galvanometerausschlag α steigt mit der Größe der Störung, d. h. mit der Stärke des durch den Metallfaden fließenden

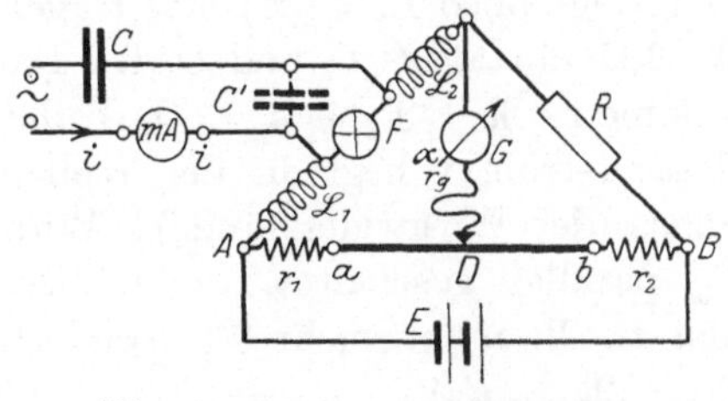

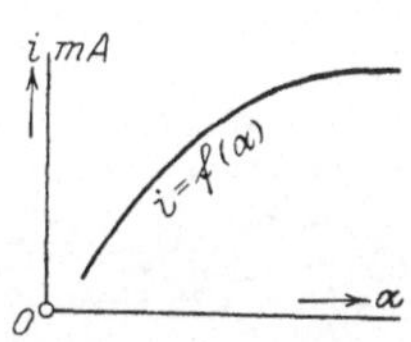

Abb. 188. Schaltung des Bolometers. Abb. 189. Eichkurve des Bolometers.

Wechselstromes i. Die Drosselspulen L_1 und L_2 sperren dem Wechselstrom den Weg in die Brücke, so daß er nur durch den Metallfaden fließt. Der Kondensator C hält den Gleichstrom der Brücke von der Wechselstromquelle ab.

Anmerkung: Die Anordnung kann nur mit Wechselstrom geeicht werden, weil hier der Wechselstrom einem Gleichstrom überlagert wird und der Effektivwert des Überlagerungsstromes, der für die Erwärmung des Metallfadens maßgebend ist, nicht der algebraischen Stromsumme, sondern der Wurzel aus der Summe der Quadrate der Einzelströme proportional ist.

---

[1]) Siehe Z. f. I. 1907, H. 5, S. 149.

Versuchsausführung. Es sind die Eichkurven aufzunehmen:
1. für das Thermoelement,
2. für das Bolometer.

Übungsfrage: Wie wirkt ein parallel an den Metallfaden gelegter Kondensator?
C': Versuch!

Die 90⁰-Schaltung.

Schaltet man zwei Induktionsspulen (Abb. 190) mit den Scheinwiderständen[1]) $\Re_1$ und $\Re_2$ in Serie und zu $\Re_2$ einen induktionsfreien Widerstand R_3 parallel, so gelingt es, durch Variation von $\Re_1$ und R_3

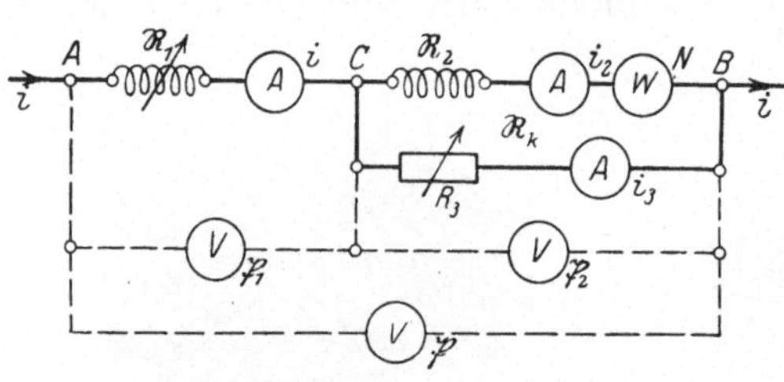

dafür zu sorgen, daß der Strom i_2 in $\Re_2$ gegen die Spannung P an den Enden A und B der Schaltungsanrodnung (Hummelschaltung) um mehr oder weniger oder auch genau um 90⁰ verschoben liegt.

Abb. 190. Die „90⁰-Schaltung" zur Einstellung einer Kunstphase von 90⁰.

gehen wir von dem Standpunkt aus, daß wir zunächst den Kombinationswiderstand $\Re_k$ der Verzweigung ($\Re_2 \parallel R_3$) suchen und dann die Schaltung als eine Serienschaltung von $\Re_1$ und $\Re_k$ betrachten.

Wir denken uns R_3 noch nicht angelegt (also $R_3 = \infty$) und tragen die Strahlen für $\Re_1$ und $\Re_2$ in Abb. 191 ein als $O_1 O$ und $O A$. Die

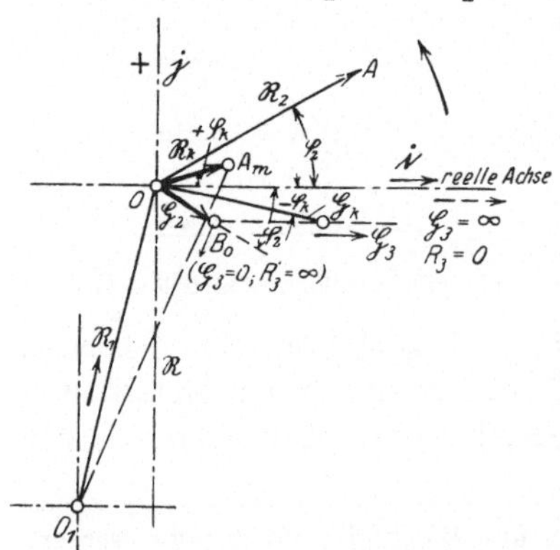

Für die Zeichnung des Diagramms (Abb. 191)

Summe ist $\Re = \Re_1 + \Re_2 = O_1 A$, der Gesamtstrom i liegt in der reellen Achse (der Wirkwiderstände)! Wird R_3 parallel geschaltet, so addiert sich zu $\Re_1$ nicht mehr $\Re_2$, sondern $\Re_k = (\Re_2 \parallel R_3)$.

Um $\Re_k$ zu finden, zeichnen wir den Leitwert $O B_0 = \mathfrak{G}_2$ unter $(-\varphi_2)$, nach unten geklappt (gegen die reelle Achse). Der Leitwert $G_3 \parallel i$ addiert sich geometrisch zu $\mathfrak{G}_2$ und man erhält den Leitwert $\mathfrak{G}_k$ der Verzweigung unter dem Winkel $(-\varphi_k)$.

Abb. 191. Diagramm zur 90⁰-Schaltung.

Den reziproken Wert $\Re_k = \dfrac{1}{\mathfrak{G}_k}$ zeichnen wir nun unter dem Winkel $+\varphi_k$ nach oben über die reelle Achse als Vektor $\Re_k = O A_m$. Der Ge-

---

[1]) Siehe S. 59.

samtwiderstand $\Re = O_1 A_m$ ist nun die geometrische Summe von $\Re_1$ und $\Re_k$.

Der Strom $i_3 = \dfrac{\mathfrak{P}_2}{R_3}$ in Phase mit $\mathfrak{P}_2$ fällt in die Richtung von $\Re_k$, da die Spannung $\mathfrak{P}_2$ in der Richtung des Kombinationswiderstandes liegt. Der Strom i_2 liegt in Phase mit dem Leitwert $\mathfrak{G}_2$.

Da der Gesamtstrom i in die reelle Achse fällt, so läßt sich das Stromdreieck zeichnen. Die Spannungen $\mathfrak{P}$ haben die Richtung der Widerstände. Wann i_2 senkrecht zu $\mathfrak{P}$ steht, erkennt man daran, daß das Wattmeter Null zeigt.

Anmerkung: Nach dem Ohmschen Gesetz ist

$$\Re = \frac{\mathfrak{P}}{i}, \quad \Re_2 = \frac{\mathfrak{P}_2}{i_2}, \quad R_3 = \frac{\mathfrak{P}_2}{i_3} \text{ und } \Re_k = \frac{\mathfrak{P}_2}{i}.$$

Versuchsausführung. Es sind die Ströme i, i_2 und i_3, die Spannungen $\mathfrak{P}$, $\mathfrak{P}_1$ und $\mathfrak{P}_2$ sowie die Leistung N abzulesen und für drei Fälle

$$\varphi \gtrless 90^0 \text{ entsprechend } N \lessgtr 0,$$

das Diagramm der 90^0-Schaltung zu zeichnen (und zwar das Widerstands-, Spannungs- und Stromdiagramm)[1]).

Widerstandsanpassung.

Während man in der Starkstromtechnik bei der Energieübertragung und beim Bau von Maschinen und Apparaten einen möglichst großen Wirkungsgrad anstrebt, kommt es in der Schwachstromtechnik im Interesse einer guten Verständigung (in der Telegraphie und Telephonie) vielmehr auf möglichst große Leistungsabgabe an der Empfangsstelle an.

In jedem Falle ist die abgegebene Leistung (im äußeren Widerstande) gegeben durch:

$$N_a = \mathfrak{J}^2 \cdot \Re_a = \frac{\mathfrak{P}^2 \cdot \Re_a}{(\Re_i + \Re_a)^2} . \tag{1}$$

Eine einfache Überlegung zeigt, daß diese Leistung N_a bei sehr kleinem äußeren Widerstande ($\Re_a = 0$) und bei sehr großem äußeren Widerstande ($\Re_a = \infty$) Null ist. Dazwischen liegt ein größter Wert, nämlich bei

$$\Re_i = \Re_a. \tag{2}$$

Theoretisch und praktisch läßt sich in der Tat nachweisen, daß man die größte Leistungsabgabe dann hat, wenn der „innere Widerstand" $\Re_i$ der Energiequelle gleich dem „äußeren Widerstand" $\Re_a$ des Verbrauchers ist (Abb. 192 a—c).

---

[1]) Vgl. hierzu den Aufsatz des Verfassers: „Die Herstellung der 90^0-Schaltung", Zeitschr. Elektr. Kraftbetriebe und Bahnen, Nov. 1925.

Aus verschiedenen Gründen (z. B. Trennung der Stromkreise, oder auch der Widerstandsanpassung) werden oft Transformatoren im Interesse einer guten Verständigung in die Leitung eingeschaltet (Abb. 192a—c), dieselben können zu $\Re_i$ gehören (Abb. 192b) oder zu $\Re_i$ (Abb. 192c).

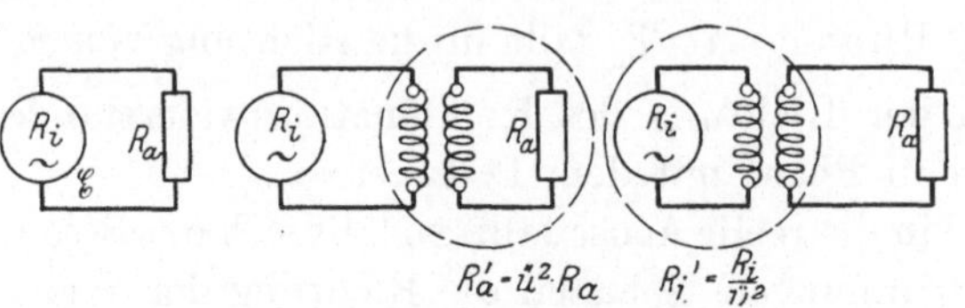

Abb. 192a—c. Schematische Darstellung des inneren und äußeren Widerstandes einer Schaltung.

Bei Transformatoren verhalten sich die Spannungen (bei Leerlauf) wie die Windungszahlen, die Ströme (bei Kurzschluß) umgekehrt.

Bezeichnet also:

$$\ddot{u} = \frac{W_1}{W_2}$$

das Übersetzungsverhältnis, so gilt:

$$\frac{\mathfrak{P}_1}{\mathfrak{P}_2} = \frac{W_1}{W_2}; \qquad \frac{\mathfrak{J}_1}{\mathfrak{J}_2} = \frac{W_2}{W_1}$$

und damit gilt für die wirksamen Widerstände $\Re = \dfrac{\mathfrak{P}}{\mathfrak{J}}$

$$\frac{\Re_i}{\Re_a} = \frac{\mathfrak{P}_1}{\mathfrak{J}_1} : \frac{\mathfrak{P}_2}{\mathfrak{J}_2} = \frac{W_1}{W_2} \cdot \frac{W_1}{W_2} = \ddot{u}^2. \tag{3}$$

Hat man es daher mit einem vorhandenen inneren und einem gegebenen äußeren Widerstande zu tun, so kann man für den Fall einer schlechten Verständigung eine bessere Widerstandsanpassung (bei größter Leistungsabgabe nach dem äußeren Widerstande $\Re_a$) dadurch erzielen, daß man einen Transformator mit dem Übersetzungsverhältnis

$$\ddot{u} = \sqrt{\frac{\Re_i}{\Re_a}}$$

dazwischen schaltet. Für die Schaltung (Abb. 192b) ist dann nach Gl. (3):

$$\Re_i = \Re_a' = \ddot{u}^2 \Re_a,$$

für die Schaltung Abb. 192c:

$$\Re_a = \Re_i' = \frac{\Re_i}{\ddot{u}^2}.$$

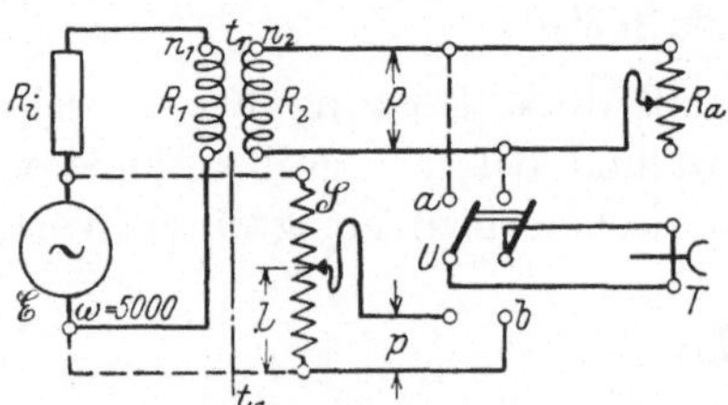

Abb. 193a. Schaltung zur Widerstandsanpassung.

Versuchsausführung. Die Tonfrequenzstromquelle E (Abb. 193a) speist über den Transformator t_r den äußeren Widerstand R_a. Um zu vergleichen, wird E auch mit dem Spannungsteiler S verbunden und die Teilspannung $\mathfrak{p}$ so lange geändert, bis man bei einem bestimmten äußeren Widerstande R_a beim Umschalten mit U auf a und b gleiche Lautstärke am Telephon T erhält, für gleiche Lautstärke kann $\mathfrak{p}$ proportional der Teillänge l am Spannungsteiler gesetzt werden: Die bei S einzustellende Teillänge l ändert sich mit R_a.

Es ist für eine Reihe von äußeren Widerständen R_a die zugehörende Länge l durch Vergleich am Telephon zu ermitteln:

1. wenn der Transformator t_r wegfällt für verschiedene innere Widerstände ($R_i = 1$, 10, 100, 1000 Ω),

2. mit dem Transformator (bei $ü = 1$) für dieselben Werte von $\Re_i$,

3. mit Transformator bei verschiedenen Übersetzungsverhältnissen.

Ist $ü > 1$, so muß auch die Vergleichsspannung heraufgesetzt und bei t_1 (Abb. 193a) ein Vergleichstransformator eingebaut werden.

Für jeden der Fälle ist die Leistung

$$N_a = \frac{p^2}{R_a} \sim \frac{l^2}{R_a} = f(R_a)$$

zu berechnen, über R_a aufzutragen, das Maximum zu suchen und seine Lage (bezüglich $R_a = R_i$) auf die Richtigkeit des Anpassungsgesetzes zu prüfen (Abb. 193b).

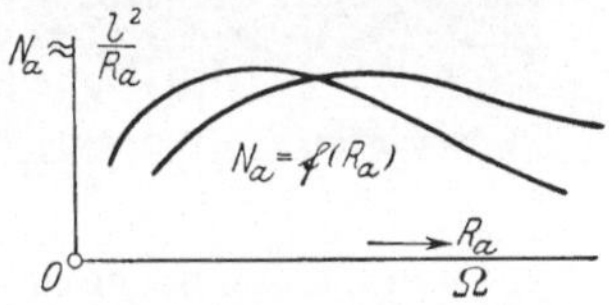

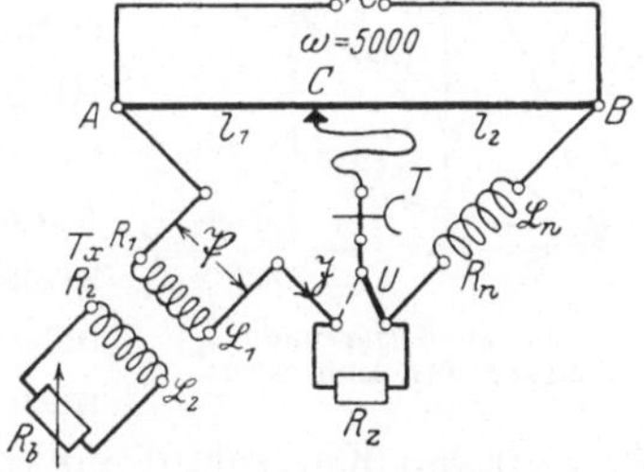

Abb. 193b. Graphische Darstellung des Gesetzes: $R_i = R_a$ der Widerstandsanpassung.

Anmerkung. Für die graphische Darstellung eignet sich das bekannte Logarithmenpapier.

Der Fernsprechtransformator.

Die Wheathstonesche Brücke (s. S. 60) für die Messung gerichteter Widerstände, kann zur Untersuchung eines Sprechtransformators T_x verwendet werden, indem man den Wechselstromwiderstand $\Re_x = \frac{\mathfrak{P}}{\mathfrak{J}}$ zwischen den Primärklemmen desselben mißt. Dieser ändert sich mit der Belastung R_b an den Sekundärklemmen. Unbelastet (bei Leerlauf $R_b = \infty$) ist $R_x = R_1$, gleich dem Wirkwiderstand der Primärwicklung, $L_x = L_1$ gleich ihrer wirksamen Induktivität. Bei Belastung durch R_b nimmt der Transformator einen der Sekundärstromstärke entsprechenden Primärstrom auf; damit vergrößern sich

Abb. 194. Die Wechselstrombrücke zur Untersuchung des Fernsprechtransformators.

die Verluste und somit der Wirkwiderstand R_x. Die Sekundärströme erzeugen aber auch ein Feld, welches dem Primärfelde im wesentlichen entgegengerichtet ist; sie verkleinern also das Gesamtfeld und damit die wirksame Induktivität L_x (Gegenamperewindungen). Bei sehr kleinem R_b nimmt sowohl L_x als auch R_x ab. Es ist

$$\Re_x = R_x + j L_x \omega \ldots \tag{1}$$

Ändert man den sekundären Wirkwiderstand $(R_b + R_2)$ von 0 bis ∞, so beschreibt der Endpunkt des zu messenden Widerstandsstrahles $\Re_x$ einen Halbkreis (Abb. 196). Die Größe des Wirkwiderstandes R_x ist ein Maß für die sekundär abgegebene Leistung. Da nun das Widerstandsdiagramm in anderem Maßstabe für konstanten Strom bekanntlich ein Spannungsdiagramm darstellt, so erkennt man aus Abb. 196, daß die Wirkspannung (die Komponente in Richtung $\Im$), da am größten ist, wo R_x

Abb. 195. Der Ringübertrager [1].

ein Maximum wird, d. h. etwa da, wo die Parallele zur j-Achse den Halbkreis berührt. Bei dieser Belastung arbeitet der Transformator am günstigsten.

Versuchsausführung. Gemäß Abb. 194 ist nach S. 60 bei schweigendem Telephon, wenn R_z an R_n liegt:

$$\frac{R_x}{R_n + R_z} = \frac{l_1}{l_2} \quad \text{und} \quad L_x = L_n \frac{l_1}{l_2} \cdots \tag{2}$$

Hieraus ist R_x und L_x zu berechnen.

1. Es sind die Widerstände $\Re_x$ für verschiedene Belastungen R_b zwischen 0 und ∞ zu bestimmen und danach graphisch aufzutragen und der Widerstandskreis zu zeichnen (Abb. 196). Von einem beliebigen Punkte 0 aus werden die Werte R_x in Richtung der reellen Achse eingezeichnet und in ihren Endpunkten senkrecht dazu die $L_x\omega$. Der Mittelpunkt M des Widerstandskreises liegt auf dem Lot $L_1\omega = AB$. Da man R_2 nicht zu Null machen kann, so erhält man als letzten Punkt des Halbkreises für

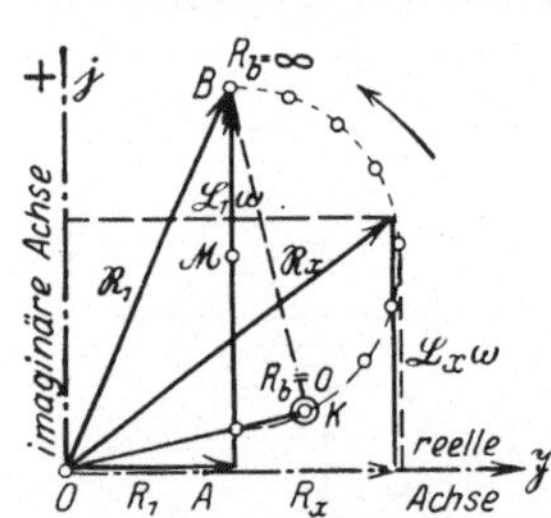
Abb. 196. Diagramm des Fernsprechtransformators.

$R_b = 0$ den Kurzschlußpunkt K.

2. Bei welcher Belastung arbeitet der Transformator am günstigsten?

Das künstliche Kabel.

Die Schaltung des Versuchskabels ist aus Abb. 197 ersichtlich, Jeder Stufe von 25 km künstlicher Länge entspricht die Kapazität von $2 \times 2 \,\mu\text{F}$ in Reihe $= 1 \,\mu\text{F}$ pro Stufe $= \dfrac{1\,\mu\text{F}}{25\,\text{km}} = 0{,}04 \,\mu\text{F}$ pro km,

---

[1] Aus Goetsch: Taschenbuch für Fernmeldetechniker. 1925. Verlag Oldenbourg.

sowie der Ohmsche Widerstand von $2 \times 50\ \Omega$ in Reihe $= 100\ \Omega$ pro Stufe $= 4\ \Omega$ pro km; das sind Dimensionen, die denen des dicken Rheinlandkabels (mit $0{,}055\ \mu\mathrm{F}$ pro km und $5\ \Omega$ pro km) nahe kommen.

1. **Spannungsabnahme im Kabel.** Die Theorie und der Versuch lehrt: daß die am Anfang eine Kabels angelegte Spannung $\mathfrak{P}_0$

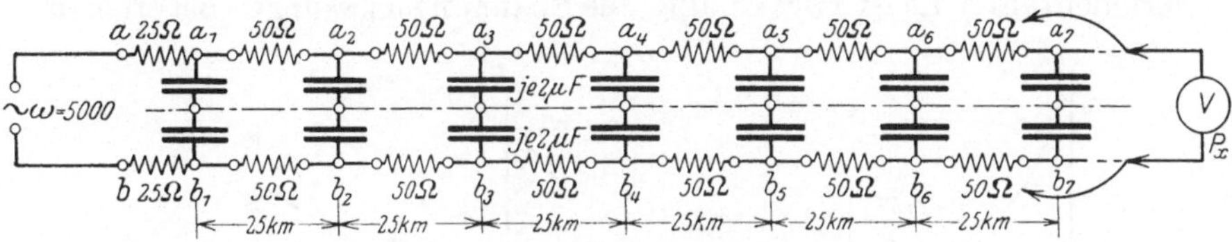

Abb. 197. Schaltung eines künstlichen Kabels.

längs desselben nach dem Exponentialgesetz abnimmt (Abb. 198). Mathematisch ausgedrückt durch die Gleichung

$$\mathfrak{P}_x = \mathfrak{P}_0 \cdot \varepsilon^{-\beta\, l} x. \tag{1}$$

Hierin ist $\mathfrak{P}_0$ die Anfangsspannung, l_x die Länge des Kabels bis zur Meßstelle x, $\mathfrak{P}_x$ die Spannung daselbst, $\varepsilon = 2{,}718$ die Basis des natürlichen Logarithmensystems und β die sogenannte **Dämpfungskonstante**, $\beta\, l$ der **Dämpfungsexponent**.

2. **Stromabnahme im Kabel.** Infolge des nicht ∞ großen Isolationswiderstandes und vor allem auf dem Wege über die parallel liegenden Kapazitäten des Kabels, wird der Strom unterwegs abgeleitet, so daß er am Ende im Verbrauchsapparat kleiner ist, als am Anfang des Kabels.

Der Strom berechnet sich für die einzelnen Stufen aus dem Spannungsabfall $\varDelta\ \mathfrak{P}$ an den beiden Enden der Stufe und dem Widerstand $\mathfrak{R}$ derselben. Es ist

$$\mathfrak{J} = \frac{\varDelta\ \mathfrak{P}}{\mathfrak{R}}. \tag{2}$$

Das Verhältnis $\dfrac{\mathfrak{P}}{\mathfrak{J}} = \mathfrak{Z}$ wird die **Charakteristik des Kabels** genannt.

Anmerkung. Für unendlich lange Kabel berechnet sich die Charakteristik theoretisch aus

$$\mathfrak{Z} = \sqrt{\frac{R}{C\,\omega}} \tag{3}$$

und die Dämpfungskonstante β aus

$$\beta = \sqrt{\frac{R\,C\,\omega}{2}}. \tag{4}$$

Versuchsausführung. Die Spannungsabnahme im Kabel ist mit dem Voltmeter zu bestimmen und in ihrer Abhängigkeit von der Länge l_x

graphisch aufzutragen, und zwar bei zwei verschiedenen Frequenzen:
A. für $f = 100$ Hertz, B. für $f = 500$ Hertz, beides wenn:

1. Das Kabel am Ende a) offen, b) kurz geschlossen ist.

2. Das Kabel in der Mitte, a) offen, b) kurz geschlossen ist.

Die Anfangsspannung ist für alle Versuche gleich groß zu wählen und während der Messung dauernd zu kontrollieren. (Vorsicht bei höherer Periodenzahl!) Es ist zweckmäßig, die Spannungsmessungen bei offenem

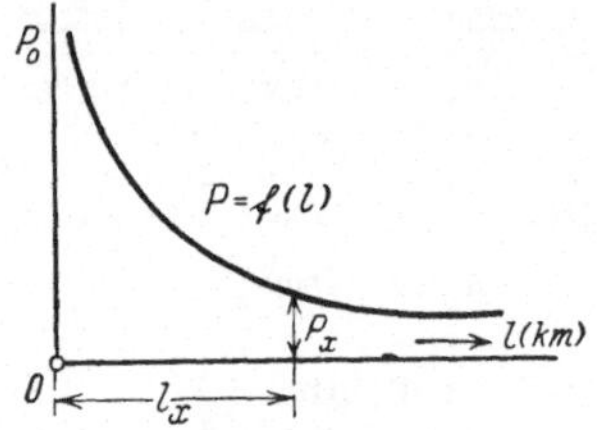

Abb. 198. Spannungsabnahme im Kabel.

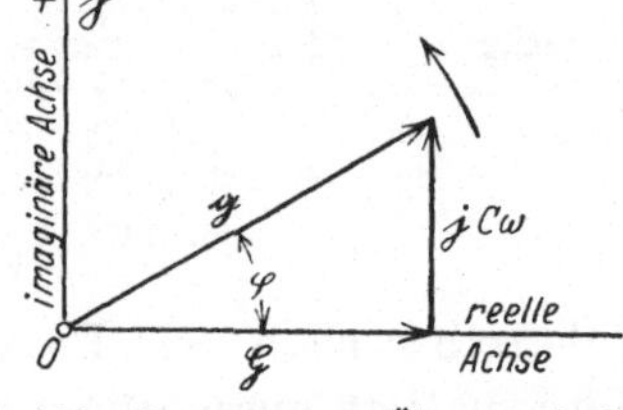

Abb. 199. Diagramm zur Übungsaufgabe F.

und bei kurz geschlossenem Kabel gleich hintereinander auszuführen.

C. Berechne die Stromverminderung für die einzelnen Stufen aus den gemessenen Werten $\varDelta \mathfrak{P}$.

D. Berechne die Dämpfungskonstante β aus den Meßwerten nach der Gleichung für ∞ lange Kabel $\dfrac{\mathfrak{P}_{x_1}}{\mathfrak{P}_{x_2}} = \varepsilon^{-\beta(x_1 - x_2)}$ und aus den Leitungskonstanten $C_{\mu\mathrm{F/km}}$ und $R_{\Omega/\mathrm{km}}$ nach der theoretischen Gl. (4).

E. Berechne die Charakteristik $\mathfrak{Z} = \dfrac{\mathfrak{P}}{\mathfrak{J}}$ aus den Meßwerten und auch nach der theoretischen Gl. (3).

F. Berechne die Ableitung $\mathfrak{G} = G + jC\omega$ einer 300 km langen Freileitung, deren Isolationswiderstand $R = 10^4\,\Omega$ und deren Kapazität $1\,\mu\mathrm{F}$ beträgt für $f = 50$ Hertz (Abb. 199) und den Einschaltstrom $\mathfrak{J}$ in A bei Leerlauf bei

$$\mathfrak{P} = 10000 \text{ Volt effektiv.}$$

Lecherdrähte

(zur absoluten Eichung von Wellenmessern).

Koppelt man den Schwingungskreis K_1 eines Wellenmessers (Abb. 200), den man mit dem Induktorium J erregt, mit dem kurzgeschlossenen Ende A induktiv (bzw. mit einem offenen Ende A kapazitiv), mit dem System zweier gerader ausgestreckter Drähte, so übertragen sich die Wellen auf das Drahtsystem (nach Lecher)[1]. Sie werden an einem offenen Ende B so reflektiert, daß dort der Strom Null, die Spannung

---

[1] Vgl. Ebert: Lehrb. d. Physik II, 2. Teil 1923, S. 69.

maximal, wird, an einem geschlossenen Ende so, daß dort der Strom maximal, die Spannung Null wird.

Im Augenblick, wo die Funkenstrecke des Primärkreises K_1 durchschlagen wird, fließen die Elektronen in der Drahtbahn hin und her in jeweils entgegengesetzter Richtung. An gewissen Punkten stauen

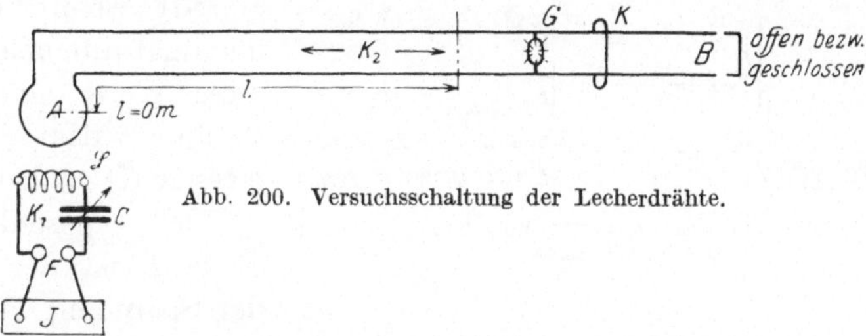

Abb. 200. Versuchsschaltung der Lecherdrähte.

sie sich und fließen wieder zurück. In den Stauungspunkten ist die Stromstärke klein (Null), die Spannung maximal (man stelle sich für die Erklärung z. B. das offene Ende B als einen Kondensator vor). Umgekehrt ist in den Spannungsknoten (z. B. an geschlossenen Enden oder unter Umständen an Stellen des Drahtsystems, die durch einen Kurzschlußbügel K überbrückt sind) der Strom maximal.

Es bilden sich stehende Wellen aus, vgl. den bekannten Versuch mit dem wagrecht schwebenden Seil, das an einem Ende irgendwo festgebunden ist, und dessen anderes Ende mehr oder weniger rasch auf und ab bewegt wird.

Bei bestimmten Verhältnissen zwischen der ganzen Länge des Drahtsystems L (von A bis B z. B. = 24 m) und der Wellenlänge λ tritt zwischen dem Schwingungskreise K_1 und den Lecherdrähten K_2 Resonanz ein. Das Drahtsystem besitzt unendlich viele Eigenschwingungen und eignet sich daher zur (absoluten) Eichung von Wellenmessern.

Bei einem offenen und einem kurzgeschlossenen Ende des Drahtsystems muß sein:

$$\frac{L}{\lambda} = \frac{1}{4} \text{ bzw. } \frac{3}{4} \text{ bzw. } \frac{5}{4} \cdots \tag{1}$$

Bei zwei kurzgeschlossenen (oder offenen) Enden muß sein:

$$\frac{L}{\lambda} = \frac{1}{2} \text{ bzw. } \frac{2}{2} \text{ bzw. } \frac{3}{2} \text{ bzw. } \frac{4}{2} \cdots \tag{2}$$

Die Länge λ der eingestellten Welle erkennt man an der Lage der Knoten und Bäuche am Drahtsystem. Eine beide Drähte überbrückende Glimmlichtröhre G leuchtet am Spannungsbauch hell auf und bleibt am Knotenpunkt dunkel. In den Spannungsknoten kann ein Kurzschlußbügel K ohne Störung der Welle aufgelegt werden.

Versuchsausführung. Man legt die Glimmlichtröhre G an das offene Ende B und den Kürzschlußbügel K in bestimmten Abständen l von A auf. Dann wird der Drehkondensator C so lange verändert, bis Resonanz eintritt, wenn die Röhre maximal aufleuchtet. Auf diese Weise sind einige Punkte des Wellenmessers K_1 nachzuprüfen.

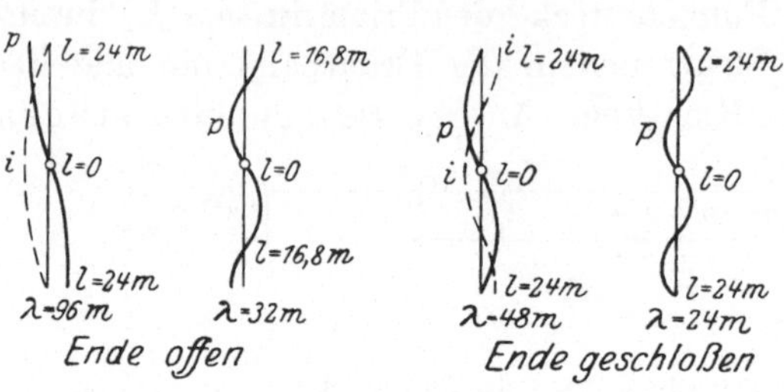

Abb. 201. Strom- und Spannungsverteilung längs des Drahtsystems nach Lecher.

Bei geschlossenem Ende B ist der Verlauf der Spannung längs des Drahtes mit der Glimmlichtröhre zu beobachten und aufzuzeichnen (vergleiche z. B. Abb. 201) und durch Auflegen des Bügels die Knoten zu prüfen.

Gedämpfte Schwingungserregung.

Gedämpfte Schwingungen erhält man z. B., wenn der zu erregende (Antennen-)Kreis II (Abb. 202) durch Kopplung bei K von einem Erregerkreise I Schwingungen erhält, die beim Durchschlagen einer Funkenstrecke F entstehen, welche mit den Hochspannungsklemmen eines Induktoriums J in Verbindung steht. Die so im Kreise II erzeugten Schwingungen können mit einem Wellenmesser (Kreis III) gemessen bzw. von einer mehr oder weniger entfernten Empfangsantenne aufgefangen werden.

Nach Abstimmung des Kreises II auf den Kreis I wandert die elektromagnetische Energie des Kreises I durch die Kopplung auf den Kreis II hinüber und dieser schwingt dann maximal, wenn Kreis I völlig stromlos ist. Die Energie wandert wieder zurück usf. (Abb. 204a). Es entsteht eine Schwebung, ähnlich der beim Parallelschalten zweier Wechselstrommaschinen (mechanisches Analogon: zwei gekoppelte abgestimmte Pendel!). Die Amplitude der Schwebung ist hier aber nicht konstant, sondern nimmt infolge der Dämpfung ($J^2 r$) im Schwingungskreise ab und zwar nach einer Exponentialkurve.

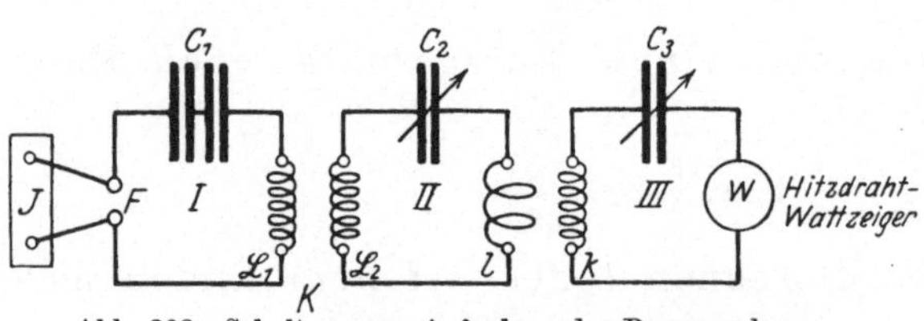

Abb. 202. Schaltung zur Aufnahme der Resonanzkurven.

Nimmt man die Resonanzkurve mit dem Wellenmesser auf, indem

man C_3 verändert, so erhält man **zwei Maxima** anstatt eines einzigen, wie man erwartet hätte (Abb. 203). Man erklärt das wie folgt:

Die graphische Darstellung (Abb. 204 a) des Vorganges der schwebenden Schwingungen zeigt, daß man zwei Frequenzen zu unterscheiden hat: die Frequenz der Schwingung ω und die Frequenz der Schwebung α entsprechend den Schwingungszeiten T_a und T_ω in Abb. 204 a. Bezeichnet J den Maximalwert der ersten Schwingung, t die Zeit, $\varepsilon = 2{,}718$ die Basis des natürlichen Logarith-

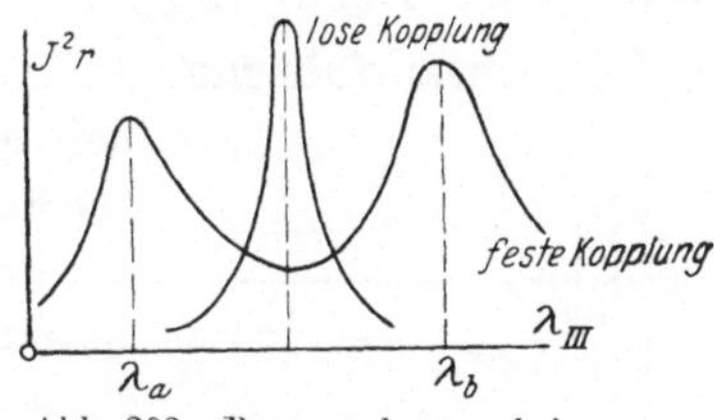

Abb. 203. Resonanzkurven bei verschiedener Kopplung.

mensystems, β einen Dämpfungsfaktor, der den Grad der allmähligen Abnahme der Amplituden charakterisieren soll, so kann man den Augenblickswert i der Schwingung mathematisch durch die Gleichung darstellen

$$i = J \cdot \varepsilon^{-\beta t} \cdot \cos \alpha t \sin \omega t. \tag{1}$$

Nun läßt sich Gl. (1) umformen, wenn man ω und α aus zwei neuen Frequenzen ω_a und ω_b entstanden denkt in der Form:

$$\omega = \frac{\omega_a + \omega_b}{2} \quad \text{und} \quad \alpha = \frac{\omega_a - \omega_b}{2}, \tag{2}$$

so daß

$$\omega_a = \omega + \alpha \quad \text{und} \quad \omega_b = \omega - \alpha \ \text{ist}. \tag{3}$$

Durch Einsetzung dieser Werte wird aus Gl. (1)

$$i = \frac{J}{2} \varepsilon^{-\beta t} \cdot (\sin \omega_a t \cdot \sin \omega_b t). \tag{4}$$

Die Gesamtschwingung Gl. (4) ist danach aus zwei Schwingungen der Frequenzen ω_a und ω_b, den sogenannten Koppelwellen zusammengesetzt und tatsächlich ist der Vorgang àuch physikalisch so zu deuten. Ein lose gekoppelter Kreis III (Wellenmesser) spricht nicht etwa auf die Grundschwingung mit der Frequenz ω an (denn deren Amplitude ist abwechselnd positiv und negativ), sondern nur auf die Koppel-

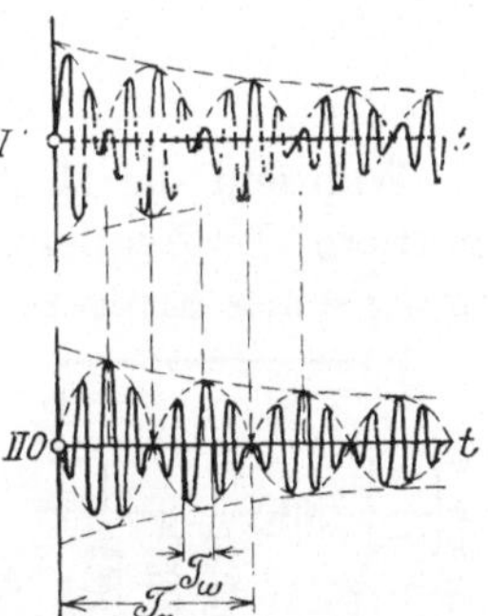

Abb. 204 a. Graphische Darstellung der Schwingung bei Anwendung der Braunschen und Wienschen Funkenstrecke.

wellen ω_a und ω_b. Man erhält (bei festerer Kopplung) wie gesagt zwei Maxima. Diese Maxima liegen um so weiter auseinander, je fester die Kopplung ist. Bei ganz loser Kopplung, bei K, rücken sie zusammen. Die Abstände der Koppelwellen bilden unmittelbar ein Maß für den Grad der Kopplung.

Verwendet man anstatt einer gewöhnlichen Funkenstrecke (Braun sche Erregung) eine unterteilte, mit großen Metallflächen, so daß der in mehrere Fünkchen unterteilte Funken bei den großen Abkühlungsflächen leicht und schnell erlischt, so reißt die Schwingung im Kreise *I* ab und der Kreis *II* schwingt unbeeinflußt für sich allein schwach gedämpft mit der Frequenz des Kreises *II* weiter (Abb. 204 b). (**Wiensche Erregung.**)

Versuchsausführung. 1. Kreis *I* ist zu erregen und die Wellenlänge λ bei unterbrochenem Kreise *II* zu messen. Darauf ist Kreis *II* bei *K* lose mit Kreis *I* zu koppeln und auf *I* abzustimmen. Das geschieht dadurch, daß der Drehkondensator C_2 so lange verstellt wird, bis der (unverstellte) Wellenmesser, der jetzt mit Kreis *II* lose gekoppelt ist, das Strommaximum zeigt.

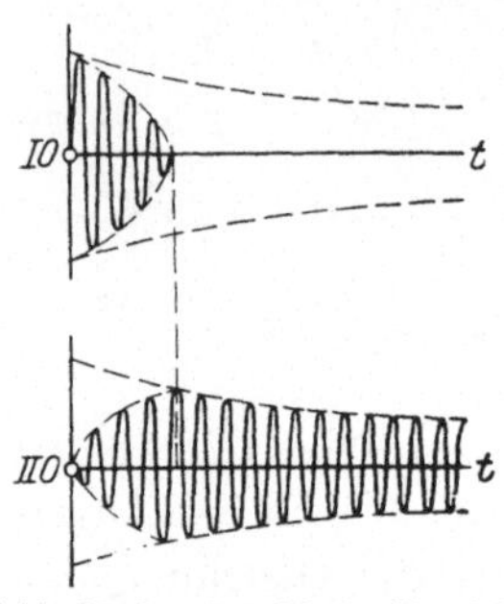

Abb. 204 b. Graphische Darstellung der Schwingung bei Anwendung der Braunschen und Wienschen Funkenstrecke.

2. Bei verschiedenen Kopplungsgraden (bei *K*) ist ohne sonst etwas an den Abstimmungen der Kreise *I* und *II* zu ändern, mit dem Wellenmesser durch Verstellen des Drehkondensators C_3 die Resonanzkurve aufzunehmen und graphisch aufzutragen (Abb. 203) und zwar

a) bei Verwendung einer gewöhnlichen Funkenstrecke,

b) „   „   „ Wienschen   „

Tonfrequenzmessung.

Während der Magnetsummer (s. Anhang) im wesentlichen nur eine mittlere Tonfrequenz liefert, kann der Rohrsummer durch Abstimmung seines Erregerschwingungskreises auf verschiedene Tonfrequenzen eingestellt werden.

Eine sehr einfache Schaltung zeigt Abb. 205. Ordnet man neben den Spulen L_1 und L_2 der bekannten Selbsterregungsschaltung von Meißner (s. S. 93) eine dritte Spule L_3 so an, daß sie von dem Feld in L_2 induziert wird, so kann man an ihren Enden *A* und *B* eine Wechselspannung abgreifen, deren Frequenz von

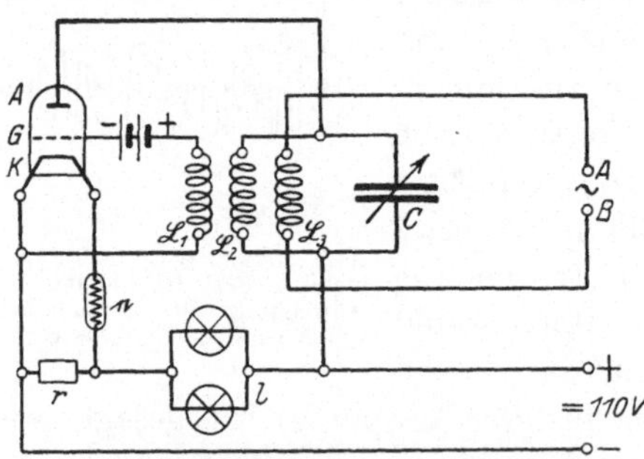

Abb. 205. Einfacher Rohrsummer in Meißnerschaltung als Schwingungserzeuger.

der Einstellung des Kondensators *C* abhängt. Diese Frequenz kann auf verschiedene Weise gemessen werden.

1. **Resonanzschaltung.** Man speist mit der zu messenden Frequenz den Schwingungskreis *K* (Abb. 206) und verstellt den Drehkondensator *C*

so lange, bis im Telephon T ein Tonmaximum hörbar ist. Es ist dann mit den bekannten Werten

$$2\pi f = \omega = \frac{1}{\sqrt{LC}}, \qquad (1)$$

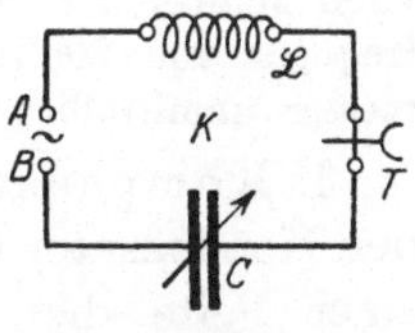

wobei L die Induktivität des Schwingungskreises K (einschließlich Fernhörer), C die Kapazität des Drehkondensators bedeutet. Hieraus folgt:

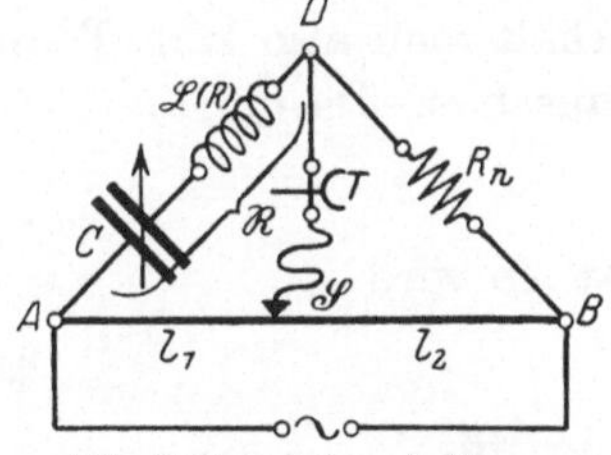

Abb. 206. Resonanzschaltung.

$$f = \frac{1}{2\pi} \cdot \frac{1}{\sqrt{LC}} \qquad \begin{array}{l} L \text{ in Henry } 1\,\mathrm{H} = 10^9 \text{ cm} \\ C \text{ in Farad } 1\,\mathrm{F} = 10^6\,\mu\mathrm{F} = 9\cdot 10^{11} \text{ cm} \,. \\ f \text{ in Hertz} \end{array} \qquad (2)$$

Grundtöne und Obertöne können nach dieser Methode getrennt bestimmt werden. Die Methode entspricht der der Wellenmessereichung (S. 82) bei hochfrequenten Schwingungen.

2. Brückenschaltung. Man bestimmt ähnlich wie auf S. 60 den Scheinwiderstand $\Re$, der sich aus einer bekannten Induktivität L und dem Drehkondensator C zusammensetzt. R_n ist ein induktions- und kapazitätsfreier Normalwiderstand (Abb. 207).

Abb. 207. Brückenschaltung.

Hat man abwechselnd den Schleifkontakt S verschoben und den Kondensator C verstellt, solange bis das Telephon schweigt (bei Vorhandensein von Obertönen erhält man nur ein Tonminimum), so gilt:

$$\frac{\Re}{R_n} = \frac{l_1}{l_2}; \quad \Re = R_n \cdot \frac{l_1}{l_2}. \qquad (3)$$

In diesem Falle gilt für das Tonminimum:

$$L\omega = \frac{1}{C\omega},$$

d. h.

$$\omega = 2\pi f = \frac{1}{\sqrt{LC}} \quad \text{oder} \quad f = \frac{1}{2\pi}\frac{1}{\sqrt{LC}} \qquad (4)$$

wie oben. Der Scheinwiderstand

$$\Re = \sqrt{R^2 + \left(L\omega - \frac{1}{C\omega}\right)^2}$$

wird hierfür einfacher:

$$\Re = \sqrt{R^2 + 0} = R.$$

Der Strom im Kondensatorkreise ist (für den Resonanzfall der abgeglichenen Brücke) in Phase mit der Teilspannung an den Enden AD der Brücke ebenso wie in den andern Zweigen, und nur in diesem Falle ist die Abgleichung der Brücke mit einem induktionsfreien Widerstand R_n überhaupt möglich.

Anmerkung. Verwendet man einen geeigneten Wellenmesser mit dem mittleren Meßbereich von etwa $\lambda = 400\,000$ m entsprechend einer mittleren Tonfrequenz von 800 Hertz ($\omega = 5000$), so kann man die Frequenz am Wellenmesser unmittelbar ablesen.

3. **Kompensationsschaltung.** Das Induktionsvariometer und der Kondensator C werden nach Abb. 208 in Reihe geschaltet und auf einer Seite die zu messende Frequenz auf der andern Seite das Telephon angelegt.

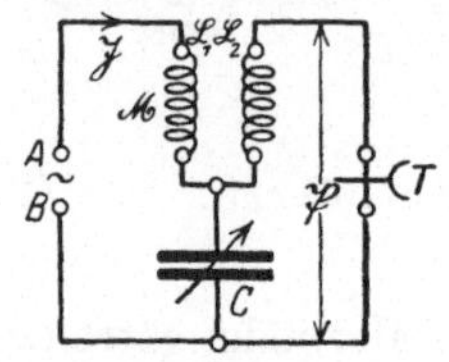

Abb. 208. Kompensationsschaltung.

Das Telephon schweigt, wenn die Spannung $\mathfrak{P}$ an seinen Enden Null ist, wenn nämlich die Spannung der gegenseitigen Induktion $M\omega\,\mathfrak{J}$ in Spule L_2 des Variometers gleich groß und in der Phase entgegengerichtet ist der Kondensatorspannung $\dfrac{\mathfrak{J}}{C\omega}$; bei falscher Polung an L_2 erhält man also kein Tonminimum. Die Anschlüsse sind dann zu vertauschen. Da nun

$$\mathfrak{P} = \mathfrak{J}\left(M\omega - \frac{1}{C\omega}\right)$$

ist, so wird

$$\mathfrak{P} = 0 \quad \text{für} \quad M\omega = \frac{1}{C\omega}$$

oder für

$$\omega = 2\pi f = \frac{1}{\sqrt{MC}}\,.$$

Damit berechnet sich

$$f = \frac{1}{2\pi} \cdot \frac{1}{\sqrt{MC}} \quad \begin{array}{l} M \text{ in H} \\ C \text{ in F} \\ f \text{ in Hertz.} \end{array}$$

Eichung von Phasenmessern, Drehfeldwattmetern und Blindleistungszeigern u. a. m.

Während das elektrodynamische Wattmeter mit Gleichstrom geeicht werden kann, und dann in Wechselstrom eingeschaltet, die Leistung ohne weiteres richtig anzeigt, hat die Eichung von Phasenmessern, Cosinus-φ-Zeigern, Drehfeldwattmetern, Drehfeldzählern, Blindleistungszeigern, Blindstrommessern, Blindverbrauchzählern, kurz von allen den Meßgeräten, die nach dem Induktionsprinzip gebaut sind oder die eine 90°-Schaltung enthalten, den Nachteil, daß sie nur mit Wechselstrom geeicht werden können, was die Genauigkeit, wegen des immerhin unruhigen Betriebes (verglichen mit der Eichung mit Gleichstrom, der Akkumulatoren entnommen wird) von vornherein etwas herabgesetzt. Außerdem ist eine Einrichtung nötig, um die Phase des Stromes gegen die Spannung verändern zu können, nicht nur zur

Einstellung der künstlichen Phasenverschiebung bei der ersten Abgleichung der Meßgeräte, sondern auch zur Einstellung des Zeigers auf verschiedene Skalenwerte unter den verschiedenen Betriebsbedingungen sowie bei einer Nachprüfung.

Außer den in Abb. 52 und 53 (S. 24) ersichtlichen Eichmaschinen läßt sich die Phaseneinstellung bei vorhandenem Drehstromanschluß auch mit einem sogenannten **Phasentransformator** bewirken. Derselbe ist im wesentlichen wie ein Drehstrommotor gebaut und besteht aus einem feststehenden Ständer mit einer Drehstromwickelung und einem ebenfalls mit einer dreiphasigen Wickelung versehenen Läufer (Abb. 209). Der Läufer ist nicht frei beweglich, kann aber mit Hilfe einer besonderen mechanischen Einstellvorrichtung in verschiedene Lagen dem Ständer gegenüber gebracht werden. Bei Anschluß des Ständers an ein Drehstromnetz entsteht in ihm ein Drehfeld, das in der Läuferwickelung eine Spannung gleicher Frequenz erzeugt, deren Phasenverschiebung gegen die Netzspannung von der Stellung des

Abb. 209. Phasentransformator von Siemens & Halske.

Läufers abhängt, weil die Wickelung je nach ihrer Lage im Ständer früher oder später vom Drehfelde geschnitten wird.

Der **Phasenmesser** wird durch Vergleich mit einem Wattmeter unter Zuhilfenahme eines Strom- und Spannungsmessers geeicht.

Das Prinzip der Schaltung ist aus Abb. 210 ersichtlich. Die Haupt-

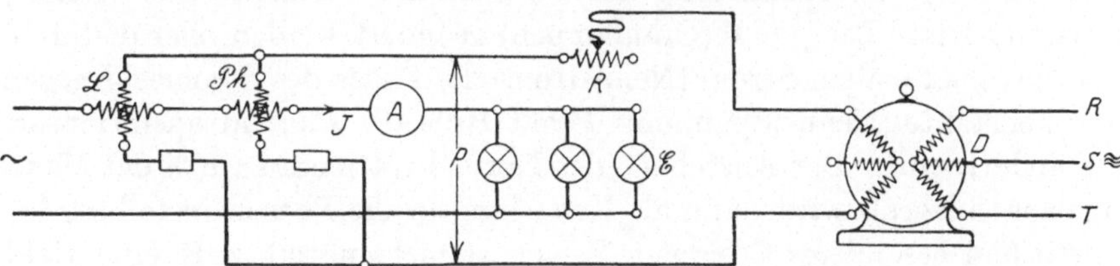

Abb. 210. Eichschaltung für Phasenmesser, Wattmeter, Blindleistungszeiger u. a. m. mit veränderlicher Phaseneinstellung.

stromspulen des Phasenmessers *Ph* und des Leistungsmessers *L* liegen in Serie mit dem Strommesser und den Verbrauchsapparaten (hier Glühlampen) des Einphasennetzes *E*. Die Spannungspfade des Wattmeters und des zu prüfenden Phasenmessers liegen parallel an der

Sekundärspannung P des Phasentransformators T, welcher primär an das Drehstromnetz D geschlossen ist.

Durch Drehung an der mechanischen Einstellvorrichtung des Phasentransformators T kann die Phase (P, J) und mit Hilfe des induktionsfreien Regulierwiderstandes R die Größe der Spannung P eingestellt werden. Liest man den Strom J am Amperemeter, die Leistung N am Wattmeter L ab, so wird für die Angabe des Phasenmessers:

$$\cos \varphi = \frac{N}{P \cdot J}. \tag{1}$$

Der zugehörende Phasenwinkel φ ist einer goniometrischen Tabelle zu entnehmen.

Schulen, die einen Phasentransformator nicht besitzen oder keinen Drehstromanschluß haben, können sich dadurch helfen, daß sie die Hauptstromspulen des Wattmeters und Phasenmessers in den Zweig $\Re_2$ der 90⁰-Schaltung (Abb. 190, S. 102) einbauen und die Spannungspfade an die Klemmen AB legen, um die in der Nähe von 90⁰ liegenden Phasenverschiebungen zu erhalten. Im übrigen lassen sich kleinere Phasenverschiebungen als 90⁰ bequem mit größeren Regulierdrosselspulen an Stelle der Glühlampen im Einphasennetz E (Abb. 50, S. 22) erzielen und Phasenverschiebungen, die größer als 90⁰ sind, durch Umpolung entweder der Strompfade oder der Spannungspfade am Wattmeter und Phasenmesser und Einstellung der Phase mit Hilfe derselben Regulierdrossel.

Das Drehfeldwattmeter wird nach der Methode des Grundversuches (S. 22) geeicht, aber mit Wechselstrom und ohne die Umschaltung, da das Erdfeld bei Wechselstrom keinen Einfluß ausüben kann. Die Schaltung zeigt Abb. 210 (S. 115), wobei der Phasenmesser durch das zu eichende Drehfeldwattmeter zu ersetzen ist. Die Nachprüfung geschieht wie früher angegeben durch Vergleich mit dem elektrodynamischen Präzisionswattmeter. Dabei kann die Belastung entweder durch Veränderung der Stromstärke bei konstanter (Nenn-) Spannung und bei $\varphi = 0$ (Glühlampen) geändert werden oder dadurch, daß bei maximalem Strom (Nennstrom) die Phase des Stromes J gegen die konstante (Nenn-)Spannung P mit Hilfe des Phasentransformators verändert wird. Der Ausschlag des Normalwattmeters (in % des Maximalausschlages), wird dann als Kriterium für die Phaseneinstellung benützt (ein besonderer Cosinus-φ-Zeiger ist nicht nötig), z. B. entspricht $100\% = 0⁰, 50\% = 30⁰, 86,6\% = 60⁰, 0\% = 90⁰$.

Bei einer Neueichung des Drehfeldwattmeters geht der Eichung die Abgleichung auf 90⁰, die Einstellung der künstlichen Phasenverschiebung im Spannungskreis voraus, wie folgt:

Man stellt am elektrodynamischen Wattmeter durch Verdrehen des Phasentransformators bei Nennstrom und Nennspannung den Maximal-

ausschlag α für φ $(J, P) = 0$ ein und verstellt den magnetischen Widerstand der Vordrossel D_1 (Abb. 211) im Spannungspfad des Drehfeldwattmeters so lange (durch Änderung des Luftspaltes am Eisenkern der
Drossel), bis das zu eichen-
de Drehfeldwattmeter den
Endausschlag zeigt.

Nachher stellt man das
Normalwattmeter bei
Nennstrom und Nenn-
spannung auf den Aus-
schlag 0 ein für φ (J, P)
$= 90^0$, und reguliert am
Parallelwiderstand r_1
(Abb. 211) so lange, bis
das Drehfeldwattmeter
auch den Ausschlag Null
zeigt.

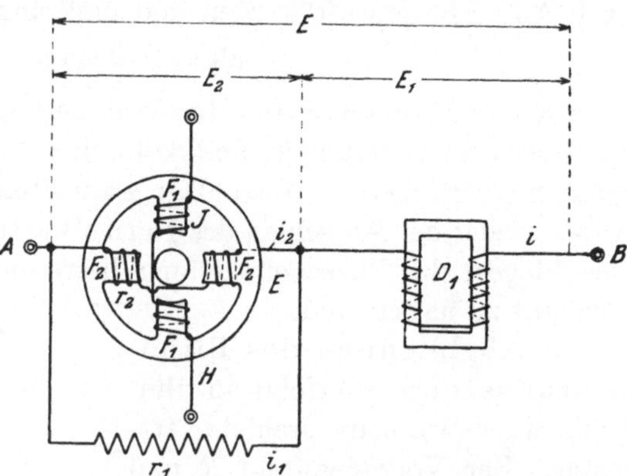

Abb. 211. Innenschaltung des Drehfeldwattmeters.

Dabei verschiebt sich das vorher eingestellte Ausschlagsmaximum
am Drehfeldwattmeter und muß mit D_1 nachgestellt werden. Hierdurch aber verstellt sich wieder etwas der Nullpunkt, welcher nun seinerseits mit r_1 neu abgeglichen werden muß und das abwechselnd bis
beides genau eingestellt ist.

Der Strom i_2 in den Spannungsspulen r_2 ist dann um 90^0 gegen
die Klemmenspannung P an den Enden AB verschoben (Abb. 212a
u. b), denn bei Induktionsinstrumenten[1]) ist der Ausschlag proportional
$J \cdot i_2 \sin (J, i_2)$.

Drehfeldwattmeter für Drehstrom, auch Doppelwattmeter,
werden ebenso abgeglichen; nur braucht man hier keine 90^0-Schaltung
im Spannungspfad, dessen An-
schluß an die bei Drehstrom
um 30^0 gegen den Hauptstrom
(bei $\varphi = 0$) zurückliegende Netzspannung erfolgt.

Um Versehen auszuschließen,
werden Drehfeldwattmeter besonders für Drehstrom, gewöhnlich nach erfolgter Abgleichung
und Eichung, und nach dem die
für den Spannungspfad abge-

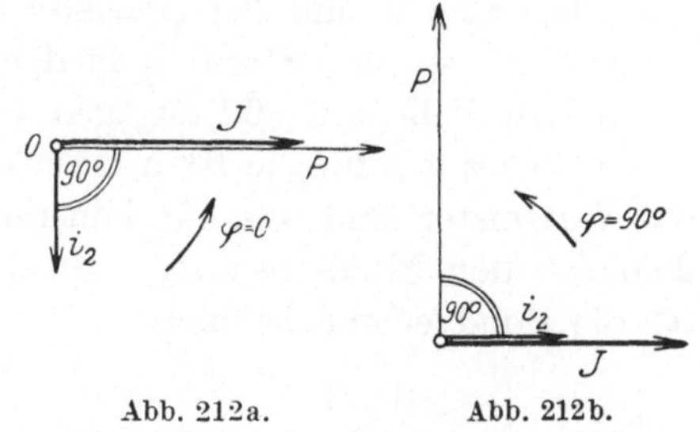

Abb. 212a.   Abb. 212b.
Abb. 212a und b. Diagramme zum Drehfeldwattmeter.

glichenen Widerstände D_1 und r_2 fest eingebaut sind, noch einmal nach-
gesehen, und zwar Einphasenwattmeter in der Schaltung wie vorher
(Abb. 210), Doppelwattmeter in einer Dreiphasenschaltung nach Aron.

____

[1]) Vgl. das Buch „Elektr. Meßinstrumente" des Verfassers.

Der Blindleistungszeiger zeigt den Ausschlag Null bei induktionsfreier Belastung und den Maximalausschlag bei 90^0 Phasenverschiebung φ zwischen Strom und Spannung. Er kann in einer Schaltung nach Abb. 210 geprüft werden und muß anzeigen

$$N_b = P \cdot J \sin \varphi.$$

Wie beim Drehfeldwattmeter wird die Phase von P mit dem **Phasentransformator** T verändert und dadurch z. B. bei Nennstrom und Nennspannung verschiedene Ausschläge α am Blindleistungszeiger eingestellt, wobei wieder der Ausschlag des Normalwattmeters (in $^0/_0$ des Maximalausschlages) die Phaseneinstellung bestimmt und P und J natürlich konstant zu halten sind.

Die Abgleichung des Blindleistungszeigers erfolgt in ähnlicher Weise wie beim Drehfeldwattmeter. Der Vorwiderstand R und

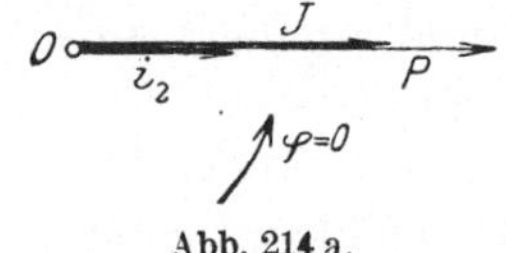

Abb. 214 a.

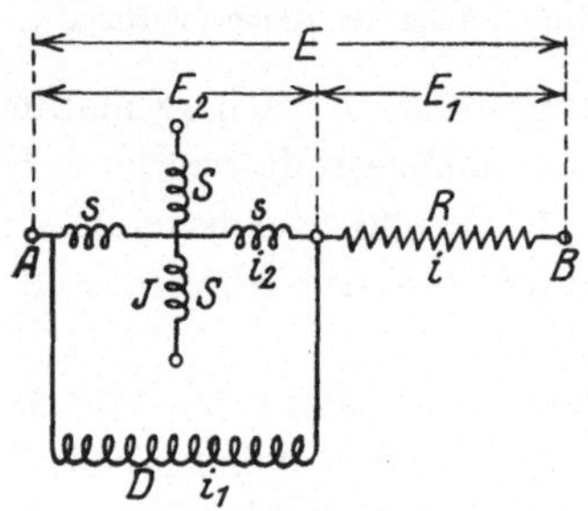

Abb. 213. Innenschaltung des Blindleistungszeigers.

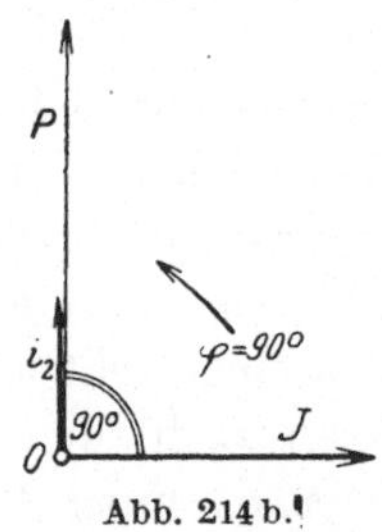

Abb. 214 b.

Abb. 214a und 214b. Diagramme zum Blindleistungszeiger.

die Drossel D (Abb. 213) werden bei $\varphi = 0$ bzw. bei $\varphi = 90^0$ abwechselnd so lange einreguliert, bis der Blindleistungszeiger bei $\varphi = 0$ den Ausschlag 0 und bei $\varphi = 90^0$ den Maximalausschlag zeigt. Im ersten Falle ist der Strom i_2 in den Systemspulen s in Phase mit J, im andern Falle um 90^0 dagegen verschoben

Ähnliches gilt für die **Blindstrommesser**, welche weiter nichts als nur Wattmeter sind, die für konstante Spannung geeicht werden und demnach den Blindstrom $J_b = J \cdot \sin \varphi$ anzeigen und das gleiche gilt für die Blindverbrauchzähler.

Anhang.

Meßeinrichtung zur Bestimmung kleiner Widerstände
durch Strom- und Spannungsmessung

(vgl. den Grundversuch: Ohmsches Gesetz, S. 9).

Der zu messende Widerstand R wird nach Abb. 216a unmittelbar, bei stabförmigen Proben nach Abb. 216b mit besonderen Zuleitungen z zwischen die Stromklemmen A der Abb. 216 gelegt. Die Stromquelle E von 2 oder 4 Volt schickt dann den Strom J über den Stromschalter U_1 in den zu messenden Widerstand R, dann über die drei parallel geschalteten Regulierwiderstände r und den Strommesser zurück nach E. Im Widerstande R wird dann der Spannungsabfall $e = JR$ erzeugt, der an den Spannungsklemmen B (Abb. 216) über den Spannungswender U_2 mit dem Millivoltmeter V gemessen werden kann. Es ist dann nach dem Ohmschen Gesetz

Abb. 215. Meßeinrichtung für kleine Widerstände mit Strom- und Spannungsmesser von Siemens & Halske.

$$R = \frac{e}{J}. \tag{1}$$

Ausführung der Messung: Hat man vor Beginn der Messung die Schieber der Regulierwiderstände r nach vorn entsprechend ihrem größten Widerstand gebracht, so stellt man sie nachher so ein, daß der Strom J runde Werte erhält, daß z. B. 0,1 A, 1 A oder 10 A am Strommesser abgelesen wird, und zwar so, daß dabei der größte Ausschlag am Millivoltmeter V entsteht, ohne daß aber der zu messende Widerstand R sich merklich erwärmt. Man hat dann den Vorteil, daß der Ausschlag am Spannungsmesser unmittelbar den Widerständen R ziffernmäßig proportional ist, z. B. bei $J = 0,1$ A, $e = 10\,\text{mV} = 0,01\,\text{V}$

$$\text{ist} \quad R = \frac{0,01\,\text{V}}{0,1\,\text{A}} = 0,1\;\Omega \quad \text{bzw. bei} \quad J = 0,1\,\text{A}, \quad e = 13\,\text{mV}$$

$$\text{ist} \quad R = \frac{0,013\,\text{V}}{0,1\,\text{A}} = 0,13\;\Omega \quad \text{usw.}$$

Um den Einfluß etwaiger Thermoströme zu beseitigen, sind die Umschalter U angeordnet. Man wendet Strom und Spannung, erhält zwei Spannungswerte e_1 und e_2 und nimmt das Mittel $e = \dfrac{e_1 + e_2}{2}$ zur Berech-

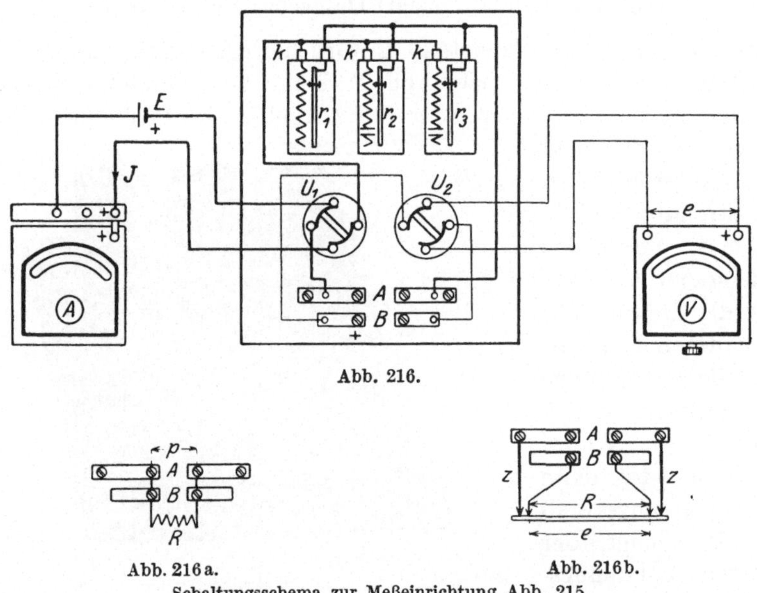

Abb. 216.

Abb. 216a.   Abb. 216b.

Schaltungsschema zur Meßeinrichtung Abb. 215.

nung des Widerstandes R. Die Berechnung des spezifischen Widerstandes geschieht nach S. 28 Gl. (4).

Anmerkungen: Die drei Widerstände r sind mit festen Anschlägen in der Nähe der Kurzschlußstellungen k der Schieber versehen, so daß eine Überlastung der Widerstände ausgeschlossen ist. Die beiden kleinen Widerstände haben noch Ausschaltstellungen (r_2 und $r_3 = \infty$) auf der entgegengesetzten Seite, der dritte dünndrähtige dagegen nicht, so daß mit ihm etwa $55\;\Omega$ eingeschaltet werden können, wenn der Schieber vorn steht.

Durch die Verwendung getrennter Anschlüsse A und B für Strom und Spannungsmesser wird der Einfluß der Zuleitungen und des Übergangswiderstandes an den Anschlußstellen der Stromzuführungen beseitigt.

Die Stromaufnahme im Spannungsmesser beträgt höchstens 0,1 A und kann daher vernachlässigt werden.

Der direkte Anschluß Abb. 216a ist für Widerstände gedacht, die kürzere Abmessungen haben. Sollen stabförmige Widerstände in einer besonderen Einspannvorrichtung gemessen werden, so sind besondere Zuleitungen vorgesehen und der Anschluß erfolgt dann nach Abb. 216b.

Die Schleifdraht-Thomsonbrücke.

Die Thomsonbrücke (vgl. S. 25—29) eignet sich zur Messung kleiner Widerstände unter 1 Ω. Die Abb. 217 zeigt die grundsätzliche Schaltung; dabei muß der Übergangswiderstand d zwischen dem zu messenden Widerstande R_x und dem bekannten Normalwiderstande R_n sorgfältig vermieden werden.

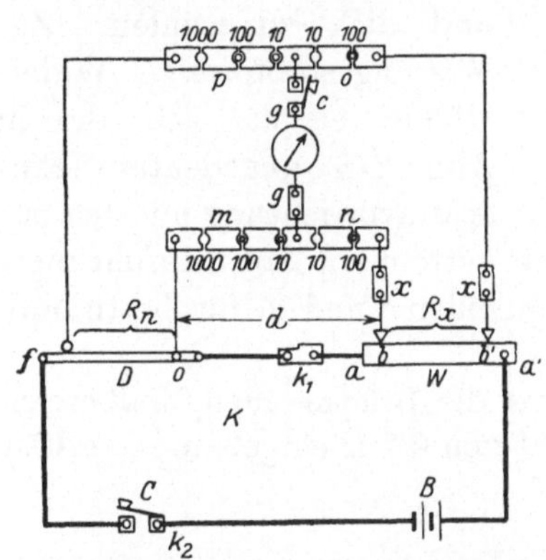

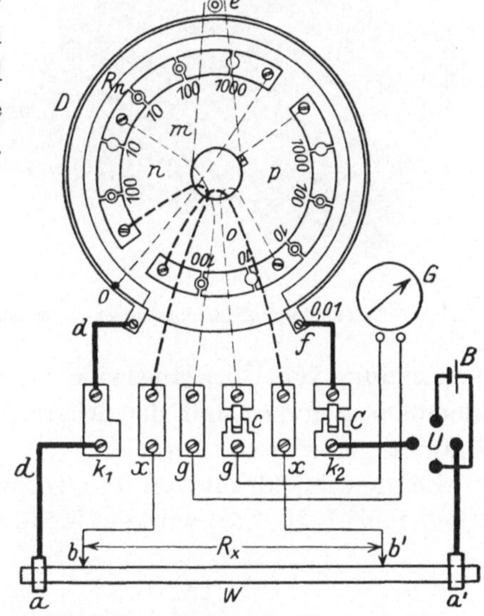

Abb. 217. Grundsätzliches Schaltungsschema der Thomsonbrücke Abb. 218 und 219.

Abb. 218. Anordnung der Thomsonbrücke Abb. 219.

Für Brückengleichheit gilt die Gleichung:

$$R_x = R_n \cdot \frac{o}{p} + d \frac{o}{p} \underbrace{\frac{n}{m+n+d} \left(\frac{m}{n} - \frac{p}{o} \right)}_{f}. \tag{1}$$

Setzt man hierin $m = p$ und $n = o$, so ist $\frac{m}{n} = \frac{p}{o}$ und das Fehlerglied wird Null, d. h. der Verbindungswiderstand d fällt dann aus der Rechnung heraus und es gilt die Gleichung:

$$R_x = R_n \cdot \frac{o}{p} = R_n \cdot \frac{n}{m}, \tag{2}$$

wie bei der Wheatstonebrücke.

Da es nun aber nicht möglich ist, die Widerstände m und n, sowie n und o ganz genau einander gleich zu machen, so ist der Widerstand d

des Verbindungsstückes Abb. 217 und 218 zwischen R_x und R_n nicht vollständig zu vernachlässigen und muß möglichst klein gehalten werden.

Der Vergleichswiderstand R_n beträgt 0,01 Ω und ist wie Abb. 218 zeigt, als Schleifdraht ausgebildet und zwischen den Punkten o und f im Kreise herumgelegt, ebenso wie die Zweigwiderstände m, n, o und p.

Abb. 219. Thomsonbrücke von Siemens & Halske.

Das Kontaktröllchen e aus Platin greift dann auf dem Meßdraht D einen Betrag R_n ab.

Die Anschlußklemmen k, x und g sind in einer Reihe nebeneinander angeordnet. Die veränderliche Länge d von o nach a und die Verbindungen zwischen den Klemmen x und b und b' sind kurz und dick zu wählen. Zur Messung stabförmiger Widerstände eignet sich die in Abb. 218 angedeutete Einspannvorrichtung mit den zur Vermeidung von Übergangswiderständen getrennten Stromzuführungsklemmen a und a' und den Abgrenzschneiden b und b' für bestimmte Drahtlängen x, z. B. 1 m.

Bei dem Meßdraht von 0,01 Ω besitzt die Brücke einen Meßbereich von 0,1 bis $1 \cdot 10^{-6}\ \Omega$; wird ein Meßdraht von 0,1 Ω eingebaut, so erhält

Abb. 220. Schleifdraht-Thomsonbrücke von Hartmann & Braun.

man bei gleicher Empfindlichkeit ein Meßbereich von 1 bis $1 \cdot 10^{-5}\ \Omega$. Die Meßgenauigkeit beträgt 0,2 %.

Der Umschalter U in Abb. 218 dient wie auch in den folgenden Ausführungsformen zur Umschaltung auf zwei Stromrichtungen zur

Vermeidung von Thermoströmen. Der Hauptstromkreis K der Brücke Abb. 217 kann für kurze Zeit bis 20 A belastet werden.

Ausführung der Messung. Die Widerstände m, n, o und p werden im Verhältnis $\dfrac{m}{n} = \dfrac{p}{o}$ so gewählt, daß für den Galvanometerausschlag Null das Stück $R_n = oe$ auf dem Schleifdraht möglichst groß ausfällt.

Da die Zweigwiderstände m, n, o und p nur vielfache Werte von 10 besitzen und die Teilung am Meßdraht den Vergleichswiderstand R_n

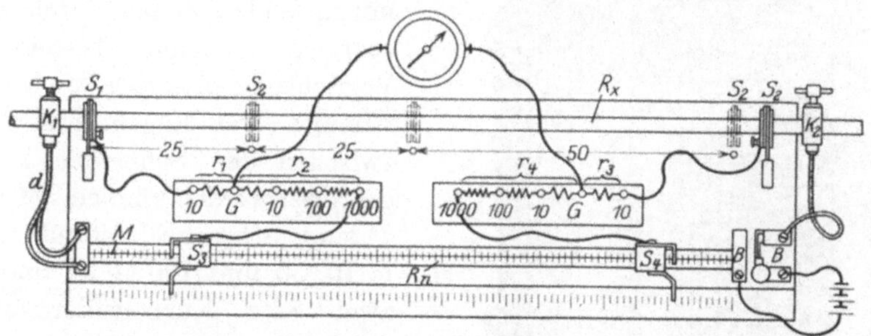

Abb. 221. Anordnung und Schaltung der Schleifdraht-Thomsonbrücke Abb. 220.

in int. Ohm angibt, so ist der zu messende Widerstand R_x dem abgelesenen Wert R_n ziffernmäßig proportional und es wird durch das Verhältnis $\dfrac{m}{n} = \dfrac{p}{o}$ nur das Komma bestimmt.

Gelingt es weder durch Änderung des Verhältnisses der Zweigwiderstände noch durch Verschieben der Schleifrolle e, den Galvanometerausschlag zu Null zu machen, so liegt der zu messende Widerstand R_x außerhalb des Meßbereichs.

Die Ausführung der Thomsonbrücke von Hartmann und Braun zeigt Abb. 220 und 221. Die Anordnung ist natürlich prinzipiell dieselbe; nur ist der Meßdraht M (Abb. 221) nicht im Kreise geführt, sondern gerade ausgestreckt. Die Zweigwiderstände sind mit r_1 bis r_4 bezeichnet. Es herrscht Gleichgewicht bei $\dfrac{r_1}{r_2} = \dfrac{r_3}{r_4}$, wenn

$$R_x = R_n \frac{r_1}{r_2} = R_n \cdot \frac{r_3}{r_4} \text{ ist}. \tag{3}$$

Abb. 222 zeigt einen getrennten Vergleichs-Normalwiderstand R_n für hohe Stromstärken.

Die Doppelkurbelmeßbrücke.

In Abb. 223 ist die Schaltung und in Abb. 224 und Abb. 226b die Anordnung der Doppelkurbelmeßbrücke von Siemens & Halske angegeben. Die Wirkungsweise ist dieselbe wie in den vorgeschriebenen Ausführungsformen. Auch hier ist bei der Messung kleiner Widerstände nach Thomson die Verbindungsleitung d zwischen R_x und R_n möglichst kurz und dick zu wählen. Im allgemeinen sollten Zuleitungswiderstände nicht mehr als je etwa 0,01 Ω betragen.

Abb. 222. Normalwiderstand von Hartmann & Braun für hohe Stromstärken.

Der Normalwiderstand ist auswechselbar, z. B. zu $R_n=0,1, 0,01, 0,001$ und 0,0001 Ω und wird an die Klemmen w_1 angelegt. Der unbekannte Widerstand liegt an den Klemmen w_2, bei stabförmigen Widerständen durch Einspannen in einer besonderen Vorrichtung S, wobei wieder bestimmte Drahtlängen (z. B. 1 m) zwischen den Schneiden s abgegriffen werden können. M und P sind Stöpselwiderstände von je 10, 50 und 100 Ω; O und N zwei Satz Kurbelwiderstände, von je $9 \cdot 0,1$; $9 \cdot 1$, $9 \cdot 10$ und $9 \cdot 100$ Ω, bei denen die Kurbeln der gleich großen Reihen durch je eine bewegliche Brücke verbunden sind, so daß diese nur

gleichzeitig betätigt und auf gleich große Beträge eingestellt werden können.

Ausführung der Messung: 1. Bei $R_x > R_n$: Man zieht bei M und P die Stöpsel 100 Ω (wenn R_x fast gleich R_n die Stöpsel 50 Ω) und reguliert an den Kurbelwiderständen so lange, bis das Galvanometer

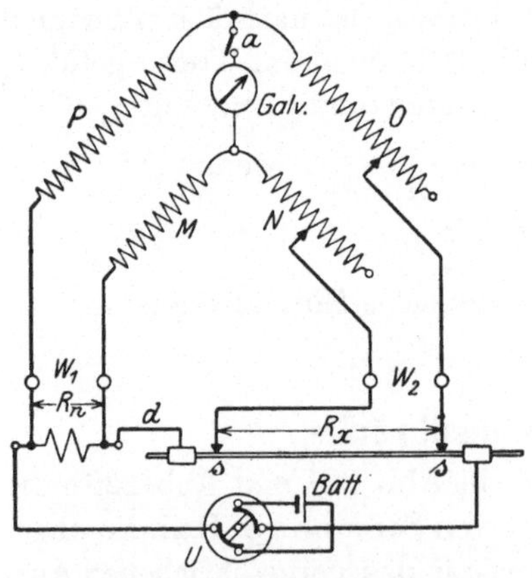

Abb. 223. Thomson-Schaltung der Doppelkurbelmeßbrücke von Siemens & Halske.

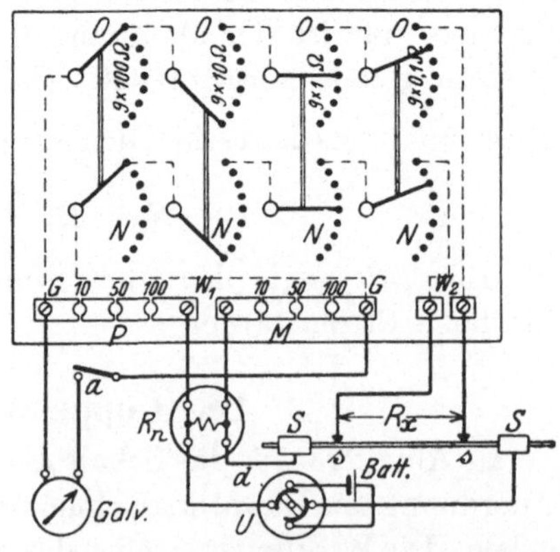

Abb. 224. Anordnung der Doppelbrücke Abb. 223.

stromlos ist. Es ist dann:

$$R_x = R_n \cdot \frac{O}{P} = R_n \cdot \frac{N}{M}. \qquad (4)$$

2. Bei $R_x < R_n$: Man vertauscht jetzt R_n und R_x, so daß R_n an w_2, R_x an w_1 liegt, zieht bei M und P die Stöpsel 10 Ω (wenn R_x fast gleich R_n ist die Stöpsel 50 Ω) und reguliert an den Kurbelwiderständen so lange, bis das Galvanometer stromlos ist. Es ist dann:

$$R_x = R_n \frac{P}{O} = R_n \frac{M}{N}. \qquad (5)$$

Bei Verwendung nachstehender Normalwiderstände R_n ergeben sich die untenstehenden Meßbereiche:

	a) bei Schaltung nach Abb. 224:				b) bei Vertauschung von R_n und R_x:		
für $R_n = 0{,}1$ Ω ein Meßbereich von	0,05	bis	10	Ω	0,001	bis	0,2 Ω
„ $R_n = 0{,}01$ „ „ „	„ 0,005	„	1		„ 0,0001	„	0,02 „
„ $R_n = 0{,}001$ „ „ „	„ 0,0005	„	0,1		„ 0,00001	„	0,002 „
„ $R_n = 0{,}0001$ „ „ „	„ 0,00005	„	0,01		„ 0,000001	„	0,0002„

Messung größerer Widerstände nach Wheatstone.

Abb. 225 und 226 zeigen die Schaltung und Anordnung der Doppelkurbelmeßbrücke von Siemens & Halske für die Messung höherer

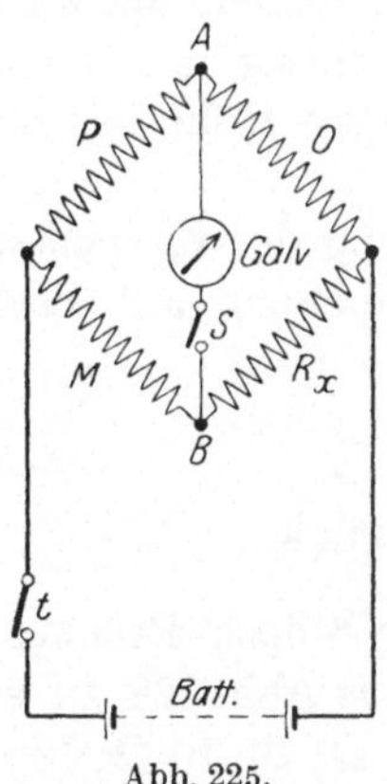

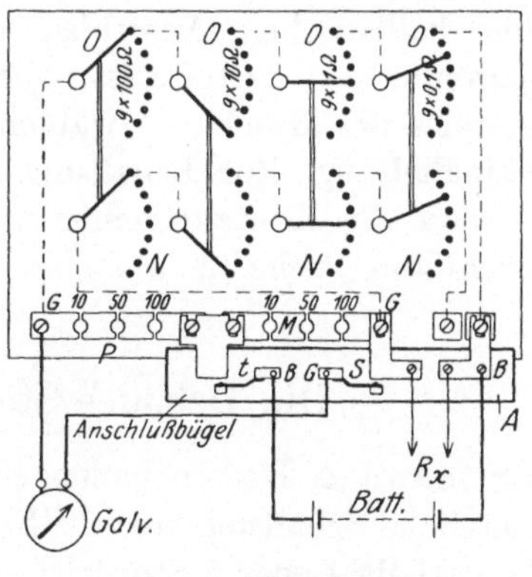

Abb. 225.　　　　　　　　　　Abb. 226 a.

Abb. 225 und 226 a. Schaltung und Anordnung der Doppelkurbelbrücke S. & H. nach Wheatstone.

Widerstände. Zur Vereinfachung der Schaltung ist ein Anschlußbügel A (Abb. 226a) beigegeben, der auch in Abb. 226b zu sehen ist. Der eine Teil N der Kurbelwiderstände ist bei der Messung abgeschaltet.

Ausführung der Messung. Man zieht ein

Abb. 226b. Die Thomson-Doppelbrücke S. & H.

passendes Verhältnis der Stöpselwiderstände M und P und reguliert die Kurbeln so lange, bis der Galvanometerausschlag Null ist.

Es gilt dann nach dem früheren

$$R_x = O \cdot \frac{M}{P} \, . \tag{6}$$

Der Meßbereich der Brücke reicht dann von etwa $0{,}1\,\Omega - 10000\,\Omega$. Sollen höhere Widerstände, bis $10^5\,\Omega$ gemessen werden, so ist ein besonderer der Brücke beigegebener Nebenschlußstöpsel von $\frac{10}{9}\,\Omega$ im Stöpselsatze P bei $10\,\Omega$ einzustecken. Dadurch wird die Stufe $10\,\Omega$ auf $1\,\Omega$ abgestuft.

Anmerkungen: Es empfiehlt sich bei Brückenmessungen, die Empfindlichkeit des Galvanometers am Anfang der Messung kleiner, später größer einzustellen. Dazu kann entweder ein Belastungswiderstand im Batteriezweige oder ein höherer Ballastwiderstand im Galvanometerzweige dienen. Der Strom in der Brücke ist nur so hoch zu wählen, daß die Widerstände durch Erwärmung keinen Schaden leiden. Es sollten stets zwei Messungen bei verschiedenen Stromrichtungen vorgenommen werden, um Thermoströme zu vermeiden. Die Kurbeleinstellung soll nicht unter $50\,\Omega$ gehen.

Es ist zu empfehlen, erst den Batteriestromkreis und dann erst das Galvanometer zu schließen, aber in umgekehrter Reihenfolge zu öffnen, um den ballistischen Ausschlag am Galvanometer zu vermeiden. Die Spannung der Batterie ist nach der jeweiligen Höhe des Gesamtwiderstandes der Brücke zu wählen.

Instandhaltung. Zur Erhaltung und Reinigung der Kurbelkontakte wischt man die Kontaktflächen zeitweise mit einem mit Petroleum angefeuchteten Tuche ab.

Die Dekaden-Stöpsel-Meßbrücke.

Hartmann & Braun bauen eine Dekaden-Stöpsel-Brücke, deren grundsätzliche Schaltung nach Wheatstone aus Abb. 228 zu ersehen ist. Sie enthält 4 oder 5 Stöpsel-Dekaden $10 \cdot 1\,\Omega$; $10 \cdot 10\,\Omega$; $10 \cdot 100\,\Omega$ und $10 \cdot 1000\,\Omega$, die den Vergleichswiderstand R_n darstellen, sowie zwei Zweigwiderstände R_1 und R_2 von je 1, 10, 100 und 1000 Ω, die bei a und b gesteckt werden. Im übrigen erklärt sich die Abbildung nach dem früheren von selbst (siehe S. 5).

Die Batterie B und das Galvanometer G können zwecks Kontrollmessung miteinander vertauscht werden. Auch hier ist erst der Batterieschalter B_1 und nachher der für das Galvanometer G_1 zu schließen. Der Kreuzschalter S hat ebenfalls den Zweck der Ermöglichung einer Kontrollmessung durch Vertauschen der Zweigwiderstände R_1 und R_2 bei a und b, in den Stöpselstellungen des Kreuzschalters bei s_1 bzw. bei s_2.

Der Dekadenwiderstand R_n braucht für jede

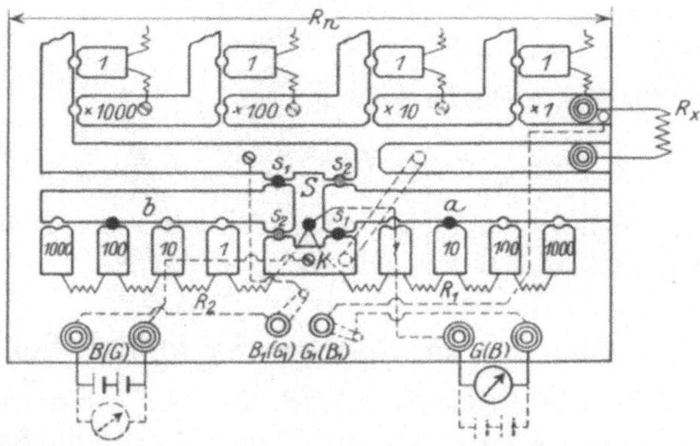

Abb. 228. Schaltung zur Dekadenbrücke Abb. 227.

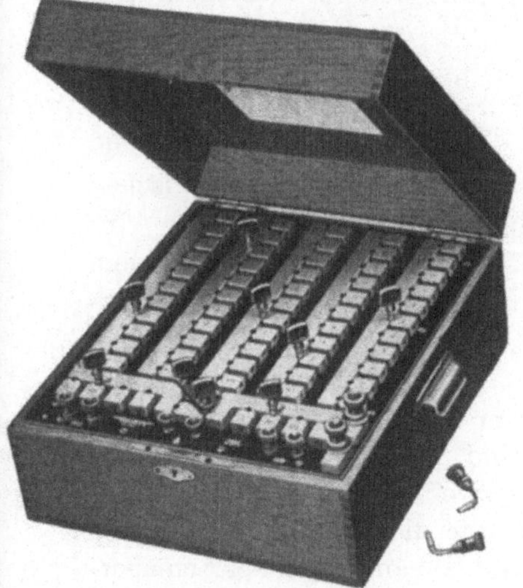

Abb. 227. Dekadenbrücke von
Hartmann & Braun.

Abb. 229. Serienstöpselbrücke von
Hartmann & Braun.

Dekade nur einen Stöpsel, wodurch die Bedienung der Brücke verglichen mit den bekannten älteren Reihen-Stöpselbrücken (Abb. 229 und S. 5 Abb. 15) einfacher wird. Nach Abgleichung ist:

Für Kreuzschalterstellung s_1

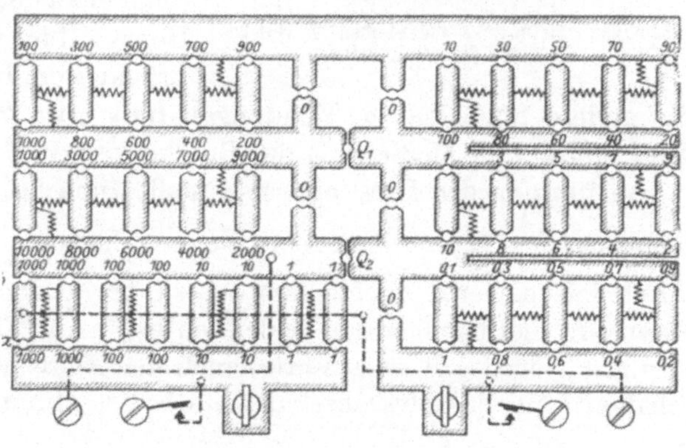

Abb. 230. Anordnung der Dekadenbrücke von S. & H.

$$R_x = R_n \cdot \frac{R_1}{R_2} = R_n \cdot \frac{a}{b}, \tag{7}$$

für Kreuzschalterstellung s_2

$$R_x = R_n \cdot \frac{R_2}{R_1} = R_n \cdot \frac{b}{a}. \tag{8}$$

Die Dekadenbrücke (Abb. 228) hat einen Meßbereich bis 11 MΩ, die der Abb. 227 mit 5 Dekaden 111 MΩ.

Meßbrücke zur Bestimmung kleiner Selbstinduktionen.

Wer den Grundversuch (S. 32: „Ind. und kap. Messung mit der Wheatstoneschen Brücke") gelesen hat, wird die Spezialausführung von Siemens & Halske (Abb. 231 und 232) ohne weiteres verstehen. AB ist der Hauptbrückendraht; der Widerstand $R_z + r_n$ an a und b entspricht dem Hilfsbrückendraht zwischen der unbekannten Induktivität L_x und dem veränderlichen Induktionsnormal L_n. Dieses besteht aus einer (auswechselbaren) Spule mit verschiebbarem Kern aus wirbelstromfreier Eisenmasse. Dem Apparat sind zwei Spulen mitgegeben

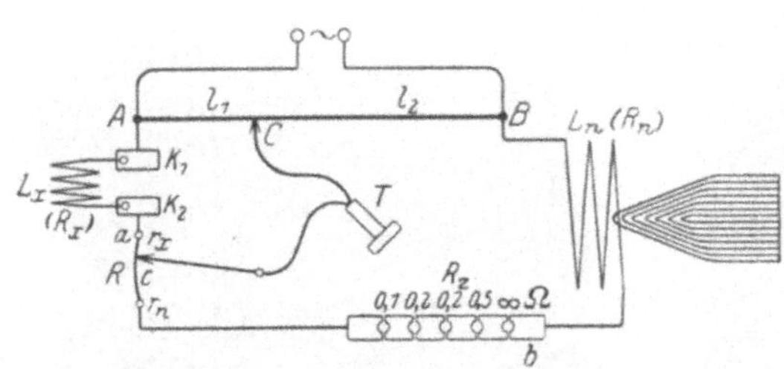

Abb. 231. Schaltung zur Brücke Abb. 232.

mit zwei zugehörenden Eichkurven, die die veränderliche Induktivität abhängig von der Schieberstellung des Eisenkerns angeben. Die eine Spule hat 8 Windungen (mit etwa $35 \cdot 10^{-7}$ bis $65 \cdot 10^{-7}$ Henry) für den Meßbereich der Brücke von 10^{-4} bis 10^{-7} Henry; die andere Spule hat 60 Windungen (mit etwa $25 \cdot 10^{-5}$ bis $35 \cdot 10^{-5}$ Henry) für den Meßbereich der Brücke von 10^{-2} bis 10^{-5} Henry.

Abb. 232. Meßbrücke von Siemens & Halske für kleine Selbstinduktionen.

Ausführung der Messung. Man stellt zunächst für (vorläufig noch nicht scharfes) Tonminimum ein Längenverhältnis $\frac{l_1}{l_2}$ am Hauptdraht AB durch Verschieben des Schleifkontaktes C her. Dann verschiebt man den Eisenkern und nachher den Schleifkontakt c am Hilfsdraht R zwischen r_x und r_n (eventuell ist es nötig, auch den Zusatzwiderstand R_z einzuschalten) und das abwechselnd bis scharfes Minimum eintritt. Es ist dann

$$L_x = L_n \cdot \frac{l_1}{l_2} \tag{10}$$

Als Stromquelle verwendet man wegen der Kleinheit der Widerstände eine Tonfrequenz-Stromquelle größerer Intensität (bei höherer Spannung unter Zwischenschaltung eines Transformators) die dann mit Rücksicht auf die Streuung in 1—2 m Entfernung von der Brücke aufzustellen sind.

Die gemessenen wirksamen Induktivitäten berücksichtigen auch eine eventuell vorhandene Feldschwächung durch Wirbelstrombildung. Die Widerstände R_x und r_x an der Seite von L_x enthalten nicht nur die Ohmschen Drahtwiderstände, sondern sind Wirkwiderstände; sie enthalten auch die Widerstandserhöhung durch Wirbelströme, Ausstrahlung und Skineffekt. Man kann diese Verlustwiderstände an der kleinen Bogenskala R messen.

Hat man scharfe Wechselstromeinstellung erhalten und schaltet dann bei A und B auf Gleichstrom um, so darf ein an Stelle des Telephons eingeschaltetes Galvanometer keinen Ausschlag mehr geben. Da die Vergleichsnormalspule L_n aus wirbelstromfreier Spiral-litze hergestellt und der Eisenkern ebenfalls verlustfrei ist, so ist der Widerstandsbetrag an R, um den man den Kontakt c bei eventuell doch vorhandenem Galvanometerausschlag α verschieben müßte, um diesen auf Null zu bringen, ein Maß für den gesuchten Verlustwiderstand.

Meßbrücke für größere Induktivitäten.

Die Ausführungsform (Abb. 233) der Brücke von Siemens & Halske entspricht der Anordnung des Grundversuches S. 60. Der Brückendraht AB, die zu messende Selbstinduktion L_x, das Normal L_n und der dazwischen liegende Zusatzwiderstand R_z bilden

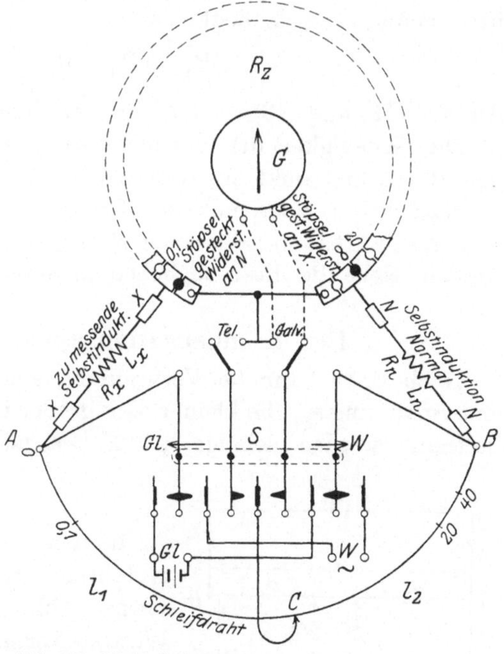

Abb. 233. Meßbrücke von Siemens & Halske für größere Selbstinduktionen.

einen Kreis. Zwischen L_x und R_z bzw. zwischen L_n und R_z wird das Telephon (bzw. bei Verlustmessungen das Galvanometer G) abgezweigt. — Dann liegt, je nach der Stöpselstellung an den Enden von R_z, der

Zusatzwiderstand R_z entweder an L_n oder an L_x. Der Schalter S gestattet, die Brücke mit einem Handgriff von Tonfrequenz auf Gleichstrom umzuschalten.

Zweckmäßig wählt man das Vergleichsnormal ungefähr von der Größenordnung der unbekannten Induktivität.

Ausführung der Messung. Hat man abwechselnd R_z und das Verhältnis l_1/l_2 am Brückendraht durch Verschieben des Gleitkontaktes C so lange verändert, bis scharfes Tonminimum eintritt, so ist

$$L_x = L_n \cdot \frac{l_1}{l_2} \tag{11}$$

und es gelten die übrigen Beziehungen (S. 60) für die Messung gerichteter Widerstände.

Für die **Verlustwiderstandsmessung** schaltet man die Brücke auf Gleichstrom um und ändert (nur) R_z so lange, bis ein gegebenenfalls am Galvanometer vorhandener Dauerausschlag verschwindet.

Liegt R_z an L_x, so ist für eine Änderung von R_z um einen Betrag r

$$R_x + R_z + r = R_n \cdot \frac{l_1}{l_2} \tag{12}$$

bzw. wenn R_z an L_n liegt

$$R_x = (R_n + R_z - r) \frac{l_1}{l_2} . \tag{13}$$

Aus Gl. (12) und (13) ist der Verlustwiderstand r zu berechnen.

Die Genauigkeit der Messung beträgt bei verlustfreien Spulen etwa $0,2$—$0,5\,^0/_0$ und sinkt bei vorhandenen Wirbelstromverlusten.

Natürlich können mit der Brücke auch **Gegeninduktivitäten** und **Kapazitäten** oder auch Flüssigkeitswiderstände usw. gemessen werden, siehe die diesbezüglichen Grundversuche und S. 84.

Der Kompensationsapparat nach Raps.

Nach S. 13 kann bei Verwendung einer Hilfsbatterie E (Abb. 234) eine Spannung e_x, die kleiner oder größer ist als e_0 durch Kompensation bestimmt werden, solange $e_x < E > e_0$ ist nach der Gleichung:

$$e_x = e_0 \frac{a}{b} . \tag{9}$$

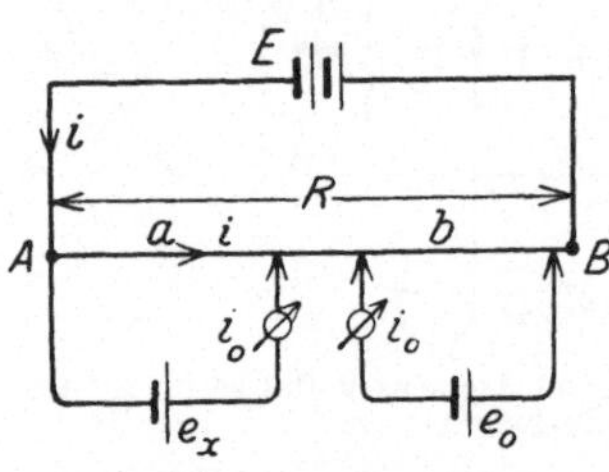

Abb. 234. Grundschaltung.

In dem von Siemens & Halske hergestellten Kompensationsapparat nach Raps (Abb. 235) werden mit Hilfe eines Weston-Normalelementes (Abb. 33 und 59) und einer Hilfsbatterie von $E = 4$ V nach vorstehendem Prinzip Spannungen gemessen von 1.10^{-5} V bis $1,1$ V und, wie weiter unten gezeigt werden soll, mit Hilfe eines Spannungsteilers auch Spannungen über $1,1$ V bis 1100 V. Hierbei ist durch eine besondere Anordnung und Schaltung der Kurbeln dafür gesorgt, daß beim Abgreifen des dekadisch unterteilten Widerstandes a (Abb. 234) zur Kompensation von e_x der Gesamtwiderstand R zwischen den Haupt-klemmen A und B sich nicht ändert und damit etwa der Strom i im Kompensations-apparat, was eine vorher er-folgte Kompensation des Nor-malelementes e_0 bekanntlich für die Messung unbrauchbar machen würde.

Messung von Spannungen zwischen 10^{-5} V und 1,1 V. Die Schaltung des Kompen-sators nach Raps zeigt Abb. 236. Die Hilfsbatterie

Abb. 235. Kompensationsapparat von Siemens & Halske nach Raps.

$E = 4\,\mathrm{V}$ bei H schickt einen Strom $i = 0{,}1$ mA durch die fünf Dekaden K_1 bis K_5, durch den Kompensationswiderstand von $10180 + 10\ \Omega$ und über W zurück. Mit dem Widerstand R wird $i = 0{,}1$ mA genau ein-gestellt, wobei in Stellung b des Umschalters U das Normalelement

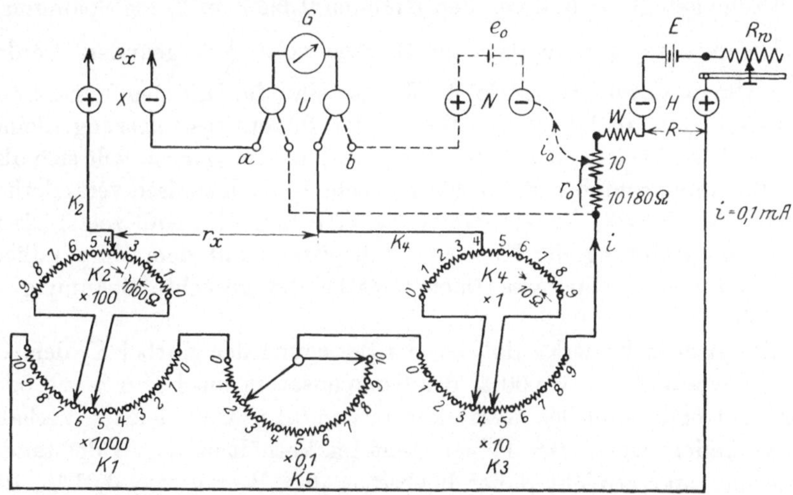

Abb. 236. Schaltung zum Kompensationsapparat nach Raps, Abb. 235.

$e_0 = 1{,}0185\,\mathrm{V}$ mit dem Spannungsabfall $b = i \cdot r_0$ kompensiert wird. Je nach der genauen Spannung des Normalelementes (die laut Prüf-schein zwischen 1,018 V und 1,019 V liegen kann), wird r_0 auf den 10^4fachen Betrag in Ω eingestellt. Bei Stromlosigkeit im Galvano-meter G ($i_0 = 0$) ist dann $i = 0{,}1$ mA.

Nunmehr schaltet man den Umschalter U auf a und legt dadurch

9*

die zu messende Spannung e_x mit dem Galvanometer an den Teilwiderstand r_x zwischen den (nicht gezeichneten) Kurbeln K_2 und K_4.

Da es zu zeitraubend ist, den genauen Betrag des Kombinationswiderstandes r_x zwischen K_2 und K_4 zu ermitteln, wollen wir uns darauf beschränken, die Veränderlichkeit des mit der unbekannten Spannung e_x zu kompensierenden Spannungsabfalls $i \cdot r_x$ Abb. 236 und 237 zu be-

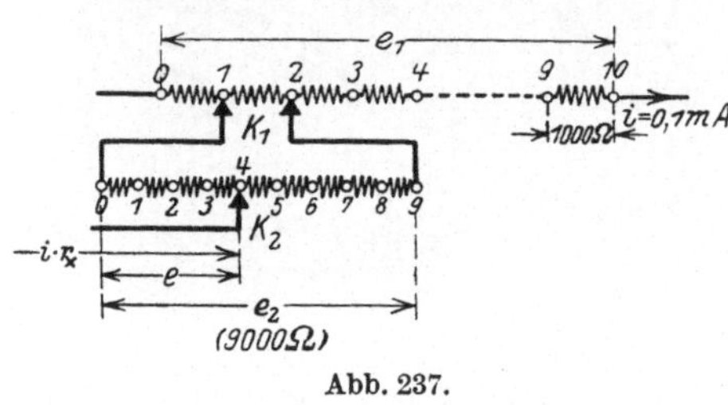

Abb. 237.

trachten, wenn die Kurbeln K_1 bis K_5 bewegt werden, wobei i der Gesamtstrom im Kompensator und also auch im Verzweigungswiderstande r_x ist. Zu dem Zwecke zeichnen wir als Beispiel die Dekaden 1 und 2 mit der Doppelkurbel K_1 und der einfachen Kurbel K_2

besonders heraus. Die Dekade 1 besteht aus $10 \cdot 1000\,\Omega$, wovon an der Doppelkurbel K_1 in jeder Kurbelstellung $1000\,\Omega$ abgegriffen werden. Parallel dazu liegt stets die ganze Dekade 2 mit $9 \cdot 1000\,\Omega$. Der Spannungsabfall e_2 zwischen den Schleifkontakten der Doppelkurbel wird dadurch in 9 Teile geteilt, so daß von den Knöpfen 0 bis 9 an K_2 die Spannung e und damit ir_x stufenweise um Beträge von $\dfrac{e_1}{100}$ V geändert werden kann (Spannungsteilerprinzip)[1]. Ebenso sind die Dekaden 3 und 4 eingerichtet, nur daß dort der Betrag der Spannungssteigerung kleiner ist, weil die Dekade 3 nur $9 \cdot 10\,\Omega$ besitzt. Im ganzen läßt sich also der Spannungsabfall $i \cdot r_x$ an den Kurbeln 1—5 dekadisch veränderlich einstellen. Ist das erfolgt (wenn das Galvanometer Null zeigt), dann ergibt die Ablesung der Kurbeln, multipliziert mit dem Empfindlichkeitsfaktor des Apparates (hier 0,0001), die gesuchte Spannung e_x in Volt.

Es sei noch bemerkt, daß bei der Bewegung der Kurbel K_5 der Gesamtwiderstand von $10000\,\Omega$ des Kompensators um $1\,\Omega$ max zu- oder abnimmt und damit der Gesamtstrom von 0,1 mA im gleichen Verhältnis verändert wird. Der Fehler steht im Verhältnis der Widerstandsänderung und erreicht daher höchstens den Betrag von $0{,}01\,^0/_0$, der übrigens, wenn wirklich nötig, in Rechnung gezogen werden kann.

Messung der Spannungen zwischen 1,1 und 1100 V. Der Spannungsteiler (Abb. 238) enthält zwischen den Punkten a und b einen Gesamt-

---

[1] Die Spannungsabfälle stehen bei gleichen Widerständen (je $1000\,\Omega$) der Verzweigung im Verhältnis der Teilströme $i_1 : i_2 = 9 : 1$. Spannungsabfall einer $1000\,\Omega$-Stufe von K_1: $1000\,\Omega \cdot 0{,}1$ mA $= 100$ mV; Spannungsabfall einer $1000\,\Omega$-Stufe von K_2: $1000\,\Omega \cdot 0{,}01$ mA $= 10$ mV.

widerstand im Betrage von 100000 Ω, wovon bei Stöpsel 1 für Spannungsmessungen bis 11 Volt 10000 Ω (= 100 + 900 + 9000), bei Stöpsel 2 für Messungen bis 110 V 1000 Ω (= 100 + 900) und für Messungen bis 1100 V bei Stöpsel 3 100 Ω abgegriffen sind, die jeweils bei x parallel an die Klemmen x des Kompensationsapparates gelegt werden, während bei E_x (Abb. 238) die zu messende Spannung angeschlossen wird. Nach erfolgter Kompensation ergibt die Ablesung der Kurbeln, mit dem Empfindlichkeitsfaktor (bei Stöpselstellung 3 für maximal 1100 V = 0,1) der Meßeinrichtung multipliziert, die gewünschte Spannung.

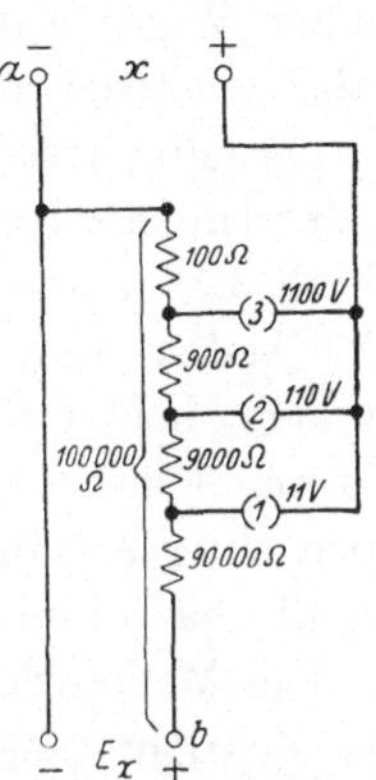

Abb. 238. Spannungsteiler zum Kompensationsapparat nach Raps.

Die Ausführung der Messung erfolgt unter den üblichen Vorsichtsmaßregeln, z. B. durch Einschaltung eines Ballastwiderstandes von 50000 Ω im Galvanometerkreise, um das Normalinstrument zu schützen und auch um vor der endgültigen Abgleichung mit einer kleineren Galvanometerempfindlichkeit zu arbeiten. Erst nach der ersten rohen Abgleichung schließt man den Widerstand kurz und gleicht nochmals nach. Die Nebeneinrichtungen sind in Abb. 236 nicht mit eingezeichnet.

Abb. 239. Kompensationsapparat von Hartmann & Braun mit Feußnerscher Schaltung.

Der neue Kompensator mit Kurbelschaltung von Hartmann & Braun ist nach ähnlichen Grundsätzen mit einer besonderen Schaltung nach Feußner hergestellt (Abb. 239). (Vgl. Uppenborn: Kal. für El. 1927/28.)

Eine technische Kompensationseinrichtung[1]).

Siemens & Halske stellt außer dem großen teureren Kompensationsapparat nach Raps mit den vielen Meßbereichen auch noch eine kleinere
sogenannte technische Kompensationseinrichtung her, die es in einfacher Weise ermöglicht, Meßgeräte zeitweise nachzuprüfen und
dabei eventuell vorhandene fremde Felder zu berücksichtigen.

Dieselbe besteht im wesentlichen aus einem sogenannten Zehnohminstrument der Drehspultype von S. & H. mit 45 mV Spannungsabfall bei 4,5 mA Stromaufnahme für den Endwert der Skala mit
150 Teilen und mit einer dritten 1000 Ω-Klemme für den 3 V-Meß-
bereich bei 3 mA größter Stromaufnahme (Abb. 240); ferner einem
Normalelement e_0, einem Galvanometer G und außer drei Schaltern
noch einer Anzahl von Widerständen r_1 bis r_9, von denen zwei, r_5 und r_6,
regulierbar eingerichtet sind.

Die Meßeinrichtung sieht zwei verschiedene Fälle der Nachprüfung
des Zehnohminstruments durch Kompensation vor:

1. mit Hilfe zweier eingebauter Trockenelemente (Hilfsbatterie),
2. mit fremder Netzspannung bis 500 V.

Dabei ist die Einrichtung so getroffen, daß ein mittlerer Skalen-
punkt (der Teilstrich 75) der 150teiligen Skala des 3 V-Meßbereichs
nachgeprüft wird und dabei jedesmal durch Betätigung des regulierbaren magnetischen Nebenschlusses etwaige Abweichungen von der
richtigen Anzeige durch fremde Felder nach erfolgter Spannungskompensation korrigiert werden.

Abb. 240a u. b zeigen die grundsätzliche Schaltung in beiden Fällen.
Das Zehnohminstrument Z besitzt drei Klemmen, 1 und 2 für das 45

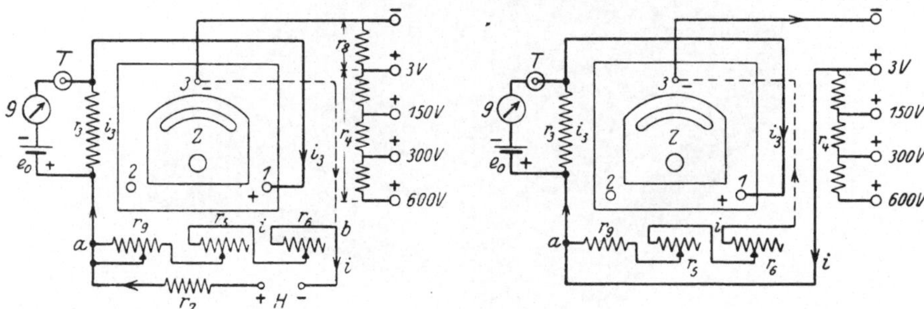

Abb. 240a.   Abb. 240b.

Abb. 240a und b. Grundschema zur technischen Kompensationseinrichtung von Siemens & Halske.

mV-Meßbereich zum Anschluß an getrennte Nebenschlüsse für Strommessungen und die dritte Klemme 3 für den Anschluß von Vorwider-
ständen r_4 für Spannungsmessungen. Abb. 240a zeigt die Schaltung für

---

[1]) Eine einfache Kompensationseinrichtung von Hartmann & Braun hat
der Verfasser in seinem Buche: „Elektr. Meßinstrumente", im gleichen Verlage,
beschrieben.

1. Kompensation mit eingebauter Hilfsbatterie H ($E = 2$—4V).

Die Hilfsbatterie H schickt einen Kompensationsstrom i über die Widerstände r_7, r_9, r_5 und r_6, von denen r_5 und r_6 so einreguliert werden können, daß ein Teilstrom $i_3 = 1{,}5$ mA, der auch das Zehnohminstrument durchfließt, dort einen Ausschlag von 75 Teilen erzeugt, und im Widerstande r_3 einen Spannungsabfall hervorruft, der gleich dem des Normalelements e_0 ist; denn r_3 ist dementsprechend abgeglichen. Beim Drücken der Taste T muß dann das Galvanometer stromlos sein, andernfalls an r_5 und r_6 zu verstellen ist. Zeigt dann das Zehnohminstrument nicht genau 75 Teile, so ist auf das Vorhandensein von fremden Feldern zu schließen und der magnetische Nebenschluß des Zehnohminstruments ist so zu verstellen, daß es genau 75 Teile zeigt.

2. Kompensation mit fremder Stromquelle.

Nach Abb. 240 b schickt eine von außen kommende Spannung den Kompensationsstrom i über die Widerstände r_9, r_5, r_6, und zurück. Der Teilstrom i_3 ist nun wieder mit Hilfe von r_5 und r_6 so einzuregulieren, daß das Galvanometer Null zeigt; dann soll das Zehnohminstrument bei 1,5 mA wieder den Ausschlag von 75 Teilen zeigen. Ist das nicht der Fall, so ist der magnetische Nebenschluß dementsprechend einzustellen. Das Meßbereich 3 V ist auf diese Weise nicht nachzuprüfen. Für die Meßbereiche 150, 300, 600 V darf die Spannung 105—120 V, 205—240 V und 420—500 V betragen.

Zusammenstellung.

Die Kombination beider Schaltungen zeigt Abb. 241. Außer dem Taster T für die Kompensation sind noch zwei Schalter A und B angeordnet mit je drei Stellungen. Stellung A_1 (links) gestattet Strommessungen mit dem Zehnohminstrument; dasselbe liegt dabei mit den Klemmen 1 und 2 an den oberen Klemmen für den Anschluß eines Nebenwiderstandes r_n (für 45 mV). In Stellung A_2 ist das Instrument ab-

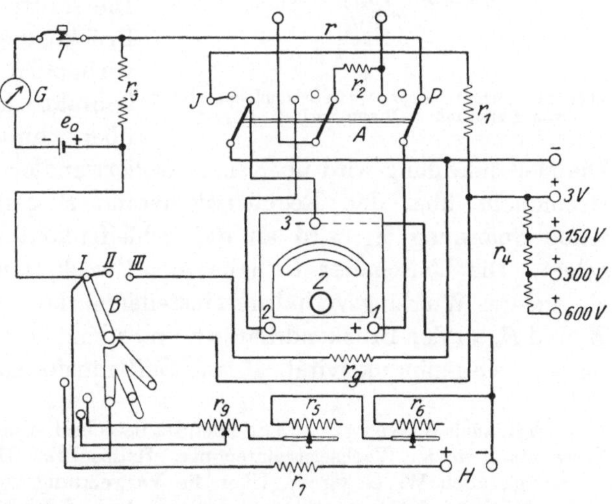

Abb. 241. Gesamtschema zum technischen Kompensationsapparat von Siemens & Halske.

geschaltet. Stellung A_3 (rechts) gestattet Spannungsmessungen. Dabei ist sowohl für Strom als auch für Spannungsmessungen der Schalter B nach links zu stellen (I).

Will man das Zehnohminstrument nachprüfen, so ist bei Verwendung der Hilfsbatterie H (Fall 1) der Hebel des Schalters B in Stellung II zu bringen, bei Verwendung von äußeren Spannungen in Stellung III.

Die Widerstände r_1 und r_2 verhindern eine Unterbrechung des Spannungskreises bzw. eine Veränderung des Stromkreises beim Umschalten des Instrumentes. Es ist also möglich, vom Strom auf Spannungsmessungen überzugehen, ohne daß ein Stromkreis unterbrochen wird.

Der Widerstand r_3 ist bei Spannungsmessungen bis zu 3 V Vorwiderstand zum Instrument.

Ein einfacher Wechselstromkompensator.

Wilhelm Geyger beschreibt in der ETZ.1924, Heft 49[1]), einen Kompensationsapparat für Wechselspannungen, den die Firma Hartmann und Braun herstellt. Die grundsätzliche Schaltung zeigt Abb. 242.

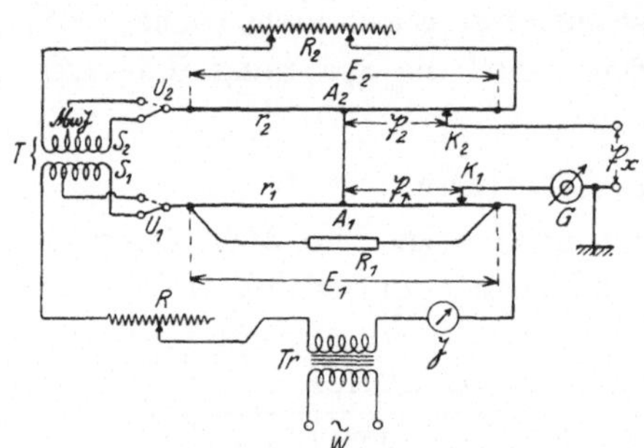

Abb. 242. Schaltung zum Wechselstromkompensator von Hartmann & Braun nach W. Geyger.

Zwei Brückendrähte r_1 und r_2 werden mit der Primär- bzw. Sekundärwicklung S_1 und S_2 des Lufttransformators T verbunden[2]). Parallel zu r_1 liegt der Ohmsche Widerstand R_1; vor r_2 der Ohmsche Widerstand R_2. Die Mitten A_1 und A_2 der Brückendrähte sind miteinander verbunden, so daß die Schleifkontakte K ohne weiteres darüber hinweggleiten können.

Die Meßanordnung wird über einen Isolierwandler Tr von der Wechselstromquelle über den Regulierwiderstand R gespeist. Die zu messende Spannung $\mathfrak{P}_x$ wird an die Schleifenkontakte K_1 und K_2 angelegt. Die Umschalter U haben den Zweck, am Lufttransformator ein anderes Windungsverhältnis einstellen zu können. Die Spannungen E_1 und E_2 an den Brückendrähten r_1 und r_2 sind bei einem Primärstrom $\mathfrak{J}$ für eine Gegeninduktivität M am Lufttransformator gegeben durch:

---

[1]) Vgl. auch W. Geyger: Der Schleifdrahtwechselstromkompensator und seine Verwendung in der Wechselstromtechnik. Helios 1926, H. 9.

[2]) Vgl. auch W. Geyger: Über die Verwendung von Lufttransformatoren für Wechselstromkompensationsmessungen. Arch. f. Elektrot. 1925, H. 2. u. 6.

$$\mathfrak{E}_1 = E_1 = \mathfrak{J} \cdot \frac{r_1 \cdot R_1}{R_1 + r_1}. \tag{1}$$

$$\mathfrak{E}_2 = E_2 = M \omega \mathfrak{J} \cdot \frac{r_2}{R_2 + r_2}. \tag{2}$$

Bei geeigneter Wahl der Größenverhältnisse des Lufttransformators T läßt sich die Spannung E_2 so einstellen, daß sie in der Phase um fast genau 90° gegen E_1 verschoben liegt (Unterschied höchstens 1 Winkelminute).

Wählt man bei konstanten Werten von r_1, r_2 und R_1 für eine bestimmte Kreisfrequenz ω den Widerstand R_2 so, daß $\frac{r_1 \cdot R_1}{R_1 + r_1} = \frac{M \omega \cdot r_2}{R_2 + r_2} = k$ wird, so ist auch $E_1 = E_2$, z. B. für $k = 0{,}16\ \Omega$ ist bei $\mathfrak{J} = 0{,}125$ mA bzw. 0,250 mA (bei R einstellbar) $E_1 = E_2 = 20$ bzw. 40 mV und es entspricht einem Zentimeter der Teilung beider Brückendrähte ein Spannungsabfall von 0,5 bis 1 mV.

Hat man nun aus einer zum Apparat gehörenden Eichkurve unter Berücksichtigung der Umschalterstellung U den zu einer in Frage kommenden Kreisfrequenz ω gehörenden Widerstand R_2 richtig gewählt, so verschiebt man die Schleifkontakte K_1 und K_2 so lange, bis das Anzeigegerät G (ein Vibrationsgalvanometer oder ein Telephon) Null bzw. ein kleinstes Minimum anzeigt. Die Teilspannungen $\mathfrak{P}_1$ und $\mathfrak{P}_2$ der zu messenden Spannung $\mathfrak{P}_x$

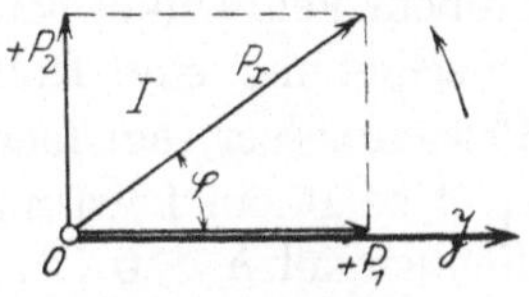

Abb. 243. Diagramm.

werden dann an K_1 bzw. K_2 auf der Teilung der Brückendrähte der Größe nach abgelesen und in ein Koordinatensystem eingetragen. Es ist dann nach Abb. 243:

$$|\mathfrak{P}_x| = \sqrt{|\mathfrak{P}_1|^2 + |\mathfrak{P}_2|^2} \quad \text{und} \quad \operatorname{tg}\varphi = \frac{|\mathfrak{P}_2|}{|\mathfrak{P}_1|}.$$

Infolge der Querverbindung A_1, A_2 der Brückendrahtmitten sind auch negative Teilspannungen $\mathfrak{P}_1$ und $\mathfrak{P}_2$ ablesbar, so daß Spannungen $\mathfrak{P}_x$ in allen vier Quadranten gemessen werden können.

Schließlich sei noch bemerkt, daß der Kompensator bei Verwendung eines Gleichstrom-

Abb. 244. Wechselstromkompensator von Hartmann & Braun nach W. Geyger.

Galvanometers auch für die Kompensation von Gleichspannungen Verwendung finden kann; der Meßdraht r_2 ist dann unwirksam. Abb. 244 zeigt die Anordnung und das Äußere des beschriebenen Kompensators.

Meßeinrichtung zur Prüfung von Strom- und Spannungswandlern.

Bekanntlich werden an gute Meßwandler unter anderem die Forderungen gestellt nach:

1. möglichst großer Proportionalität zwischen der sekundären Meßgröße und der primären, d. h. das Übersetzungsverhältnis muß möglichst bei allen Betriebszuständen über das ganze Meßbereich des Wandlers konstant bleiben.

2. Möglichst genau 180° Phasenverschiebung zwischen der primären Größe und der sekundären, d. h. der sogenannte Fehlwinkel δ muß klein und über das ganze Meßbereich konstant bleiben.

Andernfalls entsteht bei der Verwendung eines Wandlers mit zu großem Fehlwinkel beim Anschluß eines Meßgeräts, für das die Phasenverschiebung eine Rolle spielt, z. B. beim Leistungsmesser oder beim Phasenmesser, ein mehr oder weniger großer Phasenfehler. Zum Beispiel zeigt ein Leistungsmesser im Anschluß an einen Wandler, dessen Fehlwinkel $\delta \gtrless 0$ ist, anstatt $N = P \cdot J \cos \varphi$ an:

$$N = P \cdot I \cos (\varphi \pm \delta).$$

Um Meßwandler auf Übersetzungsverhältnis und Fehlwinkel sehr genau prüfen zu können, stellt die Firma Hartmann & Braun A.-G., Frankfurt/M. nach von der P.T.R. ausgearbeiteten Methoden besondere Meßeinrichtungen her, welche die genannten Größen nach dem Prinzip der Kompensation zweier von der Primär- und Sekundärgröße abhängigen Spannungen zu ermitteln gestatten.

Da es sich bei Stromwandlern um größere Ströme, bei kleinen Spannungen, bei Spannungswandlern aber um hohe Spannungen bei kleinen Strömen handelt, so sind für Strom- und Spannungswandler verschiedene Ausführungsformen entstanden.

Als Anzeigemeßgerät für die erfolgte Kompensation dient das Vibrationsgalvanometer (Spulen- oder Nadelgalvanometer) für niedrige Frequenzen (s. d.).

Stromwandlerprüfung.

Die Schaltung der Meßeinrichtung für die Stromwandlerprüfung ist in Abb. 245 angegeben. Der Primärstrom $\mathfrak{J}_1$ fließt durch einen Strommesser A, die Primärwicklung des zu prüfenden Wandlers und den Normalwiderstand N_1 (siehe S. 146) und von da nach den Belastungsobjekten. Der Sekundärstrom $\mathfrak{J}_2$ fließt über ein Belastungsobjekt (das dem späteren Meßgerät entspricht) und dem Normalwiderständ N_2. An den Klemmen des Normals N_1 liegt ein dünndrähtiger Widerstand R von genau $200\,\Omega$, der sogenannte Meßzweig (Abb. 251); an den Klemmen des Normals N_2 liegt ein Widerstand W von genau $100\,\Omega$ als Teiler bezeichnet. An einem Teil r_2 bzw. r_3 von R kann ein Drehkondensator C parallel angelegt werden, der drei Dekaden $9\cdot0{,}1$, $9\cdot0{,}01$ und $9\cdot0{,}001\,\mu\mathrm{F}$ besitzt. Vgl. auch Abb. S. 145.

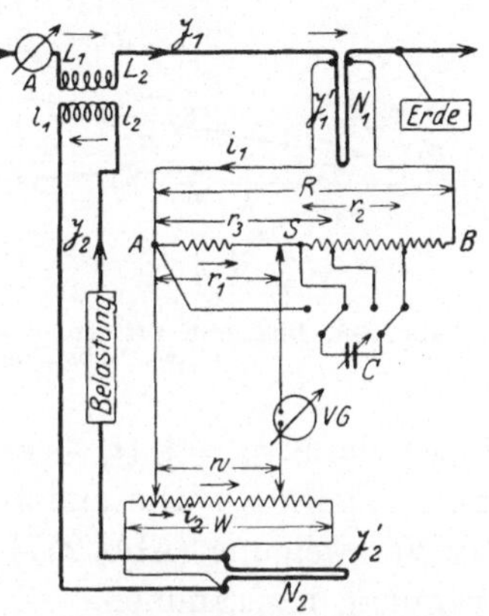

Abb. 245. Schaltung zur Stromwandlerprüfeinrichtung von Hartmann & Braun.

An je einem Teil r_1 von R bzw. w von W können zwei Spannungen primär bzw. sekundär veränderlich abgegriffen und mit Hilfe des Vibrationsgalvanometers V.G. miteinander verglichen (kompensiert) werden. Zu dem Zwecke ist der Teilwiderstand w an den Teilerkurbeln von zwei Dekaden $9\cdot10$ und $20\cdot0{,}5\,\Omega$ abgreifbar. Der Teilwiderstand r_1 am Meßzweig liegt an einem Ende von R fest und wird auf der andern Seite an einer Kurbel S um kleinere Beträge veränderlich eingestellt.

Wäre kein Fehlwinkel vorhanden, so genügte es (unter Wegfall des Kondensators C) die Widerstände r_1 und w so einzustellen bis die Spannungsabfälle $i_1\cdot r_1$ an r_1 und $i_2\cdot w$ an w der Größe nach einander gleich sind. Dann würde das Vibrationsgalvanometer Null zeigen, wenn die genannten Spannungen nach der Schaltung der Abb. 245 entgegengesetzt gerichtet sind. (Pfeile beachten!)

Da nun aber meist ein Fehlwinkel auftritt, so wird durch Anlegen des Kondensators C die Spannung $p_1 = i_1\cdot r_1$ mit i_1 um einen kleinen Betrag δ in der Phase gegen den Primärstrom $\mathfrak{J}_1$ verschoben. Je nachdem nun der (um 180^0 herumgeklappte „äußere") Sekundärstrom $\mathfrak{J}_2$ gegen $\mathfrak{J}_1$ vor- oder nacheilt, wird der Kondensator entweder an den Teilwiderstand r_2 oder r_3 des Meßzweiges angelegt. Die Kompensation wird dann durch abwechselndes Regulieren am Gleichkontakt S des Teilwiderstandes r_1 und an der Kurbel des Drehkondensators erzielt, bis das Minimum des Ausschlages am Vibrationsgalvanometer auf Null zusammenschrumpft.

Betrachten wir den Fall eines positiven Fehlwinkels etwas genauer zunächst an der Hand des Vektordiagramms (Abb. 246). Darin liegt der Strom $\mathfrak{J}_1'$ im Widerstandsnormal N_1 in Phase mit der Klemmenspannung $\mathfrak{p} = \mathfrak{J}_1'\cdot N_1$ an seinen Enden. Infolge der Kapazität C ist der Gesamtstrom i_1 im Meßzweige gegen die Spannung $\mathfrak{p}$ an seinen

Enden um einen gewissen (kleinen) Winkel $(A\,O\,B)$ vorgeschoben[1]). $\mathfrak{J}_1'$ und i_1 ergeben in geometrischer Summe den Primärstrom $\mathfrak{J}_1$. Da nun der Sekundärstrom $\mathfrak{J}_2$ nach Voraussetzung um einen positiven Winkel δ_1 gegen den Primärstrom vorausliegen soll, so ist dafür zu sorgen, daß die Kompensationsspannung $i_1 \cdot r_1$ an den Enden des Teilwiderstandes r_1 in Phase gebracht werden kann mit dem Sekundärstrom $\mathfrak{J}_2$. Das kann geschehen, wenn man den Kondensator C an die Enden von r_2 legt (Abb. 247).

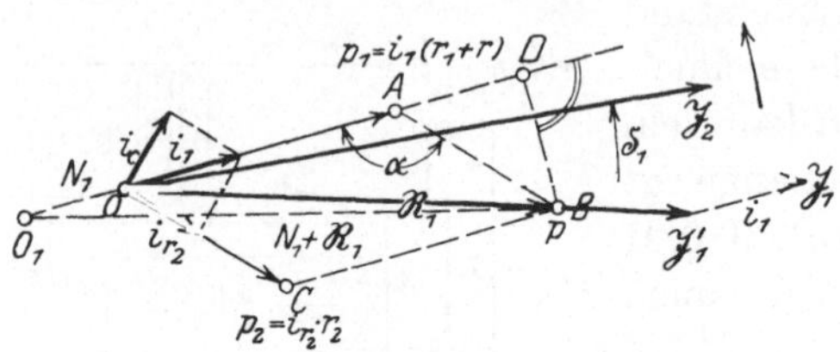

Abb. 246. Diagramm zur Stromwandlerprüfung für positive Fehlwinkel.

Es ist dann $\mathfrak{p}_1 = i_1\,(r_1 + r)$ in Phase mit i_1 und daher auch die Teilspannung $i_1 \cdot r_1$. Die andere Teilspannung $\mathfrak{p}_2 = i_{r_2} \cdot r_2$ an den Enden der Verzweigung (Abb. 247) setzt sich geometrisch mit p_1 zur Gesamtspannung p zusammen.

Der Strom i_1 im Meßzweige teilt sich in i_c und i_{r_2}. Der Strom i_c im Kondensator liegt 90^0 vor gegen die Teilspannung $\mathfrak{p}_2$, der Strom i_{r_2} dagegen ist mit ihr in Phase. Ändert man nun r_1, so ändert man die Größe von $i_1 \cdot r_1$; ändert man C, so ändert man damit den Gesamtwiderstand $\mathfrak{R}_1$ des Meßzweiges und damit i_1 nicht nur der Größe, sondern auch der Phase nach. Es ist also möglich, i_1 mit $\mathfrak{J}_2$ zur Deckung

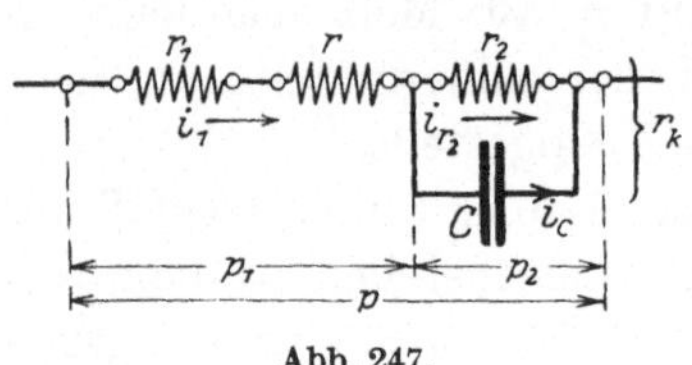

Abb. 247.

zu bringen; natürlich muß r_1 nachreguliert werden.

Nachdem wir uns auf diese Weise eine allgemeine Übersicht verschaft haben, wollen wir sowohl das Übersetzungsverhältnis als auch den Fehlwinkel rechnerisch ermitteln. Wir bezeichnen dabei Spannungen und Ströme sowie alle gerichteten Widerstände mit deutschen Buchstaben und nur die Ohmschen Widerstände der Schaltung in Abb. 245 mit den dort angegebenen lateinischen.

1. Das Übersetzungsverhältnis. Nach dem Kirchhoffschen Gesetz verhalten sich die Ströme umgekehrt wie die Widerstände; also ist auf der Primärseite

$$\frac{\mathfrak{J}_1'}{i_1} = \frac{\mathfrak{R}_1}{N_1}$$

oder wenn man auf beiden Seiten den Nenner zum Zähler addiert[2]):

---

[1]) Die Winkel in den Diagrammen und auch die Größenverhältnisse der Strom- und Spannungsvektoren sind der Deutlichkeit halber übertrieben.

[2]) Man erinnere sich hier daran, daß die deutschen Buchstaben gerichtete Größen darstellen, und daß die Rechnungen ebenso wie bei algebraischen Zahlen durchgeführt werden, daß aber die Additionen geometrisch zu denken sind.

$$\frac{\mathfrak{J}_1' + i_1}{i_1} = \frac{\mathfrak{R}_1 + N_1}{N_1} = \frac{\mathfrak{J}_1}{i_1}$$

oder

$$i_1 = \frac{\mathfrak{J}_1 N_1}{N_1 + \mathfrak{R}_1}$$

oder beiderseits mit r_1 multipliziert:

$$i_1 \cdot r_1 = \frac{r_1 N_1 \mathfrak{J}_1}{N_1 + \mathfrak{R}_1} \tag{1}$$

Für die Sekundärseite wird:

$$\frac{\mathfrak{J}_2'}{i_2} = \frac{W}{N_2} \quad \text{oder} \quad \frac{\mathfrak{J}_2' + i_2}{i_2} = \frac{W + N_2}{N_2} = \frac{\mathfrak{J}_2}{i_2}$$

oder

$$i_2 = \frac{\mathfrak{J}_2 \cdot N_2}{N_2 + W}$$

oder beiderseits mit w multipliziert:

$$i_2 \cdot w = \frac{w \cdot \mathfrak{J}_2 \cdot N_2}{N_2 + W} . \tag{2}$$

Nach erfolgter Kompensation ist $i_1 \cdot r_1 = i_2 \cdot w$, d. h. es wird mit Gl. (1) und Gl. (2):

$$r_1 \cdot \frac{N_1 \cdot \mathfrak{J}_1}{N_1 + \mathfrak{R}_1} = w \cdot \frac{N_2 \cdot \mathfrak{J}_2}{N_2 + W} , \tag{3}$$

In Gl. (3) ist der Wert $\mathfrak{R}_1$ für den Meßzweig noch auszuwerten. Zu dem Zwecke betrachten wir das Spannungsdreick OAB im Diagramm (Abb. 246) als Widerstandsdreieck, indem wir nach Flemming alle drei Seiten durch den gemeinsamen Strom i_1 dividiert denken und legen die reelle Achse in die Richtung des Stromes i_1, also nach erfolgter Kompensation in die Richtung von $\mathfrak{J}_2$. (Den Widerstandsmaßstab können wir uns dabei beliebig, alo auch so wählen, daß die Längen der Spannungsvektoren $\mathfrak{p}$ unmittelbar die Längen der gerichteten Widerstände darstellen. Da N_1 zu $\mathfrak{R}_1$ geometrisch addiert werden soll, tragen wir N_1 in die reelle Achse als $O_1 O$ ein; es stellt dann $O_1 B$ die gesuchte Summe $N_1 + \mathfrak{R}_1$ dar.

Bezeichnen wir den Winkel $O_1 A B$ mit α, so berechnet sich die Länge $|O_1 B|$ nach dem Cosinussatz zu:

$$|O_1 B| = |N_1 + R_1| = \sqrt{|O_1 A|^2 + |A B|^2 - 2 |O_1 A| \cdot |A B| \cos \alpha} . \tag{4}$$

Hierin ist für den Ohmschen Widerstand in der reellen Achse:

$$|O_1 A| = |O_1 O| + |O A| = |N_1 + r_1 + r| = |N_1 + R - r_2| .$$

ferner für den Kombinationswiderstand $r_k = \left(r_2 \,\widehat{\|}\, \dfrac{1}{C\omega} \right)$:

Nach Kirchhoff[1]):

$$|AB| = |r_k| = \frac{|r_2|\cdot\left|\dfrac{1}{C\omega}\right|}{\sqrt{|r_2|^2 + \left|\dfrac{1}{C\omega}\right|^2}} = \frac{r_2}{\sqrt{1 + |r_2 C\omega|^2}} = \frac{r_2}{\sqrt{1 + n^2}}$$

für $r_2 C \cdot \omega = n = \mathrm{tg}\,(BAD)$, und weiter ist allgemein:

$$\cos x = \frac{1}{\sqrt{1 + \mathrm{tg}^2 x}},$$

und da $\measuredangle BAD = \measuredangle COD$ ist, so wird mit

$$\mathrm{tg}\,COD = \frac{i_c}{i_{r_2}} = \frac{r_2}{\left(\dfrac{1}{C\omega}\right)} = r_2 C\omega = n \quad \text{(nach Abb. 246)}$$

und damit:

$$\cos \alpha = -\,\frac{1}{\sqrt{1 + n^2}} = -\cos\,(COD).$$

Mit diesen Werten wird aus Gl. (4)

$$|N_1 + \Re_1| = \sqrt{(N_1 + R - r_2)^2 + \left(\frac{r_2}{\sqrt{1 + n^2}}\right)^2 + 2(N_1 + R - r_2)\left(\frac{r_2}{\sqrt{1 + n^2}}\right)\frac{1}{\sqrt{1 + n^2}}}$$

oder wenn man $\dfrac{1}{\sqrt{1 + n^2}}$ aus der Wurzel herauszieht.

$$|N_1 + \Re_1| = \frac{\sqrt{r_2^2 + 2r_2(N_1 + R - r_2) + (N_1 + R - r_2)\cdot(1 + n^2)}}{\sqrt{1 + n^2}}; \quad (5)$$

oder nach einigen Reduktionen:

$$|N_1 + \Re_1| = \frac{\sqrt{(N_1 + R)^2 + (N_1 + R - r_2)^2 \cdot n^2}}{\sqrt{1 + n^2}}. \quad (6)$$

Nunmehr wird Gl. (3):

$$\frac{\Im_1 \cdot N_1 \cdot r_1 \cdot \sqrt{1 + n^2}}{\sqrt{(N_1 + R)^2 + (N_1 + R - r_2)^2 \cdot n^2}} = \frac{\Im_2 \cdot w}{W} \cdot \frac{N_2\,W}{N_2 + W}. \quad (7)\,[2])$$

2. Der Fehlwinkel. Nach Gl. (1) ist

$$i_1 = \Im_1 \cdot \frac{N_1}{N_1 + \Re_1}.$$

Um hieraus eine Beziehung für den Phasenwinkel zwischen den Strömen i_1 und $\Im_1$ zu erhalten, fällen wir in Abb. 246 von B aus das Lot BD auf die reelle Achse $i_1 \| \Im_2$ und stellen $\Re_1$ durch eine komplexe Zahl symbolisch dar. Es ist

$$\overline{OB} = \Re_1 = \overline{OA} + \overline{AD}\,|-\mathrm{j}\cdot\overline{DB}$$

oder mit den obigen Beziehungen und da für $\measuredangle (BAD) = \measuredangle x$

---

1) Siehe Anm. von S. 140.

2) Aus besonderen Gründen (s. weiter unten) ist die rechte Seite der Gl. (3) mit W erweitert, so daß der letzte Bruch den äußeren sekundären Gesamtwiderstand darstellt.

$$\overline{AD} = \overline{AB} \cdot \cos x; \quad \overline{DB} = \overline{AB} \sin x \quad \text{und} \quad \sin x = \frac{\operatorname{tg} x}{\sqrt{1 + \operatorname{tg}^2 x}} = \frac{n}{\sqrt{1 + n^2}}$$

ist:
$$\Re_1 = R - r_2 + \frac{r_2}{\sqrt{1 + n^2}} \cdot \frac{1}{\sqrt{1 + n^2}} - j \frac{r_2}{\sqrt{1 + n^2}} \cdot \frac{n}{\sqrt{1 + n^2}}$$

oder mit $R - r_2 = r_1 + r = \varrho$

$$\Re_1 = \frac{\varrho (1 + n^2) + r_2 - j r_2 n}{1 + n^2} = \frac{r_2 + \varrho + \varrho n^2 - j r_2 n}{1 + n^2} \tag{8}$$

und damit ist Gl. (1)

$$i_1 = \frac{\Im_1 N_1}{N_1 + \dfrac{r_2 + \varrho + \varrho n^2 - j r_2 n}{1 + n^2}} = \Im_1 N_1 \frac{(1 + n^2)}{N_1(1 + n^2) + (r_2 + \varrho + \varrho n^2 - j r_2 n)},$$

$$i_1 = \Im_1 \cdot N_1 \frac{1 + n^2}{(r_2 + \varrho + \varrho n^2 + N_1 + N_1 n^2) - (j r_2 n)} = \Im_1 N_1 \frac{1 + n^2}{a - jb}.$$

Erweitert man den letzten Bruch mit $a + jb$, so entsteht mit $(a + jb)(a - jb) = a^2 + b^2$

$$i_1 = \Im_1 N_1 \frac{(1 + n^2)(r_2 + \varrho + \varrho n^2 + N_1 + N_1 n^2 + j r_2 n)}{(r_2 + \varrho + \varrho n^2 + N_1 + N_1 n)^2 + r_2^2 n^2}. \tag{9}$$

In Gl. (9) ist außer der großen Klammer im Zähler alles reell. Gl. (9) kann also dargestellt werden durch:

$$i_1 = \Im_1 \left(\frac{A}{C} + \frac{Bj}{C} \right) \tag{9}$$

und für den Fehlwinkel wird dann (nach Abb. 248):

$$\operatorname{tg} \delta_1 = \frac{\dfrac{B}{C} \cdot \Im_1}{\dfrac{A}{C} \cdot \Im_1} = \frac{B}{A}. \tag{10}$$

Abb. 248.

Aus Gl. (9) entnimmt man dementsprechend für positiven Fehlwinkel:

$$\operatorname{tg} \delta_1 = \frac{r_2 \cdot n}{r_2 + \varrho + \varrho n^2 + N_1 + N_1 n^2} \tag{11}$$

oder mit $\varrho = r_1 + r = R - r_2$

$$\operatorname{tg} \delta_1 = \frac{r_2 n}{N_1 + R + n^2 (N_1 + R - r_2)}. \tag{12}$$

Bei **negativen Fehlwinkeln** liegt $\Im_2$ zurück gegen $\Im_1$ (siehe Abb. 249). Der Kondensator wird dann an den Teilwiderstand r_3 des Meßzweiges (Abb. 250) gelegt. In ähnlicher Weise wie oben findet man:

Für das Übersetzungsverhältnis [entsprechend Gl. (7)]:

$$\frac{\Im_1 \cdot N_1 r_1}{\sqrt{r_3^2 + 2 r_3 (N_1 + R - r_3) + (N_1 + R - r_3)^2 (1 + n^2)}} = \frac{\Im_2 w}{W} \cdot \frac{N_2 W}{N_2 + W} \tag{13}$$

oder nach einigen Reduktionen:

$$\frac{\Im_1 N_1 r_1}{\sqrt{(N_1 + R)^2 + n^2 (N_1 + R - r_3)^2}} = \frac{\Im_2 w}{W} \cdot \frac{N_2 W}{N_2 + W}, \tag{13a}$$

und für den negativen **Fehlwinkel**

$$\operatorname{tg} \delta_2 = - \frac{(N_1 + R - r_3)\, n}{N_1 + R}. \tag{14}$$

Abb. 249 zeigt, daß die Kompensationsspannung $i_{r_1} \cdot r_1$ in Richtung von $\mathfrak{p}_2$ fällt, d. h. zurück gegen $\Im_1$ wie auch $\Im_2$, mit dem es ja durch die Kompensation phasengleich werden soll.

Die Widerstände der Meßeinrichtung. Natürlich läßt sich die Kompensation nur erreichen, wenn die Widerstände der Schaltung in Abb. 245

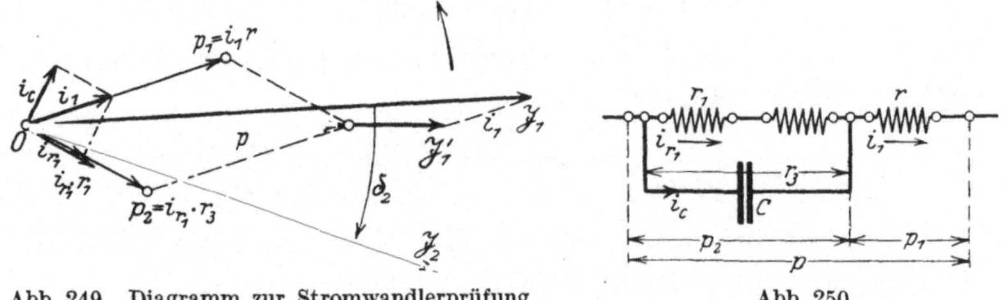

Abb. 249. Diagramm zur Stromwandlerprüfung   Abb. 250.
für negative Fehlwinkel.

dem jeweiligen Übersetzungsverhältnis des Wandlers entsprechende Beträge haben. Stromwandler haben nun für alle möglichen primären Nennströme $\Im_1^0$ einen sekundären Nennstrom $\Im_2^0$ von 10 A, 5 A, 1 A oder 0,5 A.

Dementsprechend sind im Teiler (Abb. 251) zwei Sekundärnormale N_2 untergebracht, die durch Kurzschließen besonderer Doppelklemmen einzeln an W gelegt werden können. Das Sekundärnormal hat für 5 und 10 A die Größe $N_2 = 0,1001\ \Omega$, für 0,5 und 1 A den Wert $N_2 = 1,01\ \Omega$ (siehe unten). An einer dritten Doppelklemme können gegebenenfalls auch andere besondere Normale für Spezialfälle angeschlossen werden.

Der Widerstand R (Abb. 245) von 200 Ω besteht aus einem festen Wert von 48 Ω, einem Schleifdraht von 4 Ω (r_1), einem Widerstand $r_2 = 136,1\ \Omega$ und dem auf 200 Ω ergänzenden Rest von 11,9 Ω. Der Widerstand r_3 greift 72,8 Ω ab.

Die Widerstandsnormale N_1 für den Primärstrom werden nach folgenden Gesichtspunkten so gewählt, daß die Klemmenspannung bei einem Höchststrom bis 1000 A den Betrag von 2 V, bei Normalen N_1 über 1000 A bis 3000 A den Betrag von 1,2 V erreicht, das sind Spannungen mit denen die Kompensation gerade noch mit genügender Meßgenauigkeit ausgeführt werden kann.

Man setzt bis $\mathfrak{J}_1 = 1000$ A Höchststrom

$$\frac{N_1 \cdot R}{N_1 + R} \approx \frac{2}{\text{Höchststrom}} \approx \frac{100 \cdot 0{,}02}{\text{Höchststrom}} \approx k \cdot 0{,}02 \ \text{für} \ k \approx \frac{100}{\text{Höchststrom}}$$

bei $\mathfrak{J}_1 = 1000{-}3000$A Höchststrom

$$\frac{N_1 R}{N_1 + R} \approx \frac{1{,}2}{\text{Höchststrom}} \approx \frac{120 \cdot 0{,}02}{2. \ \text{Höchststrom}} \approx k \cdot 0{,}02 \ \text{für} \ k \approx \frac{60}{\text{Höchststrom}} \ .$$

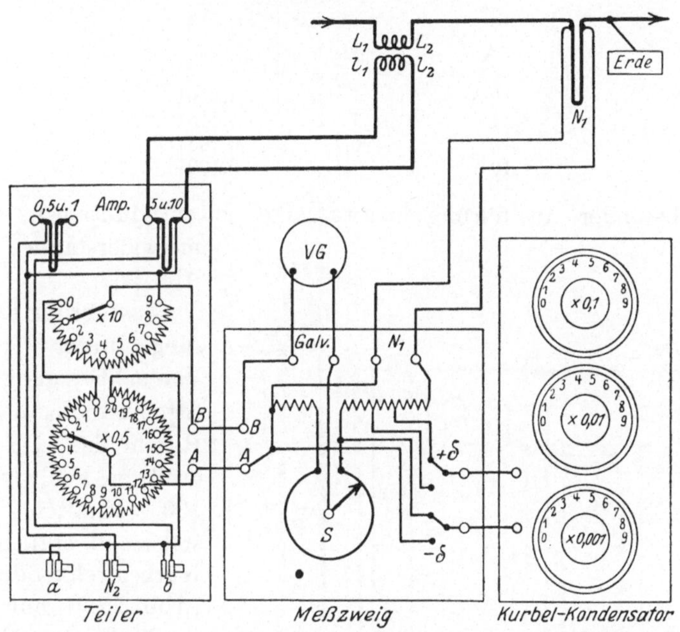

Abb. 251. Gesamtschema zur Stromwandlerprüfeinrichtung von Hartmann & Braun.

Für abgerundete Werte von k berechnet man nun den Wert des Primärnormals aus der Beziehung:

$$\frac{N_1 R}{N_1 + R} = k \cdot 0{,}02 , \tag{15a}$$

(siehe nachstehende Tabelle).

$\mathfrak{J}_1$	k	N_1
bis A	Ω	Ω
0,3	300	6,18557
1	100	2,02020
3	30	0,60180
10	10	0,20020
30	3	0,06002
100	1	0,02000
300	0,3	0,00600
1000	0,1	0,00200
3000	0,02	0,00040

Da der Widerstand r_1 etwa gleich dem vierten Teil von R ist, so wird die zu kompensierende Spannung höchstens etwa 0,5 V. Damit berechnet man das Sekundärnormal N_2 aus der Beziehung:

$$\frac{N_2 W}{N_2 + W} = \frac{0,5}{\mathfrak{J}_2^0} = A, \tag{15b}$$

wie folgt:

$\mathfrak{J}_2^0$	A	N_2
A	Ω	Ω
0,5	1	1,0101
1	1	1,0101
5	0,1	0,1001
10	0,1	0,1001

Die besondere Ausführung eines wassergekühlten induktionsfreien Normalwiderstandes zeigt Abb. 252.

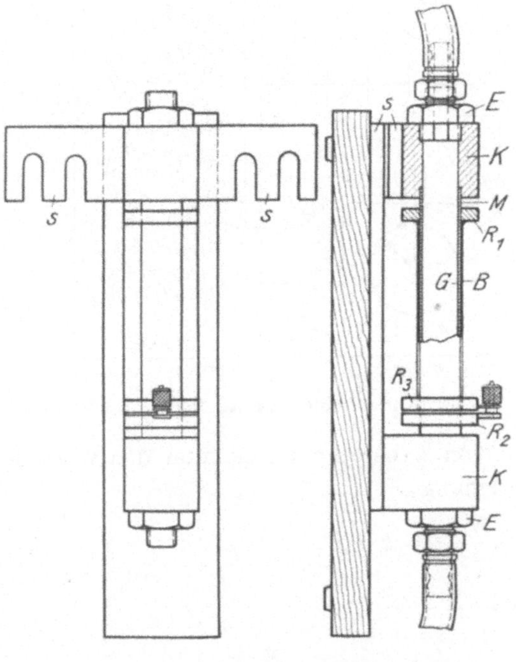

Ausführung der Messung unter gewissen Vernachlässigungen: Da Stromwandler nach den Regeln des VDE. keine größeren Fehlwinkel als 130 Minuten haben sollen, so brauchte der Kurbeldrehkondensator (Abb. 251) nur klein $(= 1\,\mu\mathrm{F})$ gewählt zu werden, und damit wird z. B. für $f = 50$ Hertz höchstens $n = r_2 C \omega \approx 136,1 \cdot 10^{-6} \cdot 314 = 0,00425$.

In den Gleichungen für das Übersetzungsverhältnis und den Fehlwinkel können daher alle Glieder mit n^2 vernachlässigt werden gegenüber den anderen.

Abb. 252. Wassergekühlter induktionsfreier Normalwiderstand zur Stromwandlerprüfeinrichtung.

Die Gleichung (7) für das Übersetzungsverhältnis und die reduzierte Gl. (13) gehen dann über in

$$\mathfrak{J}_1 \cdot \frac{r_1}{R} \cdot \frac{N_1 R}{N_1 + R} = \mathfrak{J}_2 \frac{w}{W} \cdot \frac{N_2 W}{N_2 + W}$$

oder nach Auflösung nach $\mathfrak{J}_2$

$$\mathfrak{J}_2 = \mathfrak{J}_1 \cdot \frac{r_1}{R} \cdot \frac{W}{w} \cdot \frac{N_1 R}{N_1 + R} \cdot \frac{N_2 + W}{N_2 \cdot W} \tag{16}$$

oder mit $W = 100 \ \Omega$, $R = 200 \ \Omega$ und mit Gl. (15a u. b)

$$\mathfrak{J}_2 = \mathfrak{J}_1 \cdot \frac{k \cdot r_1}{100 \cdot w \cdot A} . \tag{17}$$

Der **prozentuale Stromfehler** ist dann nach den Regeln des VDE.:

$$\mathfrak{p} = \frac{\mathfrak{J}_2 - \mathfrak{J}_2^s}{\mathfrak{J}_2^s} \cdot 100$$

oder mit Einführung des Sollwertes des Übersetzungsverhältnisses

$$U^0 = \frac{\mathfrak{J}_1}{\mathfrak{J}_2^s},$$

$$\mathfrak{p} = \frac{\mathfrak{J}_2 \cdot U^0 - \mathfrak{J}_1}{\mathfrak{J}_1} \cdot 100 \tag{18}$$

oder mit Gl. (17) $\qquad \mathfrak{p} = \frac{k \cdot U^0}{A} \cdot \frac{r_1}{w} - 100 . \tag{19}$

Um die Handhabung der Meßeinrichtung zu vereinfachen und möglichst ohne Rechnung auszukommen, wird in Gl. (9) der Widerstand $w = \dfrac{k U^0}{2 A}$ gemacht; so daß aus (19)

$$\mathfrak{p} = 2 r_1 - 100 \tag{20}$$

wird, d. h. der prozentuale Stromfehler p kann somit an einer Skala am Schleifdraht S von r_1 abgelesen werden. Für positive Stromfehler ist eine schwarze, für negative Stromfehler eine rote Bezifferung angebracht, für die Widerstandswerte von r_1 eine blaue.

Der Gang der Messung: Zunächst ist am Teiler der Widerstand $w = \dfrac{k U^0}{2A}$ einzustellen und dann der Schleifkontakt S an r_1 und die Kurbel des Kondensators C abwechselnd zu verstellen, bis das Galvanometer Null zeigt.

Der Fehlwinkel berechnet sich unter Weglassung des Gliedes mit n^2 zu

$$\mathrm{tg}\,\delta_1 = \frac{r_2 n}{N_1 + R}$$

oder wenn auch N_1 gegen R vernachlässigt werden kann, was außer bei kleinen primären Nennströmen meist der Fall ist,

$$\mathrm{tg}\,\delta_1 = \frac{r_2 n}{R}$$

oder da für kleine Winkel $\delta = \mathrm{tg}\,\delta$ gesetzt werden kann:

$$\delta_1 = \frac{r_2 n}{R} \cdot \frac{180 \cdot 60}{\pi} = \frac{r_2^2 C \omega}{R} \cdot \frac{10800}{\pi} \ \text{in Minuten}.$$

Setzt man C in μF ein und $R = 50$, so entsteht für eine Frequenz von f Hertz:

Für positive Fehlwinkel

$$\delta_1 = 100 \cdot C \cdot \frac{f}{50} \text{ Minuten.} \tag{21}$$

Für negative Fehlwinkel erhält man in ähnlicher Weise:

$$\delta_2 = -\frac{100}{2} \cdot C \cdot \frac{f}{50} \text{ Minuten.} \tag{22}$$

Die Gebrauchsanweisung der Firma Hartmann & Braun gibt noch Anweisung über die Art der Aufstellung der Meßeinrichtung zum Schutz gegen fremde Beeinflussungen und beschreibt besondere Fälle der Messung.

Spannungswandlerprüfung.

Die Meßeinrichtung zur Spannungswandler-Prüfung entspricht der für die Prüfung der Stromwandler; nur ist hier der Meßzweig R an einen Teil R' eines Hochspannungsteilers H angelegt. Abb. 253 zeigt die grundsätzliche Schaltung, Abb. 254 die Anordnung der Apparate und ihre Verbindung.

Die Hochspannungsklemmen U, V des zu prüfenden Spannungswandlers liegen wie die Enden des Hochspannungsteilers an der Hochspannung. Der Niederspannungsteiler W liegt parallel mit der Belastung (die dem späteren Meßgerät entspricht) an den Niederspannungsklemmen u und v. Die zu kompensierenden Spannungen werden wie früher an zwei Teilwiderständen w und r_1 abgegriffen.

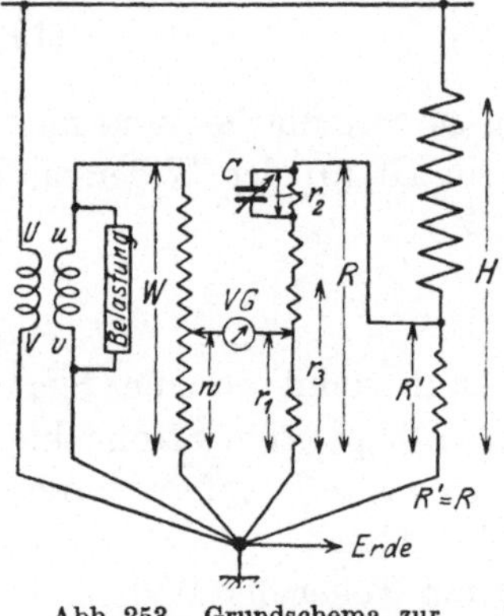

Abb. 253. Grundschema zur Spannungswandlerprüfung.

Für die Kompensation ist zunächst wieder w einzustellen und der veränderliche Kondensator C an r_2 abwechselnd zu ändern, bis das kleinste Minimum am Vibrationsgalvanometer erzielt ist.

Es sind wieder zwei Fälle zu unterscheiden für positive und für negative Fehlwinkel; im ersten wird der Kondensator an r_2, im zweiten Falle an r_3 angelegt.

Für das **Übersetzungsverhältnis** nach der Kompensation gilt für positive Fehlwinkel:

$$E_1 \cdot \frac{r_1 R \cdot \sqrt{1 + n^2}}{\sqrt{4 R^2 H^2 + \left[2 R H - r_2 \left(\frac{R}{2} + H\right)\right]^2 n^2}} = E_2 \cdot \frac{w}{W}, \tag{23}$$

für negative Fehlwinkel:

$$E_1 = \frac{r_1 R}{\sqrt{4 R^2 H^2 + \left[2 R H - r_3 \left(\frac{R}{2} + H\right)\right]^2 n^2}} = E_2 \cdot \frac{w}{W}, \tag{24}$$

für den Fehlwinkel

$$\operatorname{tg}\delta_1 = \frac{n\cdot r_2\left(H+\dfrac{R}{2}\right)}{r_2\left(H+\dfrac{R}{2}\right)+\left[2RH-r_2\left(H+\dfrac{R}{2}\right)\right](1+n^2)}\,,\qquad (25)$$

$$\operatorname{tg}\delta_2 = -\,n\left[1-\frac{r_3\left(H+\dfrac{R}{2}\right)}{2RH}\right].\qquad (26)$$

Auch hier ist $n = r_2\,C\omega$; meist ist n^2 gegenüber den anderen Größen zu vernachlässigen. Aus Gl. 23 und 24 wird die vereinfachte Gleichung für das Übersetzungsverhältnis damit:

$$E_2 = E_1\cdot\frac{r_1\,W}{2Hw}.\qquad (27)$$

Der prozentuale Spannungsfehler ist

$$p = \frac{100\cdot r_1\,W\cdot E_1^0}{2H\cdot\omega E_2^0}-100$$

oder für $w = 100\,E_2^0$

$$p = r_1-100.$$

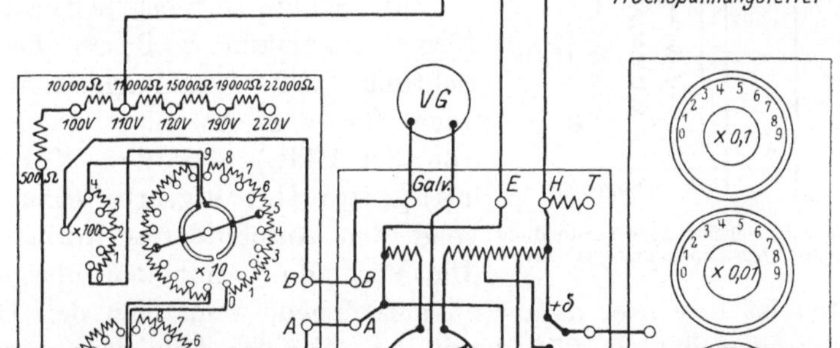

Abb. 254. Gesamtschema der Spannungswandlerprüfeinrichtung von Hartmann & Braun.

Auch hier kann der prozentuale Fehler an r_1 für positive Winkel in schwarzer, für negative Winkel in roter Bezifferung am Schleifkontakt des Meßzweiges abgelesen werden.

Die Gleichungen 25 und 26 vereinfachen sich bei Vernachlässigung der Glieder mit n^2 zu

$$\operatorname{tg}\delta_1 = \frac{n\cdot r_2\left(H+\dfrac{R}{2}\right)}{2RH}$$

und für kleines $\dfrac{R}{2}$ gegenüber H: $\mathrm{tg}\,\delta_1 = \dfrac{n\,r_2}{2\,R}$,

$$\mathrm{tg}\,\delta_2 = -\,n\left[1 - \frac{r_3\left(H + \dfrac{R}{2}\right)}{2\,R\,H}\right] \quad \text{bzw.} \quad \mathrm{tg}\,\delta_2 = -\,n\left(1 - \frac{r_3}{2\,R}\right)$$

oder für kleine Winkel δ

$$\delta_1 = \frac{n\,r_2}{2\,R} \quad \text{bzw.} \quad \delta_2 = -\,n\left(1 - \frac{r_3}{2\,R}\right)$$

oder für C Mikrofarad, f Perioden s^{-1}, $r_2 = 304{,}4\;\Omega\;\;R = 500\;\Omega$

$$\delta_1 = 100 \cdot C\,\frac{f}{50}\,\text{Minuten}; \quad \delta_2 = -\,100 \cdot C\,\frac{f}{50}\,\text{Minuten}. \qquad (28)$$

Wie aus Abb. 254 ersichtlich, besitzt der Niederspannungsteiler 5 Endklemmen für verschiedene Sekundärspannungen E_2 zwischen 100 und 220 V.

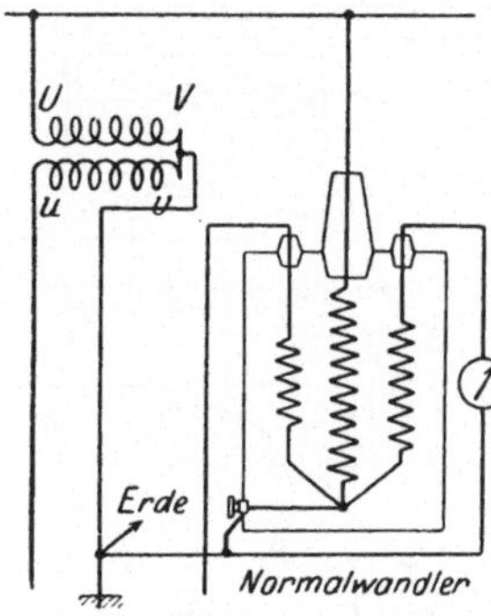

Der Hochspannungsteiler hat $H = 50\,000\,\Omega$ bzw. $H = 500\,000\;\Omega$, je nachdem die Hochspannung bis 4000 V bzw. bis 22\,000 V beträgt.

Zum Schluß sei noch bemerkt, daß die Firma Hartmann & Braun die Meßeinrichtung zur Spannungswandlerprüfung auch für den Anschluß an einen (ev. von der PTR.) geprüften Normalspannungswandler ausgearbeitet hat. Abb. 255 zeigt den Anschluß des Normalwandlers.

Abb. 255. Schaltung bei Verwendung eines Normalspannungswandlers.

Die Verbindung mit den übrigen Apparaten ist unschwer daraus zu entnehmen, wenn man den Hochspannungsteiler in Abb. 254 durch den Wandler Abb. 255 ersetzt denkt. Für die diesbezüglichen Beziehungen zur Berechnung des Übersetzungsverhältnisses und des Fehlwinkels muß wegen Raummangels auf die zugehörende Gebrauchsanweisung verwiesen werden.

Die Hochspannungs-Meßbrücke

zur Messung der Kapazität und der dielektrischen Verluste von Kondensatoren und Kabeln.

Nach Angaben von Prof. Dr. Schering an der PTR. stellt die Hartmann & Braun A.-G. eine Wechselstrombrücke her, mit der Kapazitäts- und Verlustmessungen einfach und zuverlässig ausgeführt werden können.

Auch lassen sich die dielektrischen Verluste und die Dielektrizitätskonstante von festen und flüssigen Isoliermaterialien damit bestimmen.

Die Schaltung der Brücke zeigt Abb. 256. Darin bedeutet:

C_1 das Meßobjekt, C_2 ein Normalkondensator Abb. 257 u. 258, C_4 ein Dreikurbel-Drehkondensator,

n, r, R_3 und R_4 kapazitäts- und induktionsfreie Widerstände, S ein Schleifdraht,

T die Stromquelle (ein Hochspannungstransformator), G das Vibrationsgalvanometer Abb. 258—260,

E die Erdung der Brücke zum Schutz des Messenden.

Die Brücke wird am Widerstand R_3 und am Drehkondensator C_4 so

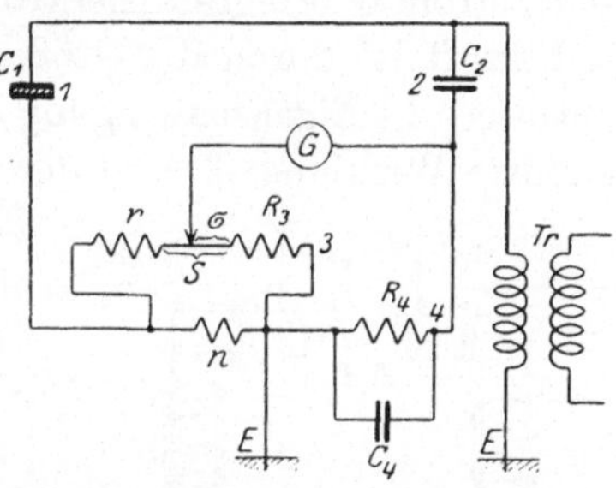

Abb. 256. Schaltungsschema zur Hochspannungsbrücke von Hartmann & Braun.

abgeglichen, daß das Vibrationsgalvanometer G den Ausschlag Null zeigt.

Nach der Höhe des Ladestromes ist der Widerstand n veränderlich einstellbar. Es ist

für Ladeströme bis 30 mA ist $n = \infty$

     ,,   ,,   ,, 75 ,, ,, $n = 30$ Ω

     ,,   ,,   ,, 250 ,, ,, $n = 10$,,

     ,,   ,,   ,, 750 ,, ,, $n = 3$,,

     ,,   ,,   ,, 2,5 ,, ,, $n = 1$,,

     ,,   ,,   ,, 5 ,, ,, $n = 0,3$,,

Darüber hinaus sind getrennte Nebenwiderstände N_w anzulegen

für Ladeströme bis 10 A $N_w = 0,2$ Ω

     ,,   ,,   ,, 30 ,, $N_w = 0,06$,,

Die Höhe der zulässigen Betriebsspannung richtet sich nach der Durchschlagsfestigkeit der Kondensatoren C_1 und C_2. Die kleinste Betriebsspannung(5 kV) ist durch die Empfindlichkeit der Meßanordnung bestimmt.

Der von dielektrischen Verlusten freie Vergleichskondensator ist mit Rücksicht auf möglichst kleine Ab-

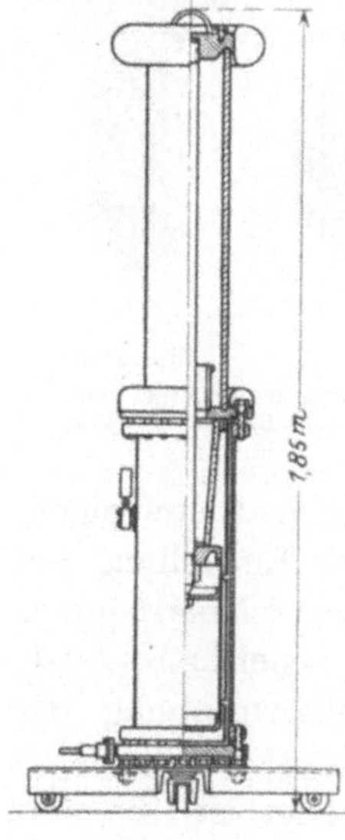

Abb. 257. Vergleichsnormalkondensator zur Hochspannungsbrücke Abb. 256.

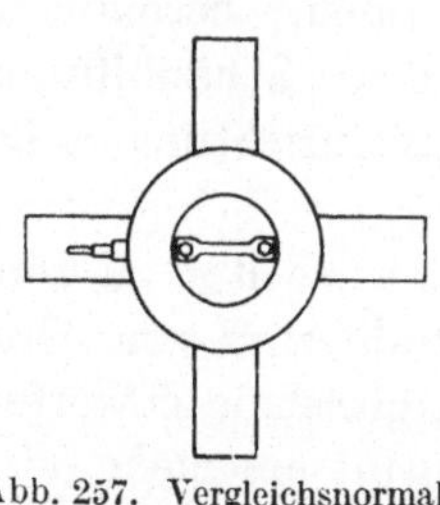

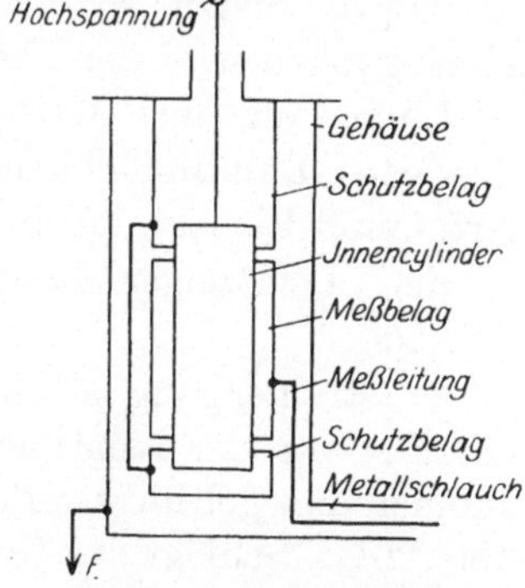

Abb. 258. Schema des Normalkondensators Abb. 257.

messungen mit Preßgas (Stickstoff) gefüllt und besitzt 90 cm ($= 10^{-4}\,\mu\mathrm{F}$), die Prüfspannung beträgt 180 kV (Abb. 257).

Das Prinzip des Vibrations-Nadelgalvanometers zeigt Abb. 258.

Einer an einem dünnen Faden aufgehängten kleinen Nadel aus Eisen (Abb. 258a und b), die einen Spiegel trägt, wird durch einen mittels Gleichstrom G erregten Elektromagneten eine Richtkraft erteilt. Diese Richtkraft ist durch die Größe des Erregerstromes J_g veränderbar und bestimmt die Eigenschwingung der erregten Nadel. Über eine zweite gesonderte Wicklung W wird der zu messende Wechselstrom J_w geschickt, welcher die Nadel bei jeder Halbwelle nach rechts oder links abzulenken versucht. Die Nadel gerät hierdurch in Schwingungen. Die höchste Empfindlichkeit wird erreicht, wenn die Eigenschwingung der Nadel mit der Frequenz

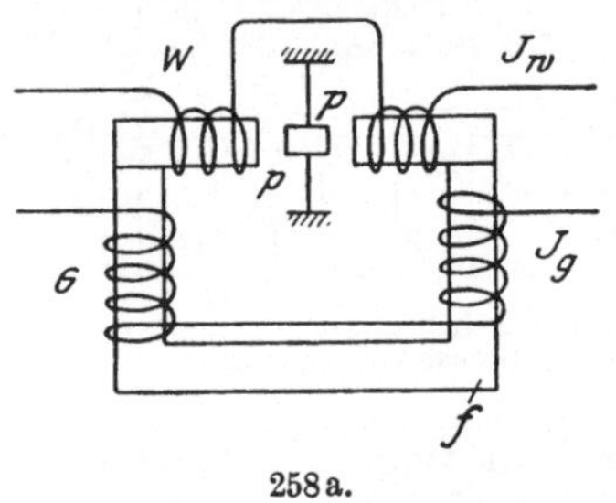

258a.

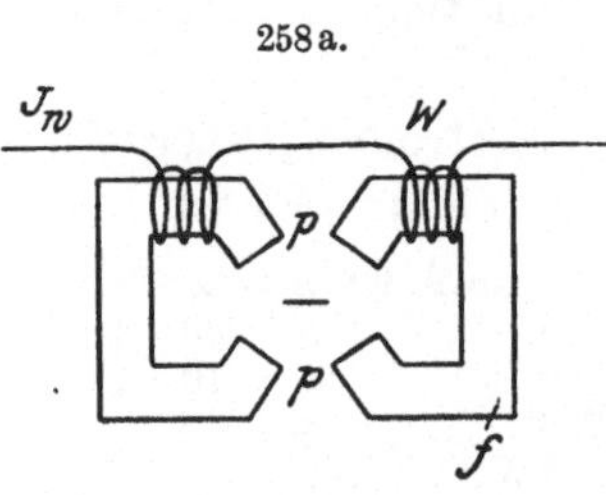

258b.

Abb. 258a und b. Schematische Darstellung des Vibrationsgalvanometers von Hartmann & Braun.

Abb. 259a.

Abb. 259b.

Abb. 259a und b. Vibrationsgalvanometer von Hartmann & Braun mit auswechselbarem Einsatz.

des zu messenden Wechselstromes übereinstimmt, d. h. wenn Eigenschwingung und Wechselstrom auf Resonanz sind. Die Einstellung auf die Resonanz der Nadel bei einer bestimmten Wechselstromfrequenz wird in einfacher Weise durch Regulierung des Erreger-Gleichstromes J_g mit einem Schiebewiderstand erreicht. Zur Sichtbarmachung der Schwingungen wird der Faden einer Glühlampe über den kleinen Spiegel der Nadel auf eine Mattscheibe projiziert. Die Nadel ist für verschiedene Empfindlichkeiten auswechselbar in einem besonderen Hartgummi-Einsatz (Abb. 259b) befestigt, der eine Schauöffnung für den Lichtzeiger besitzt. Die optische Ableseeinrichtung zeigt Abb. 260.

Der Strahlengang ist abgedeckt, um bei Tageslicht arbeiten zu können. Der von der Lichtquelle rechts ausgehende Strahl wird vom Galvanometerspiegel links reflektiert und auf eine Mattglasskala geworfen (Abb. 261). Schlägt das Galvanometer aus, so erscheint ein mehr oder weniger breites Lichtband auf der Skala, dessen äußere Grenzen man ablesen kann. Das Band wird um so breiter, je größer der Ausschlag ist, und schrumpft für den Ausschlag Null zu einem schmalen, senkrechten Streifen in der Nullage zusammen.

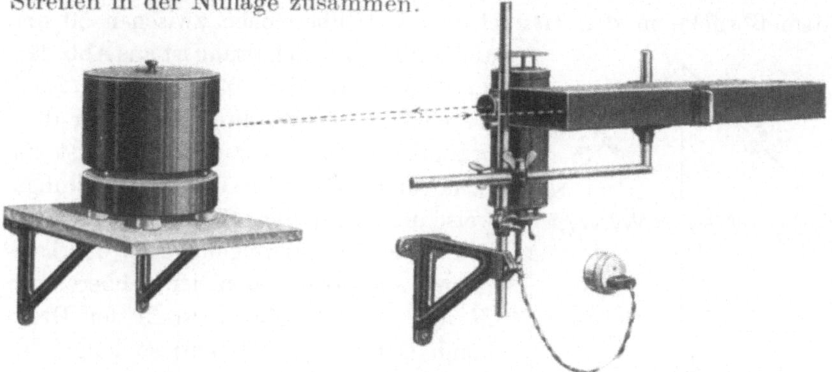

Abb. 260. Optische Ableseeinrichtung zum Vibrationsgalvanometer Abb. 259 von Hartmann & Braun.

Bei Ladeströmen bis 30 mA ($n = \infty$) berechnet sich die zu messende Kapazität aus Gl. (1).

$$C_1 = \frac{C_2 \cdot R_4}{R_3 + \sigma}. \tag{1}$$

Der dielektrische Verlustwinkel δ aus Gl. (2)

$$\operatorname{tg} \delta = R_4 \omega \cdot C_4. \tag{2}$$

Bei höheren Ladeströmen ($n < \infty$) wird:

$$C_1 = C_2 \cdot \frac{1000}{\pi} \frac{100 + R_3}{n(R_3 + \sigma)}, \tag{3}$$

$$\operatorname{tg} \delta = R_4 \cdot \omega \cdot C_4 - \left[\frac{100 - n - \sigma}{R_3 + \sigma} \cdot R_4 \cdot \omega\, C_2 \right]. \tag{4}$$

Das Glied in der eckigen Klammer kann meist vernachlässigt werden, so daß Gl. (4) in die einfachere Gl. (2) übergeht.

Der Frequenzmeßbereich ist durch das Vibrationsgalvanometer bestimmt zwischen etwa

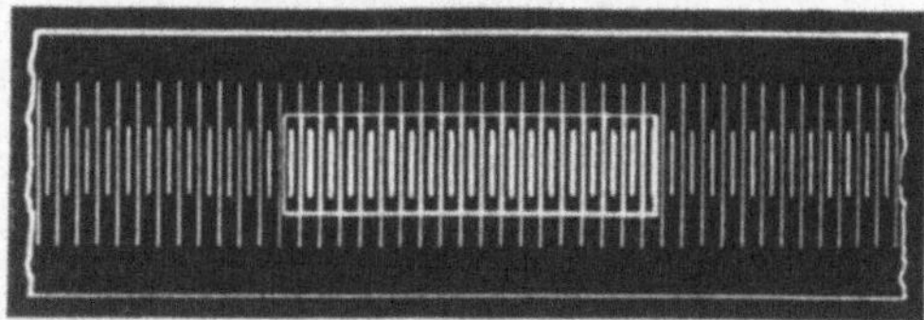

Abb. 261. Transparente Skala mit Lichtband.

$f = 10$—160 Hertz. Die Messungen werden meist bei $f = 50\ s^{-1}$ durchgeführt.

Der Kapazitätsmeßbereich liegt zwischen 30 cm und 5,3 μF.

Der Verlustwinkel-Meßbereich reicht bei dem eingebauten Drehkondensator von $1\,\mu$F bei $f = 50\,s^{-1}$ für $\operatorname{tg} \delta = 0,1$ bis zu $5^0\,40'$. Für größere Winkel muß ein besonderer Kondensator parallel angelegt werden.

Die Kapazitätsmeßbrücke von Seibt.

Die Firma Dr. Georg Seibt, Berlin-Schöneberg, bringt eine Kapazitätsmeßbrücke in den Handel mit 4 Meßbereichen zwischen 50 und 105000 cm.

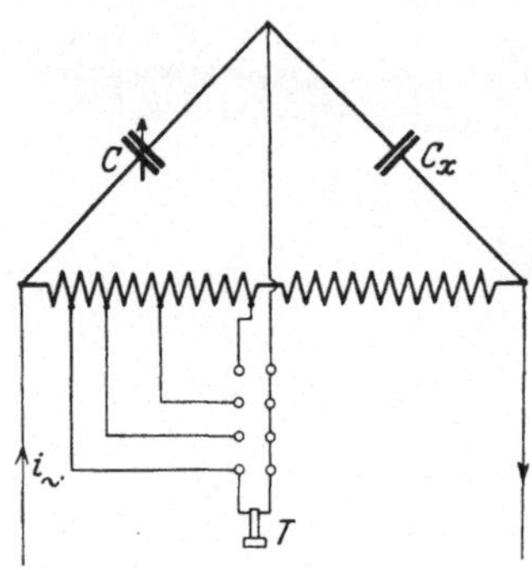

Abb. 262. Schaltung zur Kapazitätsmeßbrücke von Dr. Georg Seibt, Berlin.

Die Schaltung ist aus Abb. 262, das Äußere aus Abb. 263 zu ersehen. Nach Durchsicht der Beschreibungen der diesbezüglichen Grundversuche S. 35 ist die Schaltung, Abb. 262, und die Wirkungsweise ohne besondere Erklärung verständlich. Die vier Abzweigungen für das Telephon T entsprechen den vier Meßbereichen M in Abb. 263. Man verstellt den Drehkondensator C (= 1000 cm) so lange, bis das Telephon T schweigt. Als Stromquelle dient der Summer Su, der von zwei eingebauten Trockenelementen betätigt wird.

Eine zum Apparat gehörige Eichkurve gestattet, die zu messenden Kapazitäten für die verschiedenen Stellungen des Drehkondensators abzulesen.

Abb. 263. Kapazitätsmeßbrücke von Dr. Georg Seibt, Berlin.

Der Wellenmesser von Seibt.

Der Wellenmesser Type LW 10 der Firma Dr. Georg Seibt, Berlin-Schöneberg, besteht im wesentlichen aus einem Drehkondensator C von 1000 cm Kapazität und 7 auswechselbaren Spulen S mit je einem Dreifachstecker k. Abb. 265—268. Der Apparat gestattet

1. die Messung gedämpfter Wellen mit Kristalldetektor,
2. die Messung ungedämpfter Wellen mit Ticker,
3. die Erzeugung schwach gedämpfter Schwingungen mit Summer.

Die Verbindung der Spulen mit dem Innern des Meßgeräts erfolgt durch drei Zuführungen k, Abb. 265—268, im Ledergurt Abb. 264.

Der Wellenmeßbereich erstreckt sich von 100 m bis 24000 m, und zwar:

mit Spule   I für 100—   350 m
„   „   II „ 250—   750 „
„   „   III „ 500— 1500 „
„   „   IV „ 1000— 3000 „
„   „   V .. 2000— 6000 „
„   „   VI .. 4000—12000 „
„   „   VII „ 8000—24000 „

Die zu messende Welle wird entweder auf einer der 7 Skalen am Drehkondensator abgelesen oder der entsprechenden zum Meßgerät gehörenden Eichkurve entnommen.

Messung gedämpfter Wellen. Hierfür ist der Umschalter über dem Drehkondensator auf „Detektor" zu stellen,

Abb. 264. Wellenmesser von Dr. Georg Seibt, Berlin, Type LW 10.

der Detektor und das Telephon anzustecken, um das Gerät in Schaltung Abb. 265 gebrauchsfähig zu machen. Man verstellt nun den Drehkondensator C so lange, bis das Tonmaximum im Telephon T hörbar

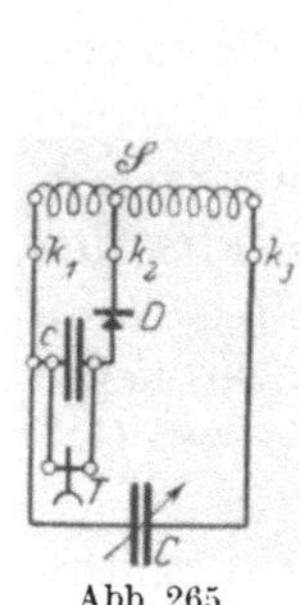

Abb. 265.

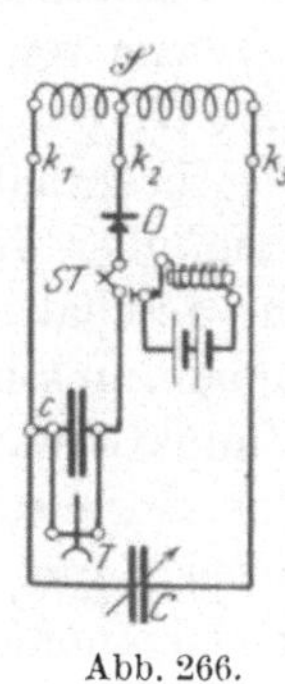

Abb. 266.

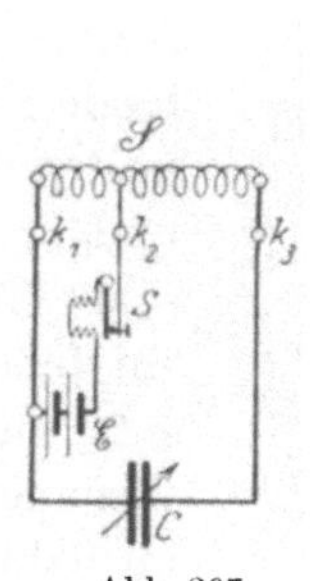

Abb. 267.

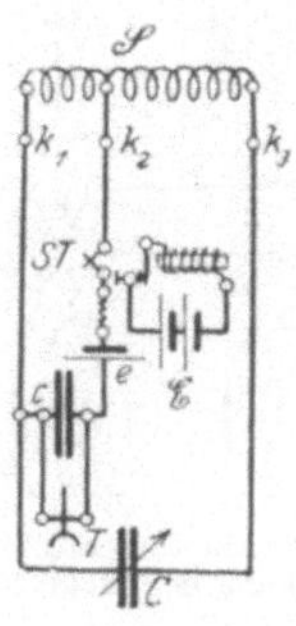

Abb. 268.

ist. Der Kondensator C hat den Zweck, hochfrequente Ströme am Telephon vorbeizuleiten.

Messung ungedämpfter Wellen. Der Umschalter ist auf „Ticker" zu stellen, um die Schaltung mit Summerticker ST zu erhalten, Abb. 266. Die vom Ticker zerhackten, vom Detektor gleichgerichteten, ungedämpften Schwingungen (z. B. eines Röhrensummers) werden nunmehr im Telephon wahrgenommen. Die Einstellung der Welle erfolgt wie oben.

Erzeugung gedämpfter Schwingungen. Der Schalter ist auf Summer zu stellen, der Summerticker einzusetzen und der Summerkontakt einzuregulieren, bis im Telephon ein klarer Ton entsteht. Die im Meßgerät erzeugte Welle kann dann wie oben an der Skala des Drehkondensators C eingestellt werden. Abb. 267.

Prüfung des Summertickers. Mit der auf der Hartgummiplatte des Wellenmeßgeräts befindlichen Prüftaste wird eins der im Innern befindlichen Trockenelemente e eingeschaltet, Abb. 268, hierauf der Summerkontakt reguliert und dann der Tickerkontakt so eingestellt, bis im Telephon ein klarer Ton hörbar ist.

Differential-Eisenprüfer.

Eisenprüfer gab es früher sehr viel, die heute glücklicherweise auf einige wenige zusammengeschrumpft sind. Außer den in den Grundversuchen genannten beiden Eisenprüfern: dem Köpselapparat und dem Epsteinapparat sei hier noch eine neue Meßeinrichtung von Siemens & Halske erwähnt, die zwei vollständige Epsteinapparate verwendet und nach der Differentialmethode sowohl die in den Verbandsvorschriften verlangte Magnetisierbarkeit als auch die Verlustziffer zu bestimmen gestattet.

1. Die Bestimmung der Magnetisierbarkeit[1]) geschieht nach einer von Maxwell stammenden ballistischen Differentialmethode in

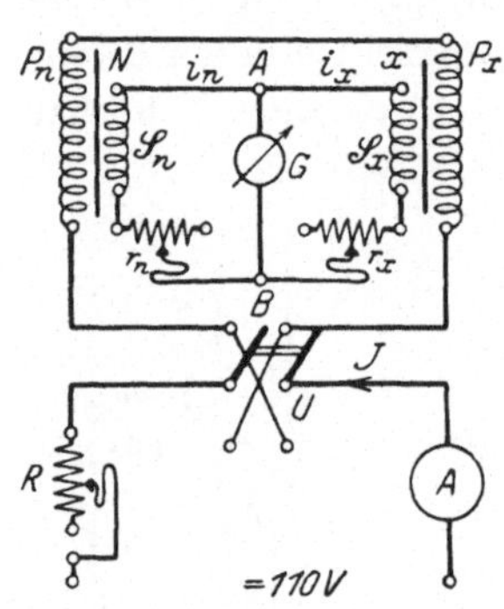

Abb. 269. Schaltung zur Bestimmung der Magnetisierbarkeit.

Schaltung nach Abb. 269. P_n und P_x sind die Primärspulen, S_n und S_x zwei Sekundärspulen von zwei vollständigen Epsteinapparaten (Abb. 272), von denen der eine eine Normaleisenprobe N, der andere die zu prüfende Eisenprobe X enthält. Die Sekundärprüfspulen S sind über die Widerstände r_n und r_x in Reihe geschaltet. Die beim Umschalten des Momentumschalters U in ihnen entstehenden Induktionsspannungen heben sich infolge der Gegenschaltung am Galvanometer teilweise auf; der Rest erzeugt im ballistischen Galvanometer G den ballistischen Ausschlag α. Es ist klar, daß man es durch Verändern des Widerstandsverhältnisses $\dfrac{r_n}{r_x}$ dahin bringen kann, daß der ballistische Ausschlag Null wird. Dann gilt bei gleichen Windungszahlen wegen der

---

[1]) Näheres siehe ETZ 1911, S. 1131, van Lonkhuyzen und die Vorschriften d. VDE. über die Prüfung von Eisenblech.

Proportionalität zwischen den induzierten Spannungen P und den Kraftflüssen Φ

$$\frac{P_n}{P_x} = \frac{\mathfrak{B}_n \cdot F_n}{\mathfrak{B}_x \cdot F_x} = \frac{r_n}{r_x}, \tag{1}$$

wobei $\mathfrak{B}$ die magnetische Induktion und F der Eisenquerschnitt der Proben ist. Oder

$$\mathfrak{B}_x = \frac{\mathfrak{B}_n \cdot r_x}{r_n} \cdot \frac{F_n}{F_x}$$

oder für gleiche Querschnitte F

$$\mathfrak{B}_x = \mathfrak{B}_n \cdot \frac{r_x}{r_n}. \tag{2}$$

Ist $\mathfrak{B}_n$ für die Normalprobe bekannt, z. B. nach einer absoluten Methode (eventuell von der PTR.) bestimmt, so läßt sich $\mathfrak{B}_x$ aus dem Verhältnis der Widerstände r_x und r_n berechnen.

Natürlich ist die Meßeinrichtung von Siemens & Halske so getroffen, daß die Ablesung am Strommesser für beide Proben ziffernmäßig der Feldstärke in AW/cm entspricht, und daß ferner für den Galvanometerausschlag Null der Widerstand r_x zahlenmäßig die Induktion $\mathfrak{B}_x$ des zu prüfenden Eisenbleches angibt, indem r_n ziffernmäßig proportional $\mathfrak{B}_n$ gewählt ist.

Es ist üblich, die Induktionen $\mathfrak{B}_{25}$, $\mathfrak{B}_{50}$, $\mathfrak{B}_{100}$ und $\mathfrak{B}_{300}$ für 25, 50, 100 und 300 AW/cm anzugeben, wovon die Vorschriften des VDE. zwei verlangen.

2. Die Bestimmung der Verlustziffer[1]). In Abb. 270 sind wieder N und X die Eisenproben, $\mathfrak{L}_n$ und $\mathfrak{L}_x$ zwei Leistungsmesser, die zu einem Doppelwattmeter in Differentialschaltung verbunden sind. Ihre Hauptstromspulen liegen in Serie mit den Primärspulen P, die Spannungspfade sind unter Vorschaltung der Widerstände R so an die Sekundärspulen S gelegt, daß beim Anschluß der Meßeinrichtung an Wechselstrom das Doppelwattmeter bei vollkommener Symmetrie keinen Ausschlag zeigt.

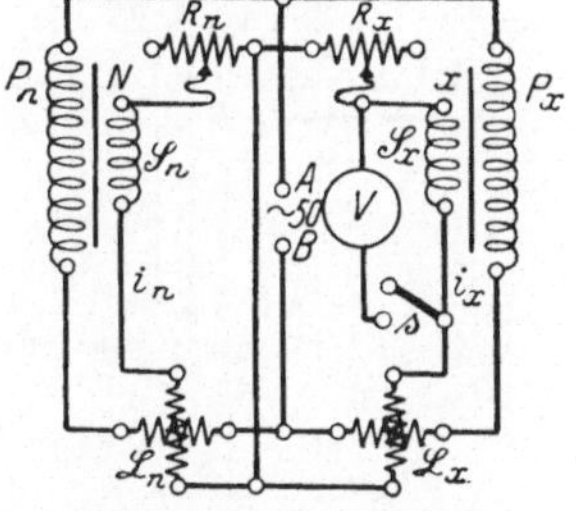

Abb. 270. Schaltung zur Bestimmung der Verlustziffer.

Die Einzelangaben der Wattmetersysteme $\mathfrak{L}_n$ und $\mathfrak{L}_x$ sind nun entsprechend ihrer Schaltung den Verlustziffern V_n und V_x in W/kg proportional (siehe den Grundversuch, S. 62—66).

Ein Ausschlag an dem in Differentialschaltung angelegten Doppelwattmeter, demnach bei gleichen Widerständen R_n und R_x dem Mehr- oder Minderbetrag der Verluste in der unbekannten zu

---

[1]) Näheres siehe van Lonkhuyzen: ETZ 1912, S. 531.

prüfenden Eisenprobe. Es ist klar, daß man es durch Verändern des Widerstandsverhältnisses R_n durch R_x dahin bringen kann, daß das Doppelwattmeter Null zeigt, indem man den Widerstand R im Spannungspfad desjenigen Wattmeters $\mathfrak{L}$ vergrößert, welches allein für sich wegen der größeren Verlustziffer auf dieser Seite der Meßeinrichtung den größeren Zeigerausschlag geben würde.

Dann gilt:

$$\frac{V_x}{V_n} = \frac{R_x}{R_n} \quad \text{oder} \quad V_x = V_n \cdot \frac{R_x}{R_n}. \tag{3}$$

Ist V_n für die Normalprobe bekannt, z. B. nach einer absoluten Methode (eventuell durch die PTR.) ermittelt, so läßt sich V_x nach Gl. (3) aus dem Widerstandsverhältnis $\dfrac{R_x}{R_n}$ berechnen.

Natürlich ist die Meßeinrichtung so getroffen, daß die Größe der unbekannten Verlustziffer V_x der eingestellten Größe des Widerstandes R_x ziffernmäßig proportional ist, indem R_n zahlenmäßig gleich V_n gewählt wird.

Die Verlustziffer wird gewöhnlich für zwei Maximalinduktionen $\mathfrak{B}_m = 10000$ Gauß und $\mathfrak{B}_m = 15000$ Gauß bestimmt als V_{10} und V_{15}.

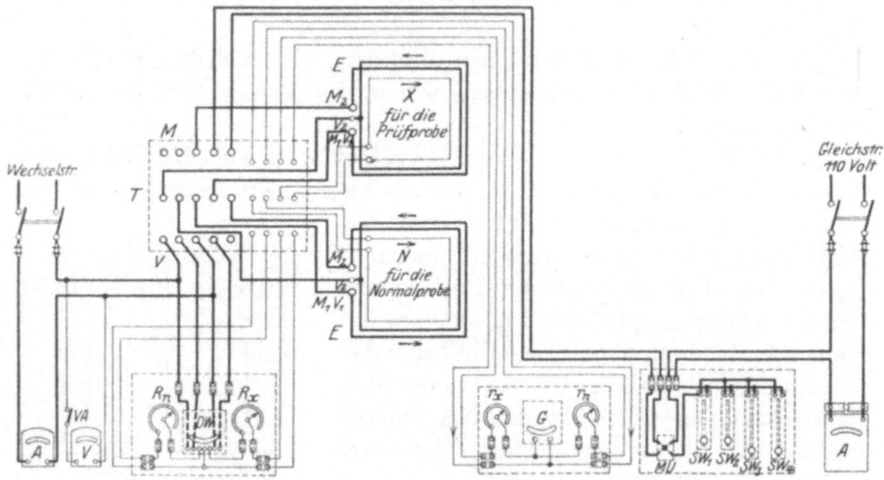

Abb. 271. Gesamtschema zum Differentialeisenprüfer von Siemens & Halske.

Das Vorhandensein der gewünschten Maximalinduktion kann mit dem Voltmeter V bestimmt werden aus:

$$E = 4 f_1 \cdot f \cdot W \mathfrak{B}_m \cdot F \cdot 10^{-8} \, \text{V}, \tag{4}$$

wobei:

$E =$ Spannung in Volt,

$f_1 =$ Formfaktor des verwendeten Wechselstroms (weil die Verlustziffer auf Sinusform bezogen wird),

f = Frequenz (= 50 nach den Normalien des VDE.),

W = Windungszahl,

$\mathfrak{B}_m$ = gewünschte Maximalinduktion,

F = Eisenquerschnitt der Probe.

Die Ausführungsform der Meßeinrichtung gestattet den unmittelbaren Übergang von der Schaltung zur Bestimmung der Magne-

Abb. 272. Anordnung und Aufbau des Differentialeisenprüfers von Siemens & Halske.

tisierbarkeit zur Schaltung für die Bestimmung der Verlustziffer durch einen einzigen Schaltgriff bei MU (Abb. 271).

Dabei sind beide Anordnungen so getroffen, daß die Messung bei sorgfältiger Beachtung der zugehörigen Gebrauchsanweisung schnell und genau in einfachster Weise auch von ungeschultem Personal ausgeführt werden kann.

Der Ableitungsmesser.

Die sogenannte Ableitung G eines Fernsprechkabels ist bei Wechselstrom eine andere als bei Gleichstrom. Sie ist der reziproke Wert des scheinbaren Isolationswiderstandes $R\left(G = \dfrac{1}{R}\right)$. Zum Isolationswiderstand R_g bei Gleichstrom kommt bei Wechselstrom aber noch der gedachte Widerstand R_v des dielektrischen Verlustes hinzu, der mit der Frequenz abnimmt und den man sich ebenso wie den Gleichstrom-

Isolationswiderstand parallel zur Kapazität geschaltet denken kann
(Abb. 273). Es ist klar, daß der Gesamtwiderstand bei Wechselstrom
dadurch verkleinert, die Ableitung $G = \dfrac{1}{R}$ der reziproke Wert des
scheinbaren Isolationswiderstandes R, also vergrößert wird und daß es
nötig ist, dieselben bei Wechselstrom besonders
zu bestimmen.

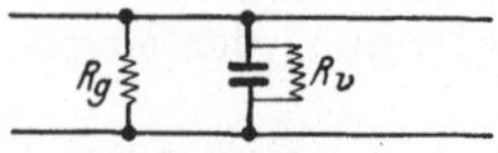

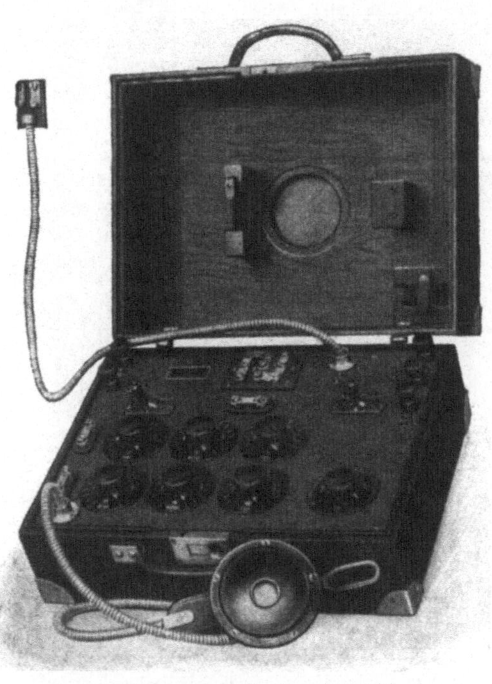

Abb. 273.

Für ein von Karl Willy Wagner ange-
gebenes Verfahren der Ableitungsmessung[1]) hat
die Firma Siemens & Halske einen „Ableitungsmesser" ausgebildet,
mit dem man sowohl die Kapazität von Fernsprechkabeln als auch
ihre Ableitung bei Wech-
selstrom von Tonfrequenz
mit Fernhörer als Anzeigegerät bestimmen kann.

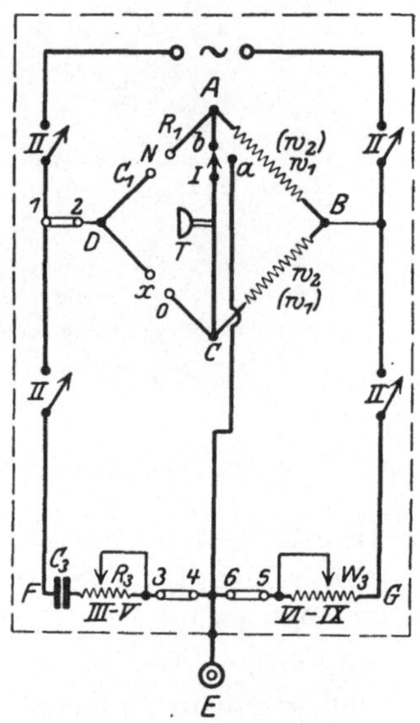

Abb. 274. Ableitungsmesser nach K. W. Wagner von
Siemens & Halske.

Abb. 275. Schaltbild zum
Ableitungsmesser Abb. 274.

Die Meßeinrichtung besteht aus einer Hauptbrücke und einer Hilfsbrücke.

Die Hauptbrücke $ABCD$ in Abb. 275 besteht aus zwei gleichen,
unveränderlichen, austauschbaren Widerständen w_1 und w_2, dem Meßobjekt x und dem Vergleichsnormal N, welches seinerseits durch einen
veränderlichen Kondensator C_1 und einen Präzisionswiderstand R_1
dargestellt wird. Die Hilfsbrücke FG besteht aus den Widerständen W_3

---

[1]) ETZ 1911, S. 1001. — ETZ 1912, S. 635. — ETZ 1922, S. 318.

und R_3 in Abb. 275 auch mit III—IX bezeichnet und einem Blockkondensator C_3.

Der Präzisionswiderstand R_1, die veränderliche Normalkapazität C_1, die aus einem Stöpselkondensator und einem parallel dazu liegenden Drehkondensator besteht, sind mit einem zu R_1 gehörenden besonderen Widerstand und einem sogenannten Eingrenzwiderstand in Serie geschaltet, stehen getrennt von dem eigentlichen Ableitungsmesser (Abb. 274 und 279) und werden bei N an zwei Klemmen desselben angeschlossen. Das zu messende Kabel wird bei x angelegt, und zwar sind drei verschiedene Messungen nötig, um die Betriebskapazität und die Betriebsableitung zu erhalten. Einmal wird C_1, A_1 in Abb. 276 an die Klemmen x in Abb. 275 gelegt und gemessen und der Bleimantel M geerdet; ein anderes Mal wird A_2, C_2 (Abb. 276) an die Klemmen x in Abb. 275 gelegt und der Leiter b geerdet (der Bleimantel isoliert aufgestellt); ein drittes Mal wird A_3 und C_3 gemessen und der Leiter a geerdet. Nach Abgleichung der Brücke ist dann: $C_x = C_n$ und $G_x = R_n \cdot C_n{}^2 \omega^2$. Für die unbekannte Kapa

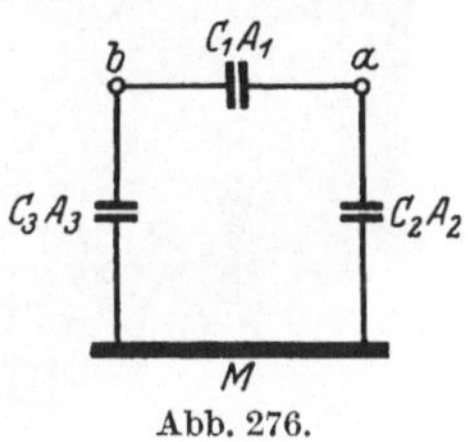

Abb. 276.

zität C_x des Kabels gilt mit Abb. 273 und 277a: $\operatorname{tg} \delta = \dfrac{G}{C_x \omega}$; für die Normalkapazität bei Serienschaltung von R_n und C_n mit Abb. 277b: $\operatorname{tg} \delta_n = R_n \cdot C_n \cdot \omega$ und für $C_x = C_n$ (bei $w_1 = w_2$) wird bei Schweigen im Telephon $\operatorname{tg} \delta_x = \operatorname{tg} \delta_n$ für gleiche Phasenverschiebungen φ und:

$$\frac{G}{C_n \omega} = R_n \cdot C_n \omega \quad \text{oder} \quad G = G_x = R_n \cdot C_n^2 \omega^2$$

für die Einzelwerte, wobei R_n den vom Präzisionswiderstand und vom Eingrenzwiderstand eingestellten Wert in Summa bedeutet, C_n die eingestellte Vergleichskapazität und $\omega = 2\pi f$ die Kreisfrequenz ist.

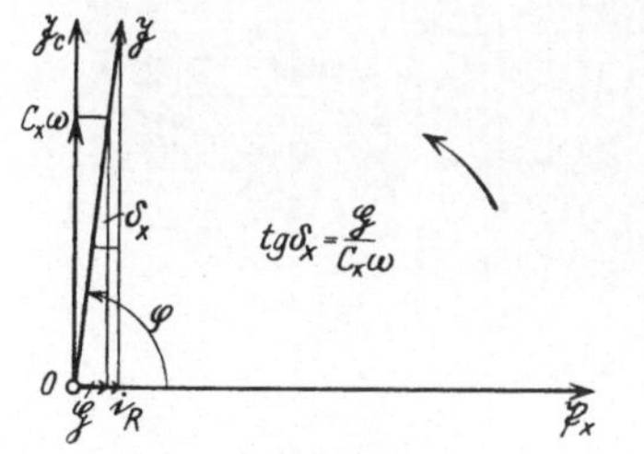

Abb. 277a.

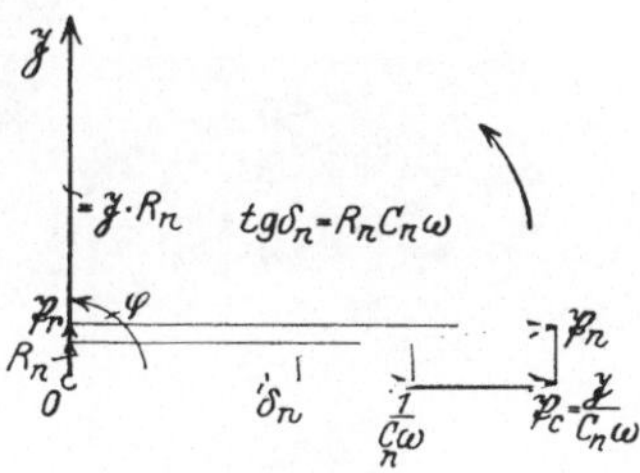

Abb. 277b.

Abb. 277a und b. Diagramme für den Verlustwinkel.

Die Betriebswerte errechnen sich damit wie folgt:

$$C_b = C_1 + \frac{C_2 \cdot C_3}{C_2 + C_3}; \tag{1}$$

$$G_b = G_1 + \frac{G_2 \cdot G_3}{G_2 + G_3} \approx G_1 + \frac{G_2 + G_3}{4}. \tag{2}$$

Der Eingrenzwiderstand (Abb. 278) hat außer dem Drehschalter einen Kippschalter und ist so eingerichtet, daß man den eingestellten Widerstandswert a um einen bestimmten Betrag, z. B. 0,5, 2,5 oder 20 Ω abwechselnd vergrößern oder verkleinern (eingrenzen — interpolieren) kann. Der Widerstand ist richtig eingestellt, wenn die Lautstärke im Telephon bei beiden Stellungen des Kippschalters die gleiche ist.

Die Hilfsbrücke FG (Abb. 275) hat den Zweck, die Wirkung der Erdkapazitäten der einzelnen Brückenteile zu beseitigen, dadurch, daß die Leitung AC auf Erdpotential gebracht wird. Nach annähernder Abgleichung der Hauptbrücke stellt man W_3 und R_3 (d. h. die Kurbeln III—IX am eigentlichen Ableitungsmesser), Abb. 274, so ein,

Abb. 278. Eingrenzwiderstand von Siemens & Halske.

daß ein zwischen E und C geschaltetes Telephon möglichst stromlos wird. Hierauf wird die Hauptbrücke genau abgeglichen. Da A und C nun keine Potentialdifferenz gegen Erde mehr haben, so sind die Erdableitungen in diesen Punkten stromlos und können die Abgleichung der Hauptbrücke

Abb. 279. Aufstellung des Ableitungsmessers einschließlich der Nebenapparate.

nicht mehr stören. Die Ableitungen der Punkte B und D stellen nun nur noch eine Zusatzbelastung der Stromquelle dar, denn sie sind den Teilen EF und EG parallel geschaltet. Zum Schutz gegen Feldänderungen von außen sind die einzelnen Teile des Normals N in besondere Blechkästen gestellt, die untereinander verbunden und geerdet sind.

Ebenso sind der Fernhörer und die Stromzuführungskabel (Abb. 279)
statisch geschützt.

Der Symmetrierzusatz.

Der Symmetrierzusatz von S. & H. wird für kleinere Leistungen
der verwendeten Stromquelle nach Abb. 280a und b als Hilfsbrücke[1]
hergestellt. Im Symmetrierzusatz
wird ein Doppelkondensator veränderlich eingestellt, bis das zu-
gehörige Telephon schweigt, wenn

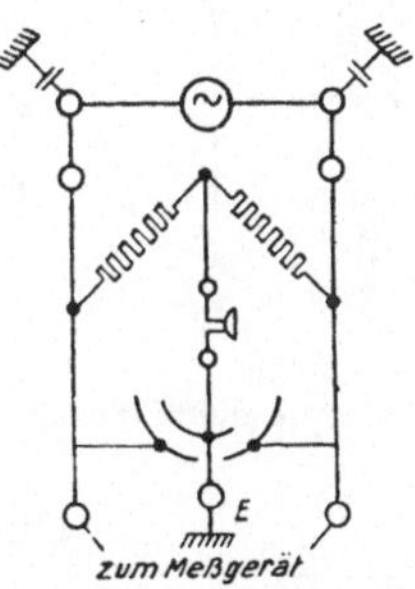

Abb. 280a. Symmetrierzusatz von Siemens & Halske.   Abb. 280b. Schaltung zum Symmetrierzusatz.

die zu der jeweiligen Hauptbrücke führenden Klemmen ständig die
gleiche und entgegengesetzte Spannung gegen Erde besitzen.

Der Stromreiniger.

Zur Erleichterung der Messung und zur Erhöhung der Genauigkeit
verwendet Siemens & Halske vielfach noch einen Stromreiniger[2]

Abb. 281. Stromreiniger von Siemens & Halske.

(Abb. 282a und b), das sind zweigliedrige Drosselketten, deren Dämpfung für Schwingungen höherer Frequenz als 6000 rasch ansteigt, so
daß praktisch nur die Grundschwingung durchgelassen wird; sie finden
im Anschluß an Summerapparate vielfach Verwendung.

---

[1]) ETZ 1922, H. 14, S. 461—464.
[2]) Wagner, K. W.: Arch. Elektrot. Bd. 8. 1919.

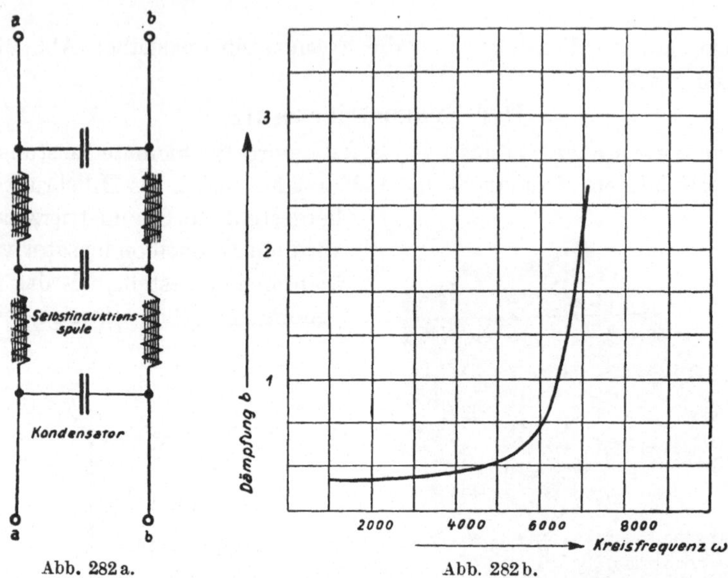

Abb. 282 a.   Abb. 282 b.

Abb. 282a und b. Schaltung und Dämpfungskurve zum Stromreiniger Abb. 281.

Der Dämpfungsmesser.

Um die Dämpfung von Leitungen, Apparateanordnungen, Ämtern usw. zu messen, legt man Anfang und Ende des Meßobjekts in Form einer Doppelschleife an den Dämpfungsmesser und vergleicht die Lautstärke eines von einem Summer oder einer Tonfrequenzmaschine einmal über das Meßobjekt, z. B. eine zu prüfende Fernsprechleitung, bzw. das andere Mal über eine sogenannte Eichleitung gespeisten Telephons, wobei der Dämpfungsexponent[1] $b = \beta l$ und der Wellenwiderstand $\mathfrak{Z} = \dfrac{\mathfrak{P}}{\mathfrak{J}}$ der Eichleitung bekannt sind.

Für Meßobjekte mit größeren Dämpfungsexponenten über $b = 3$ sind diese nach Küpfmüller[2] gegeben durch die Beziehung $b = \beta l = ln\, 2\, \dfrac{\mathfrak{P}_a}{\mathfrak{P}_e}$ (Gl. 1), wobei $\mathfrak{P}_a$ und $\mathfrak{P}_e$ die Spannungen am Anfang und am Ende des Meßobjektes bedeuten. Je kleiner bei gegebener Anfangsspannung $\mathfrak{P}_a$ die Endspannung $\mathfrak{P}_e$ ist, um so größer ist das Maß βl für die Dämpfung und um so schlechter ist die Verständigung.

Die Eichleitung ist im Dämpfungsmesser (Abb. 283) eingebaut; sie besteht aus einer Widerstandskombination in H oder T-Form (Abb. 284a und b). Die induktions- und kapazitätsfrei gewickelten Widerstände sind unterteilt und können mit Hilfe einer Kurbel so eingestellt werden, daß der Wert $b = \beta l$ dadurch verändert wird, meist dekadisch abgestuft bis $b = 10$. Um die Unterschiede in den Wellenwiderständen

---

[1] Siehe den Grundversuch: Das künstliche Kabel.
[2] Vgl. ETZ 1921, S. 1482.

ß der Meßobjekte auszugleichen und diese dem Wellenwiderstand der Eichleitung anzupassen, ist dieser ebenfalls veränderlich einstellbar mit Hilfe des Widerstandes R in Abb. 285[1]). Die Abb. 285 zeigt die Schaltung, nach der grundsätzlich die Dämpfung gemessen werden kann.

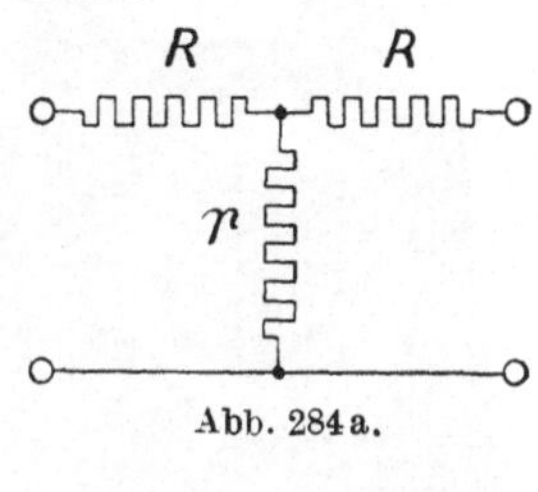
Abb. 284a.

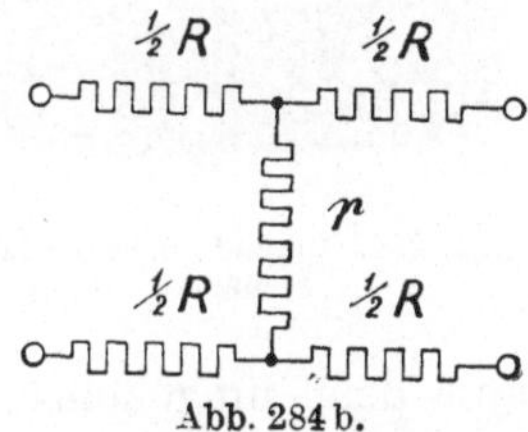
Abb. 284b.

Abb. 284a und b. Eichleitungen in T- und H-Form.

Abb. 283. Dämpfungsmesser von Siemens & Halske.

Im Dämpfungsmesser Abb. 283 von Siemens & Halske ist der Wellenwiderstand auf Werte zwischen 200 und 3000 Ω einstellbar, bei einem zwischen 5 und 11 dekadisch abgestuften $b = \beta l$.

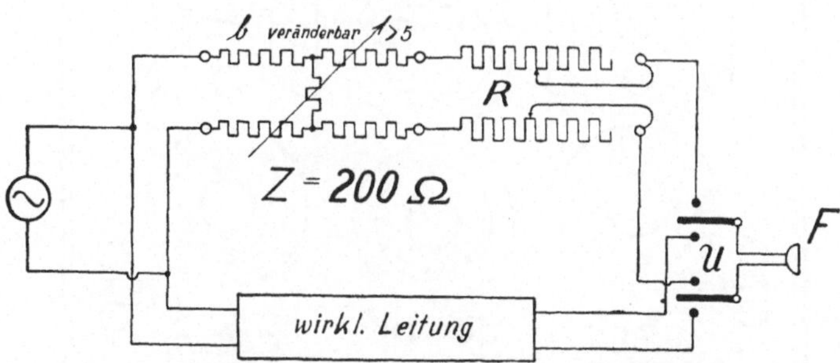

Abb. 285. Grundschema zum Dämpfungsmesser Abb. 283.

Da die Meßmethode nur für Werte von b, die größer als 5 sind, richtige Werte ergibt, ist vor die zu messende Leitung eine sogenannte Vordämpfung geschaltet, welche bei größeren Meßobjekten mit

---

[1]) Vgl. ETZ 1921, S. 1482.

Dämpfungswerten $b > 5$ überflüssig ist und ganz oder teilweise abgeschaltet werden kann.

Mit dem Dämpfungsmesser können auch Verstärkungsmessungen ausgeführt werden, indem man einen zu prüfenden Verstärker zwischen zwei Paar (sonst kurz geschlossene) Klemmen (*Anfang* und *Ende*) in die Leitung des Meßobjekts einschaltet und dessen Anschlußklemmen kurz schließt.

Abb. 286. Veränderliche Eichleitung von Siemens & Halske.

Die Verstärkung wird dann durch die durch den Verstärker aufgehobene Dämpfung im Dämpfungsmaß bestimmt. Man schickt den Tonfrequenzstrom einmal über eine feste Eichleitung $b = 5$ und dann über eine gleiche Dämpfung $b = 5$ und den Verstärker. Vergrößert man nun die im Verstärkerzweige liegende Dämpfung, so kann die Verstärkung dadurch wieder gleichsam aufgehoben werden. Die Verstärkung wird dann dem umgekehrten Wert von b der zugeschalteten Dämpfung gleichgesetzt; der Ausgleich wird durch Vergleich der Lautstärken im Telephon festgestellt.

Ferner kann die Wirkung des sogenannten Nebensprechens (Mit- und Übersprechen) in Fernsprechkabeln gemessen werden, in-

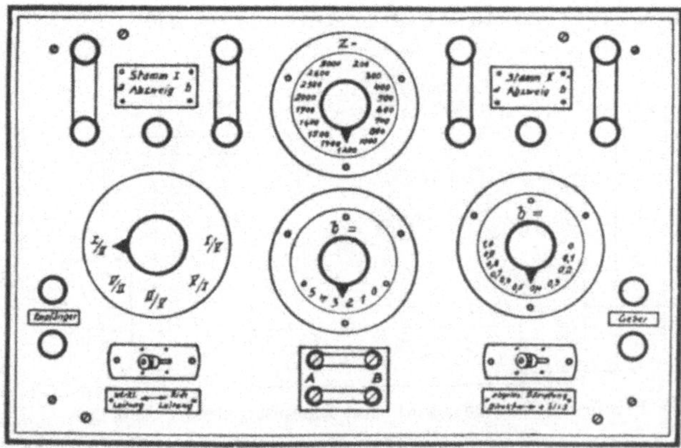

Abb. 287. Schematische Anordnung auf dem Dämpfungsmesser von Siemens & Halske.

dem man den kapazitiv übertragenen Sprechstrom mit einem gedämpften Wechselstrom vergleicht und im Dämpfungsmaß mißt. In ähnlicher Weise bestimmt man die sogenannte „Unsymmetrie" in Viererabzweigen.

Um die vorgenannten verschiedenartigen Messungen mit dem Dämpfungsmesser bequem und ohne zu viel Schaltungshandgriffe vornehmen zu können, ist ein besonderer Walzendrehschalter angeordnet, der den Übergang von einer Meßschaltung zur andern in einfachster Weise gestattet (in Abb. 283 und 287 die linke der drei unteren Drehkurbeln).

In Abb. 287 dienen die oberen 4 Doppelklemmen zum Anschluß des Meßobjekts; die links seitliche für den Empfänger (das Telephon), die rechts seitliche für den Anschluß der Stromquelle. Der obere Kurbelschalter verändert den Wellenwiderstand, die beiden unteren rechts die Dämpfung (Zehntel und Einer) der Eichleitung im Meßgerät. Der linke Kippschalter schaltet den Fernhörer abwechselnd auf die Eichleitung und das Meßobjekt (s. Abb. 285). Der rechte Kippschalter schaltet die Vordämpfung ab oder zu und ändert dadurch das Meßbereich. Die mit A und E bezeichneten Anschlußklemmen in der Mitte unten gestatten den Anschluß eines Verstärkers bei Verstärkungsmessungen.

Eine ausführlichere Besprechung der einzelnen besonderen Meßschaltungen würde zu viel Raum beanspruchen und muß deshalb auf die diesbezügliche Gebrauchsanweisung der Siemens & Halske A.-G. verwiesen werden.

Der Verstärkungsmesser.

Zum schnellen Prüfen der Verstärkung von Doppelrohrzwischenverstärkern baut Siemens & Halske einen besonderen Verstärkungsmesser nach Abb. 289. Dabei wird die Verstärkung des Wechselstromes im Verstärker mit einer gewissen Dämpfung verglichen, sozusagen als negative Dämpfung gemessen. Die Schaltung zeigt Abb. 288. Zwischen zwei festen Eichleitungen (vgl. S. 165 Abb. 284) ist der zu prüfende Verstärker mit seinen beiden Fernanschlüssen F_1 und F_2 geschaltet und liegt an der einen Seite

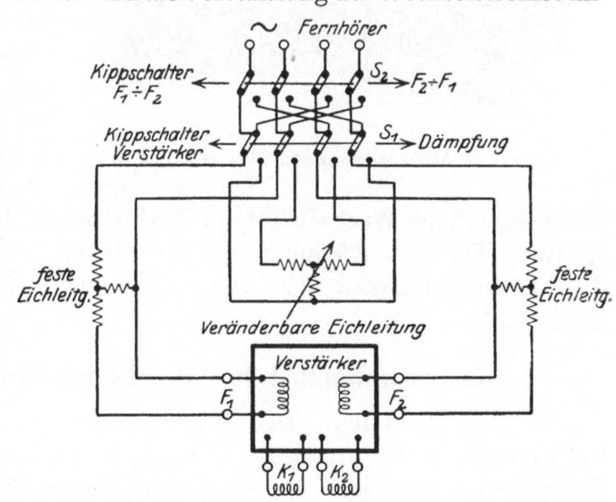

Abb. 288. Schaltung zum Verstärkungsmesser von Siemens & Halske.

eines Kippschalters S_1, dessen andere Seite an eine veränderbare Eichleitung angeschlossen ist, welche mit vier kleinen Kniehebelschaltern (s. Abb. 289) veränderlich eingestellt werden kann. Diese Kniehebelschalter sind so bezeichnet, daß man die Verstärkung unmittelbar ablesen kann. Die Verstärkung $s = 1$ ist stets konstant eingeschaltet und durch Umlegen der vier Schalter können noch die Verstärkungen $s = 0,2$, $0,4$, $0,6$ und $0,8$ zugeschaltet werden. Die höchste meßbare Verstärkung ist $s = 3$.

Der Verstärkungsmesser wird für zwei Wellenwiderstände der Verstärker $\mathfrak{Z} = 600\ \Omega$ und $\mathfrak{Z} = 1600\ \Omega$ hergestellt. Der Kippschalter S_2 gestattet die Umschaltung der Verstärkungsrichtung von F_1 nach F_2 und umgekehrt. Das Mittel aus zwei Messungen ergibt die mittlere Verstärkungsziffer.

Abb. 289. Verstärkungsmesser von Siemens & Halske.

An der linken Seite des Verstärkers (Abb. 288 und 289) befinden sich zwei F_1-Klemmen für die Freileitungsanschlüsse des Verstärkers und zwei Klemmen für den Fernhörer. An der rechten Seite sind zwei Klemmen für die Fernleitung F_2 und zwei weitere für den Anschluß der Wechselstromquelle (Summer) oder den Besprechungsapparat. Die vier Klemmen an der oberen Kante werden mit den Kunstleitungsklemmen des Doppelrohr-Zwischenverstärkers K verbunden.

Abb. 290. Magnetsummer von Siemens & Halske.

Die Stromquellen für Wechselstrommessungen.

Der Magnetsummer. Der Magnetsummer der Firma Siemens & Halske (Abb. 291) für kleine Leistungen erzeugt fast sinusförmigen Wechselstrom von etwa $800 \sim s^{-1}$ und eignet sich zum Anschluß an 6 V und 24 V nach Schaltung der Abb. 292. Der Elektromagnet u des Summerunterbrechers liegt an einem Teil P der Primärspule eines Transformators; die an 6 V oder unter Vorschaltung eines zugehörenden

Widerstandes R an 24 V Gleichstrom (oder mehr bis 220 V) angeschlossen wird (Stromaufnahme $i = 250$ mA). Der Wechselstrom wird der Sekundärspule S entnommen; die Leistungen in W ergeben sich für verschiedene Sekundärbelastungen R aus der Abb. 293.

Die Kordelschraube A in Abb. 291 dient zum Einstellen der Summerkontakte. Zur Erzielung eines reinen Tons muß der kontaktgebende Platindraht C auf dem Haltedraht B liegen, während seine Spitze gleichzeitig auf dem unteren Kontakt ruht.

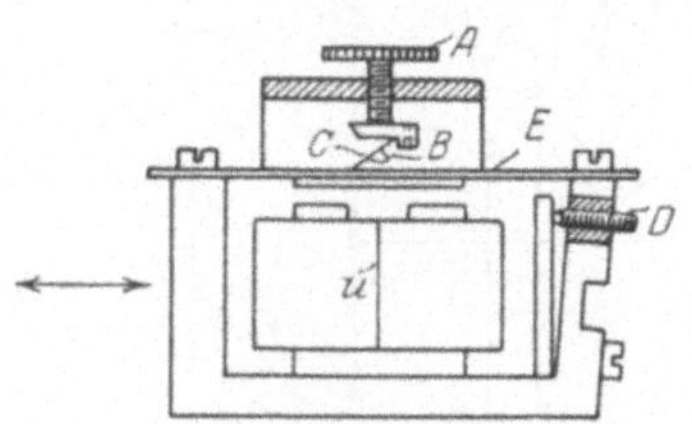

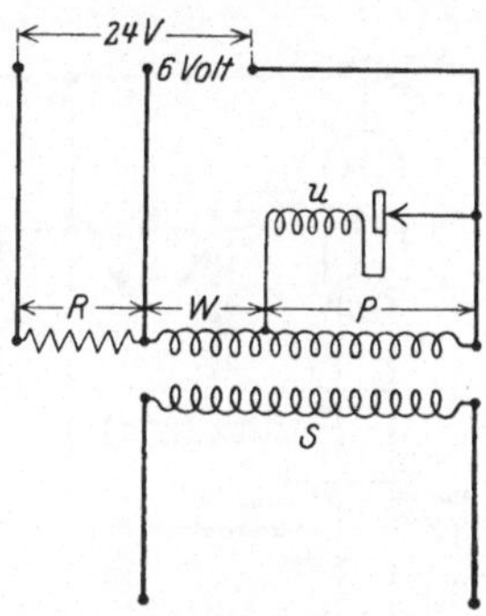

Abb. 291. Magnetsummer Abb. 290, schematische Darstellung.

Abb. 292. Schaltung des Magnetsummers Abb. 290.

Die Frequenz kann mit Hilfe der seitlich sitzenden Madenschraube D in kleinen Grenzen geändert werden.

Der Rohrsummer von Siemens & Halske. Das Äußere zeigt Abb. 294, die Schaltung Abb. 295. Er besteht aus einem Schwingungsrohr BO und einer Verstärkerröhre OBE; dies hat den Zweck, eine von der Belastung unabhängige Schwingungszahl zu erzielen. Um die Amplituden bei den verschiedenen einstellbaren Frequenzen gleich

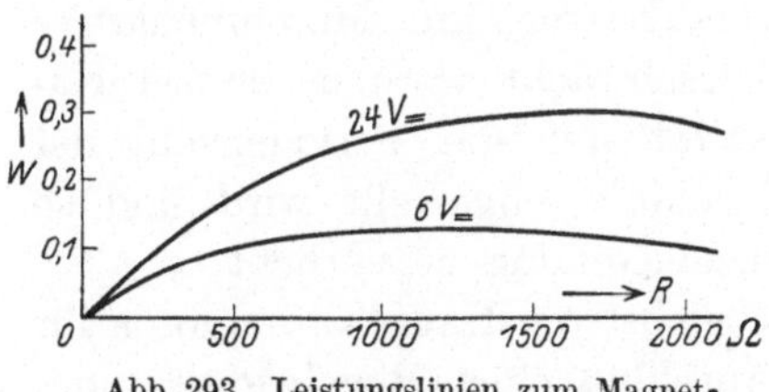

Abb. 293. Leistungslinien zum Magnetsummer Abb. 290.

Abb. 294. Rohrsummer von Siemens & Halske.

groß zu machen, sind beide miteinander durch einen Kondensator gekoppelt, weil die vom Schwingungsrohr abgegebene Wechselstromenergie mit zunehmender Frequenz abnimmt. Zur Einstellung der verschiedenen Frequenzen ist der Eisenkern der Schwingungsspule verschiebbar angeordnet. Durch Unterteilung der Wickelung ist die

Einstellung der Frequenzen $\omega = 3000$ bis $\omega = 20\,000$ ermöglicht. Die Leistung des Rohrsummers beträgt 0,5 W.

Für die Beheizung der Röhren sind 8 V, bei 1,1 A sowie eine Anodenbatterie von 220 V (15 mA) nötig.

Die kleine Tonfrequenzmaschine von Siemens & Halske besteht aus einem lamellierten Zackenrad mit 30 Zacken (Abb. 296) und einem eben-

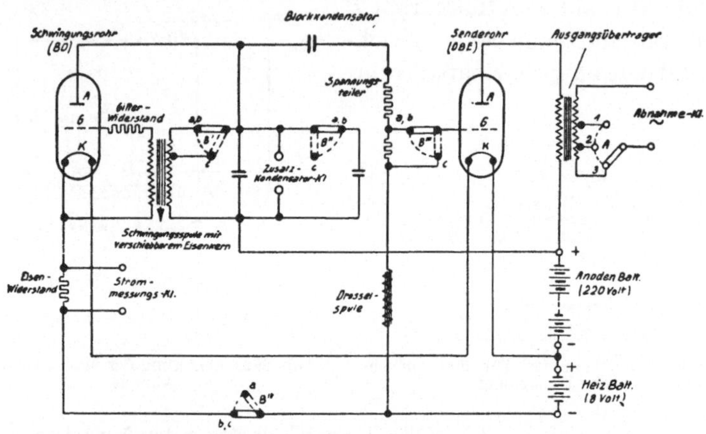

Abb. 295. Schaltung zum Rohrsummer von Siemens & Halske.

falls unterteilten Elektromagneten mit einer Magnetisierungswicklung und zwei Induktionswickelungen, die parallel oder in Reihe geschaltet werden können. In diesem ent-stehen beim Umlauf des Zackenrades Wechselströme, deren Periodenzahl durch die Umlaufzahl des Zackenrades zwischen 450 und 1800 Hertz variiert werden kann. Oberschwingungen können durch einen Kondensator im Maschinenkreise abgeschwächt werden, dessen Kapazität auf die Periodenzahl der Maschine eingestellt wird und so

Abb. 296. Kleine Tonfrequenzmaschine von Siemens & Halske.

die Grundschwingung durch Resonanzeinstellung hervorhebt.

Der Antrieb erfolgt durch einen Gleichstrom-Hauptstrommotor für 110 V mit zwei Schleifringen zum Anschluß eines Regelwiderstandes und eines Zungenfrequenzmessers. Die Leistung der Maschine ist 3,5 W bei 1500 Hertz und 200 Ω äußerer Belastung und Resonanzabstimmung.

Die Frankesche Maschine.

Nach den Angaben von Adolf Franke baut Siemens & Halske eine Tonfrequenzmaschine mit stehender Drehachse für Wechselstrommessungen. Das Äußere der Maschine und das zugehörende Schaltpult zeigt Abb. 297; die Frankesche Maschine ist ein Wechselstrom-Doppelgenerator mit zwei elektrisch voneinander unabhängigen, feststehenden Ankern, die beide von den Kraftlinien eines und desselben rotierenden Elektromagneten geschnitten werden. Die Anker tauchen von oben bzw. unten in das dazwischen liegende Feld des Elektromagneten ein; während aber die Eintauchtiefe des unteren Ankers stets dieselbe bleibt, kann der obere Anker mit Hilfe einer Mikrometerschraube

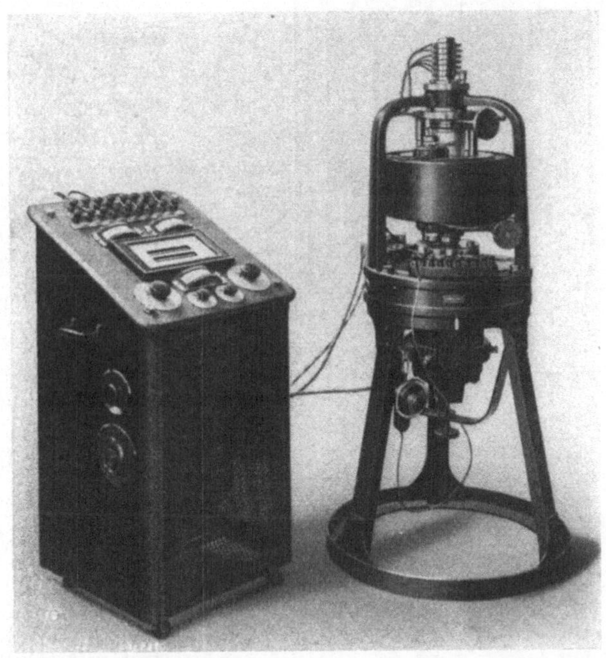

Abb. 297. Frankesche Maschine von Siemens & Halske mit Schaltpult.

gehoben und gesenkt werden, so daß diese Ankerwickelung mehr oder weniger tief in das Magnetfeld eintaucht und dadurch die Größe der in ihr induzierten EMK verändert werden kann. Die im oberen Anker induzierte EMK ist also eine Funktion der Eintauchtiefe desselben und kann nach erfolgter Eichung der Maschine an der Stellmarke der Mikrometerschraube unter Zuhilfenahme einer Eichkurve abgelesen werden.

Der untere Anker taucht zwar stets gleich tief ein, kann aber gegen den oberen Anker verdreht werden, so daß die rotierenden magnetischen Kraftlinien die beiden Wickelungen zu jeweils verschiedenen Zeiten schneiden. Dadurch ist es möglich, die gegenseitige Phasen-

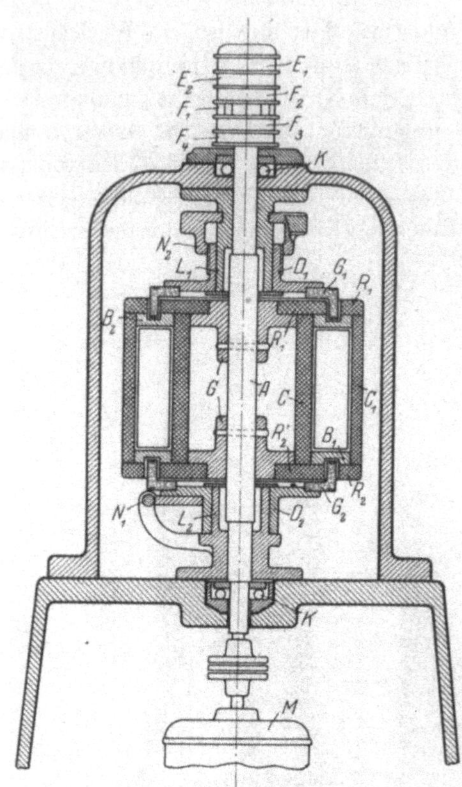

Abb. 298. Schnitt durch die Frankesche Maschine.

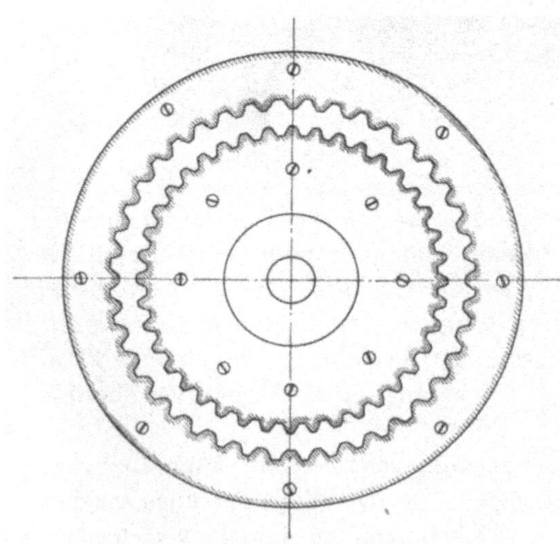

Abb. 299. Polanordnung der Frankeschen Maschine.

verschiebung der erzeugten Spannungen veränderlich einzustellen (vgl. auch die Eichmaschine S. 24). Sie kann an der Stellmarke der zugehörigen Einstellschraube abgelesen werden.

In der Abb. 297 erkennt man in der Mitte das Schutzblech zum Eisenjoch des Elektromagneten und darüber und darunter die beiden kleinen Handkurbeln zur Einstellung der Größe und Phase der Spannungen. Der Antrieb des Rotors erfolgt durch den Nebenschluß-Gleichstrommotor im unteren Teil des Gestells (Abb. 297 u. 298).

Abb. 298 zeigt einen Längsschnitt durch die Frankesche Maschine. Auf der vom Motor M angetriebenen Achse A sind die Gußstücke G befestigt, die den schmiedeeisernen Hohlzylinder C tragen, der durch die Bronzeringe B mit dem konzentrischen, schmiedeeisernen Hohlzylinder C_1 fest verbunden ist. Zwischen den Hohlzylindern sitzt die Magnetwickelung. Nach oben und unten ist der Hohlraum durch die schmiedeeisernen Ringe R_1 und

R_2 abgedeckt, welche die aus Abb. 299 ersichtliche Gestalt haben. Die Ringe haben je 40 Zähne, wobei die inneren den äußeren genau gegenüberstehen. In den Zwischenraum tauchen die Anker G ein, von oben und unten (Abb. 298).

Die Enden der Magnetwickelung sind an zwei Schleifringe E am oberen Achsenende geführt und werden von da aus mit Gleichstrom gespeist. Die Kraftlinien des Elektromagneten umschließen den Hohlzylinder, sie laufen in C und C_1 parallel zur Drehachse, in den Polringen R_1 etwa radial, d. h. von der inneren zur äußeren Zahnreihe bzw. in R_2 umgekehrt. Zwischen den Zähnen ist die Kraftliniendichte vor den Kuppen am größten (Abb. 301) und nimmt nach den Lücken zu ab.

Es entsteht gleichsam ein konstantes Magnetfeld und ein darüber gelagertes Feld mit zu- und abnehmender Kraftliniendichte. Eine in dieselbe getauchte Ankerwicklung nach Art der Abb. 300 wird von dem konstanten Felde bei Bewegung des Elektromagneten gleichmäßig so induziert, daß sich die in den einzelnen Tauchdrähten induzierten Spannungen gegenseitig aufheben; von dem wechselnden Felde aber so, daß beim Vorbeigehen vor einer Polteilung eine Periode eines Wechselstromes entsteht.

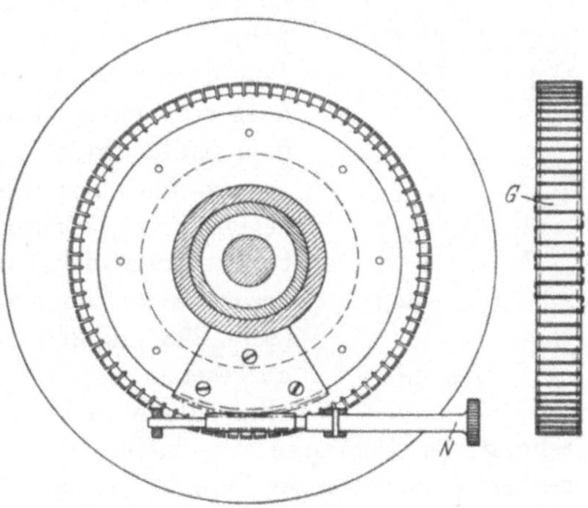

Abb. 300. Hartgummiträger für die Ankerwicklung der Frankeschen Maschine Abb. 298.

Die Abb. 300 zeigt die Form der Wickelungsträger (G_1 bzw. G_2 in Abb. 298) aus Hartgummi, die von den Bronzestücken D getragen werden. Diese Hartgummiringe G haben 80 gleichmäßig verteilte Einschnitte in denen die aus der Seitenansicht erkennbare Zickzackwickelung liegt. Die in den Drähten n erzeugten EMKe sind alle auf gleicher Phase, ebenso unter sich die in den Drähten m erzeugten EMKe, aber die ersten haben gegen die andern eine Phasenabweichung, die der räumlichen Verschiedenheit ihrer ·Lage um einen halben Polabstand voneinander entspricht. Beide addieren sich geometrisch zu einer Gesamtspannung E (Abb. 301) an den Enden der Ankerwickelung von der Frequenz der 40fachen Umdrehungszahl der Maschine, weil jedes Stück der Ankerwickelung 40mal durch einen Höchstwert der Kraftliniendichte hindurchtritt.

Abb. 301 zeigt unten die Summenspannungen e_m und e_n wie sie gleichzeitig in den m- und n-Drähten auftreten (rechte Handregel) und wie sie sich in jedem Augenblick zur Gesamtspannung E addieren. Man erkennt auch, daß die Spannung e_m der Spannung e_n in der Zickzackwickelung in jedem Augenblick entgegengerichtet ist. Liegt e_m daher dauernd über der Abszissenachse, so muß e_n dauernd darunter liegen. Beide Summenspannungen e schwanken zwischen null und einem (positiven, bzw. negativen) Maximum auf und ab und zwar so, daß die eine null ist, wenn die andern gerade ihr Maximum besitzt und umgekehrt. In der gezeichneten relativen Lage von Polrad und Wickelung befindet sich e_m gerade kurz vor einem positiven Maximum e_n kurz vor dem Nullpunkt.

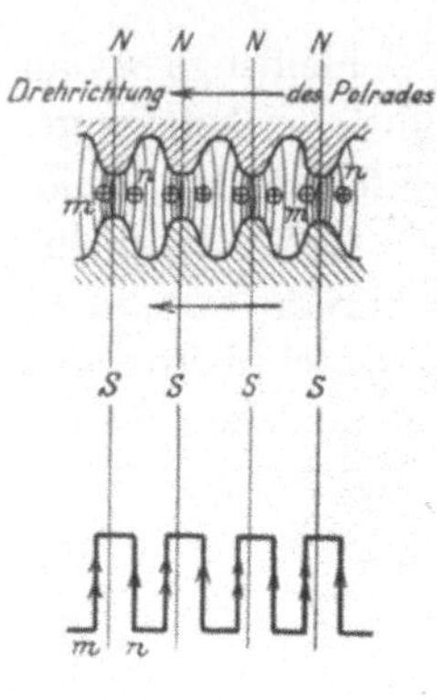

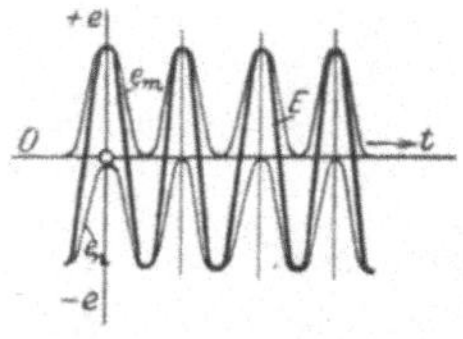

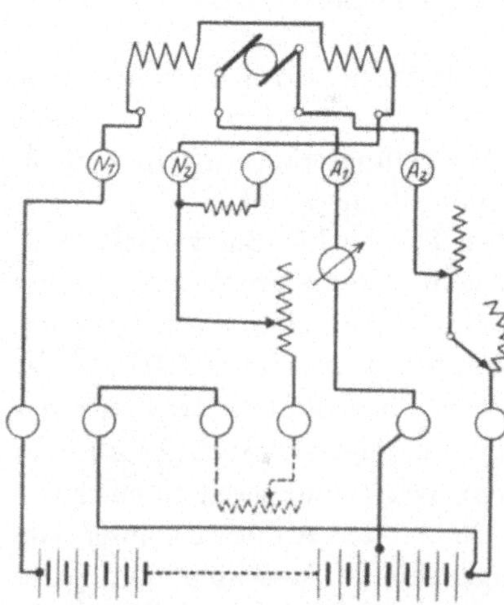

Abb. 301.

Um den unteren Anker zur Einstellung einer gegenseitigen Phasenverschiebung der in den beiden Ankerwickelungen erzeugten Spannungen verdrehen zu können, ist an dem Bronzestück D_2 (Abb. 298 und 300) ein Sektor eines Zahnrades aufgesetzt, in dessen Zähne eine Schraube N ohne Ende eingreift. Bei einer halben Umdrehung der Schraube verschiebt sich die Phase um ein Sechsunddreißigstel einer ganzen Periode. Einem Teilstrich an der zugehörigen Stellmarke entspricht also eine Änderung um 10 Minuten.

Außer den Schleifringen am oberen Achsenende der Maschine sind noch vier andere (F) angeordnet, von denen einer F_1 in 8 voneinander isolierte Segmente kollektorartig unterteilt ist. Das 2., 4., 6. und 8. Segment ist mit dem Schleifring F_2 des 1. und 5. mit dem Schleifring F_3 und das 3. mit dem Schleifring F_4 leitend verbunden. Demnach wird eine an F_2 und F_1 mit Kontaktbürsten gelegte Gleichspannung bei jeder Umdrehung der Maschine 4 mal an F_2 und F_3 zweimal und an F_2 und F_4 einmal unterbrochen, so daß man mit einem in den Stromkreis

Abb. 302. Schaltung des Antriebes der Frankeschen Maschine.

gelegten Frequenzmesser die Tourenzahl der Maschine und damit die Frequenz der erzeugten Wechselspannungen unter Vermittelung eines an F_2, F_3 und F_4 gelegten Umschalters in drei Meßbereichen ablesen kann.

Das Schaltpult (Abb. 297) enthält im Innern die Regulierwiderstände für die Erregung des Doppelgenerators und für Feld und Anker des Antriebsmotors, dessen Schaltung bei unterteilter Akkumulatorenbatterie nach Abb. 302 erfolgen kann. Auf der Deckplatte sind außerdem Frequenzmesser mit drei Meßbereichen und dem zugehörigen Umschalter ein Strommesser für den Antrieb der Maschine und einer für die Erregung des Wechselstromgenerators eingebaut, sowie ein Voltmeter für die Spannungsmessung mit Umschalter für drei Gleichstromkreise.

Zum Schluß sei noch des Kompensators zur Frankeschen Maschine Erwähnung getan. Abb. 305 zeigt das Äußere desselben, Abb. 303 die grundsätzliche Schaltung für die

Messung von Scheinwiderständen mit der Frankeschen Maschine.

Sie beruht auf der Kompensation zweier Wechselspannungen $\mathfrak{P}_1$ und $\mathfrak{P}_2$. In Abb. 303 ist A_1 der untere, A_2 der obere Anker der Frankeschen Maschine, r ein induktions- und kapazitätsfreier Regulierwiderstand im Kompensator (Abb. 305), der für die höheren Stufen von $10^3{-}10^4\,\Omega$ durch Stöpsel, für die niedrigeren Stufen von $0,1{-}10^3\,\Omega$ mit Kurbeln eingestellt wird. L ist der zu messende Scheinwiderstand. Der Kippumschalter U gestattet die Wechselspannung $\mathfrak{P}_2$ abwechselnd über den Fernhörer an r und an L zu legen.

Man stellt den Umschalter zunächst nach rechts auf L und verdreht sowohl die Amplituden, als

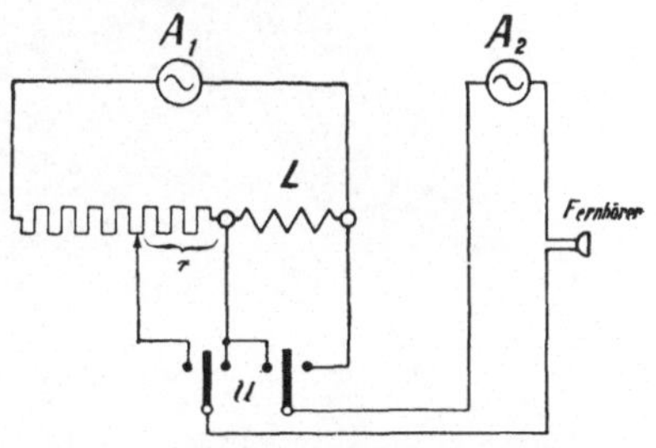

Abb. 303. Schaltung zur Scheinwiderstandsmessung.

auch die Phasenkurbel der Frankeschen Maschine (Abb. 297) so lange, bis der Fernhörer schweigt. Nunmehr schaltet man A_2 auf r um und ändert abwechselnd am Widerstand r und verdreht die Phasenkurbel des unteren Ankers so lange, bis der Fernhörer auch hier schweigt. Die Einstellung des oberen Ankers bleibt dabei unverändert.

Nach der Abgleichung sind die Spannungen an r und an L phasengleich und gleich groß und der Widerstand r ist gleich dem Betrag e des Scheinwiderstandes L, während die Phasenverdrehung des Ankers A_2 an der Stellmarke der Phasenkurbel den Phasenverschiebungswinkel des Scheinwiderstandes L angibt, d. h. die Differenz der an der Stell-

marke vor und nach der Verdrehung abgelesenen Winkel ist unmittelbar
der gesuchte Phasenwinkel φ (Abb. 304).

Die Größe der Spannungen $\mathfrak{P}_l$ und $\mathfrak{P}_r$ an L und r, die durch die
Kompensationen gleich gemacht werden, braucht
nicht bekannt zu sein; da der Strom i in r und
L sich nicht ändert, so kommt die Spannungskompensation unmittelbar auf einen Vergleich
der Widerstände hinaus. Es ist

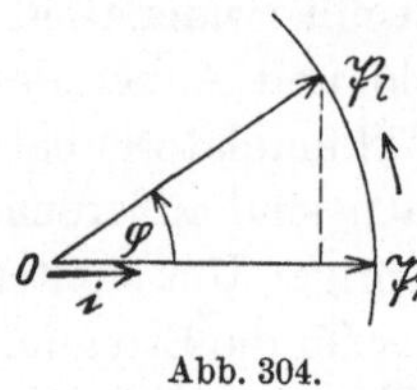

Abb. 304.

$$r = \frac{\mathfrak{P}_r}{i} \quad |\mathfrak{R}_l| = \frac{\mathfrak{P}_l}{i}, \quad \text{d. h.} \quad |\mathfrak{R}_l| = r .$$

Im Kompensator ist zur bequemeren und genaueren Feststellung
des Tonminimums im Fernhörer ein Eingrenzwiderstand (s. S. 162)
mit Kippschalter eingebaut.

Abb. 305. Scheinwiderstandsmesser von Siemens & Halske.

Sachverzeichnis.

Hochfrequenzmeßtechnik. Ihre wissenschaftlichen und praktischen Grundlagen. Von Dr.-Ing. **August Hund,** Beratender Ingenieur. Mit 150 Textabbildungen. XIV, 326 Seiten. 1922. Gebunden RM 11.—

Die Grundlagen der Hochfrequenztechnik. Eine Einführung in die Theorie von Dr.-Ing. **Franz Ollendorff,** Charlottenburg. Mit 379 Abbildungen im Text und 3 Tafeln. XVI, 640 Seiten. 1926. Gebunden RM 36.—

Elektronen- und Ionen-Ströme. Experimental-Vortrag bei der Jahresversammlung des Verbandes Deutscher Elektrotechniker am 30. Mai 1922. Von Professor Dr. **J. Zenneck,** München. Mit 41 Abbildungen. 48 Seiten. 1923. RM 1.50

Anleitungen zum Arbeiten im Elektrotechnischen Laboratorium. Von **E. Orlich.** Erster Teil. Zweite, durchgesehene Auflage. Mit 74 Textbildern. IV, 94 Seiten. 1927. RM 3.15

Wirkungsweise der Motorzähler und Meßwandler mit besonderer Berücksichtigung der Blind-, Misch- und Scheinverbrauchsmessung. Für Betriebsleiter von Elektrizitätswerken, Zählertechniker und Studierende. Von Direktor Dr.-Ing. Dr.-Ing e. h. **J. A. Möllinger.** Zweite, erweiterte Auflage. Mit 131 Textabbildungen. VI, 238 Seiten. 1925. Gebunden RM 12.—

Der Wechselstromkompensator. Von Dr.-Ing. **W. v. Krukowski.** Mit 20 Abbildungen im Text und auf einem Textblatt. (Sonderabdruck aus „Vorgänge in der Scheibe eines Induktionszählers und der Wechselstromkompensator als Hilfsmittel zu deren Erforschung".) IV, 60 Seiten. 1920. RM 4.—

Anlaß- und Regelwiderstände. Grundlagen und Anleitung zur Berechnung von elektrischen Widerständen. Von **Erich Jasse.** Zweite, verbesserte und erweiterte Auflage. Mit 69 Textabbildungen. VII, 177 Seiten. 1924. RM 6.—; gebunden RM 6.80

Die Prüfung der Elektrizitätszähler. Meßeinrichtungen, Meßmethoden und Schaltungen. Von Dr.-Ing. **Karl Schmiedel,** Charlottenburg. Zweite, verbesserte und vermehrte Auflage. Mit 122 Textabbildungen. VIII, 157 Seiten. 1924. Gebunden RM 8.40

Verschleierung der Angaben von Elektrizitätszählern und Abhilfe. Von Prof. Dr.-Ing. **Arthur Geldermann.** Mit 109 Abbildungen im Text. VI, 126 Seiten. 1923. RM 6.—